中核集团专项资金资助出版
黑龙江省精品工程专项资金资助出版

高等统计物理学

寅新艺　吴锡真　卓益忠　编著

哈爾濱工程大學出版社
Harbin Engineering University Press

内容简介

本书共6章，包括热力学基础、系综理论及应用、相变理论、涨落理论、非平衡态统计理论和量子力学路径积分方法等内容，既涵盖了“高等统计物理”课程的基础知识，也尽可能地介绍了一些与“高等统计物理”课程有关的现代物理知识。

本书可作为粒子物理与原子核物理、凝聚态物理、等离子体物理以及基础和理论化学等专业的研究生教材和参考书，也可供相关专业教师和科研工作者参考。

图书在版编目（CIP）数据

高等统计物理学／寅新艺，吴锡真，卓益忠编著．—哈尔滨：哈尔滨工程大学出版社，2019.5

ISBN 978－7－5661－2165－3

Ⅰ．①高…　Ⅱ．①寅…②吴…③卓…　Ⅲ．①统计物理学　Ⅳ．①O414.2

中国版本图书馆CIP数据核字（2018）第286221号

选题策划　石　岭
责任编辑　丁　伟　宗盼盼
封面设计　张　骏

出版发行　哈尔滨工程大学出版社
社　　址　哈尔滨市南岗区南通大街145号
邮政编码　150001
发行电话　0451－82519328
传　　真　0451－82519699
经　　销　新华书店
印　　刷　哈尔滨市石桥印务有限公司
开　　本　787 mm×1 092 mm　1/16
印　　张　12.5
字　　数　320千字
版　　次　2019年5月第1版
印　　次　2019年5月第1次印刷
定　　价　39.80元
http://www.hrbeupress.com
E-mail:heupress@hrbeu.edu.cn

前　言

近年来，统计物理学在各个领域的应用有了长足的进步。从宏观宇宙到微观分子、原子、原子核、基本粒子，从相对论重离子碰撞到玻色－爱因斯坦凝聚体系等，都离不开统计物理学。因此，统计物理学几乎成为整个自然科学的基础学科，甚至在经济学、社会学等人文学科中也有广泛的应用。

本书是根据作者多年来在核工业研究生部讲授"高等统计物理"课程时积累的素材整理、改写而成的研究生教材。早在1986年核工业研究生部建立时，主管教学的黄胜年院士就提出了明确的授课宗旨："既要传授系统的基础理论知识，又要结合核工业科研实际需求，大力传授新的科研前沿知识。"根据这一宗旨，吴锡真先生、卓益忠先生在核工业研究生部首次讲授的"高等统计物理"课程中主要包括了热力学概要、非线性动力学、平衡态统计物理和非平衡态统计物理等内容，重点讲授非平衡态统计物理。次年，即1987年，由当时的博士研究生包景东、晏世伟根据授课笔记与手稿整理编写出《高等统计物理讲义》。这本讲义中主要收集了平衡态和非平衡态统计物理两部分内容，在非平衡态统计物理部分收集了随机过程、福克－普朗克方程、微观输运理论、随机量子化、玻耳兹曼方程和量子非平衡态理论等内容。在此基础上，又经过三十多年的教学实践，再综合考虑学生知识水平和接受能力的变化以及各方面的需求情况，形成本书。

本书共6章，包括热力学基础、系综理论及应用、相变理论、涨落理论、非平衡态统计理论和量子力学路径积分方法等内容。与《高等统计物理讲义》相比，本书在相变理论部分做了较大幅度的扩充，同时增加了量子力学路径积分方法一章，删除了随机量子化和量子非平衡态理论等内容。本书旨在通过对以上内容的讲解，循序渐进地给学生介绍统计物理学的基本思想、理论和方法，既系统讲授基础理论知识，又尽可能地介绍前沿科学知识，以便引导学生尽快走向科学研究前沿。同时，本书还给出了一些例题，有助于读者掌握理论分析要点。此外，书中还介绍了一些与"高等统计物理"课程有关的现代物理知识，以便学生到工作岗位上应用。统计物理学是一门内容广泛、发展较快的学科。由于认知水平和课时所限，在此作者只选择了物理领域比较重要、实际应用比较广泛的一部分内容做讨论。

本书在编写的过程中，得到了许多老师、同事的帮助，特别是李祝霞研究员对本书的编写提出了宝贵的意见，作者深表感谢。同时，本书的编写还参考了一些专家学者的论著，在此表示衷心的感谢。

由于作者水平有限，书中不足或错误之处在所难免，敬请读者批评指正，以便再版时更正。

编著者

2018年12月

目　录

第1章　热力学基础

本章在普通物理学中的热力学基础上，除基本概念外，只做复习性简述，给出热力学基本定律，以保证理论体系的严谨性与系统性。

§1.1　热力学平衡状态及其描述

物理学中常把研究的对象称为体系。热力学和统计物理学中所研究的对象必须由大量微观粒子组成，这种体系称为热力学体系（简称体系）。热现象是由构成宏观物体的大量微观粒子的无规则运动引起的，是一种宏观现象。只有对由大量微观粒子，如大量分子或分子集团，或大量原子，或大量电子等组成的体系，才能谈论其宏观性质，并用统计的方法进行讨论。一般情况下，热力学体系必须由大量微观粒子组成的要求易被满足。例如，在标准状态下，1 cm^3 的气体中就含有 $2.677\,90\times10^{19}$ 个分子（洛施密特（Loschmidt）数）。

体系以外对体系起主要作用的物体统称为这个体系的外界。例如，在磁场中的磁介质和电场中的电介质，如果把磁介质和电介质看成是系统，则外加磁场和电场便是外界。通常体系和外界之间可以交换物质，并存在相互作用。就其性质而言，这种相互作用大致可分为力学（包括电磁学）的和热学的两大类。前者常伴有广义的宏观位移，可通过体系对外界做功的方式来表示。

一个体系，如果它和外界仅限于力学方式的相互作用，不存在热学方式的相互作用，则称这个体系为绝热隔离体系（简称绝热体系）。一个体系，如果它和外界之间既不交换物质，又无相互作用，则称这个体系为孤立体系（简称孤立系）。显然，孤立系必然是绝热体系；反之，绝热体系却不一定是孤立系。如果系统和外界之间既有物质交换，又有能量交换，则称这个体系为开放系。

应当指出，绝对意义上的孤立系是不存在的。体系和外界不可能绝对没有相互影响，和外界绝对隔绝的体系是不可测量且在物理学中无法被认识的。物理学离不开实验，不做实验观测，就无法了解体系和外界是否存在相互作用，就无法判别它是否孤立。而要进行观测，就要给体系以信号并取得从体系反馈回来的信息，这实际上就是对体系施加了影响，破坏了“绝对孤立”。把任何在一定条件下成立的物理概念推到了极端，该概念就变成不可理解的了。孤立系的概念只是告诉我们：对于这种体系，体系和外界的相互作用与体系内部各部分之间的相互作用以及体系内部的能量相比小很多，可以忽略。在讨论过程中可以近似地把体系和外界之间的相互作用、相互影响当作零来处理。

还应当指出，即使对于非孤立系，虽然体系和外界之间的相互作用不可忽略，但如果我们把体系和外界合在一起考虑，很显然，由体系和外界合起来组成的总体系可视为孤立系，因为它已把体系和外界的相互作用作为总体系内部的作用加以考虑。

热力学体系的一切宏观性质的总和称为这个体系的宏观状态。这些宏观性质既包含力学性质、电学性质、磁学性质,也包含热学性质、化学性质及其他物理性质。

大量实验事实表明,对于孤立系或处在恒定外力场(如重力场、静电场等)中的热力学体系,经过足够长时间后,将会达到热力学平衡态,即系统的各种宏观性质在长时间内不发生任何变化。平衡态具有如下特征:体系中的一切宏观变化停止,体系的一切宏观性质都不随时间而变化,而且已达到平衡态的体系,将一直停留在这个状态上,要破坏这个平衡状态,必须有外来作用。

应当指出,平衡态是指体系的宏观性质不随时间变化,从微观方面看,在平衡态下,组成体系的大量微观粒子还是在不停地做无规则热运动,不过它们的平均效果不变。因此,这种平衡仅是一种宏观上的动态平衡,微观分子还是在不停地运动。体系即使已达到平衡态,仍然可能存在偏离平衡态的微小偏差,即涨落。实际上,只有分子做无规则运动时,涨落才有可能出现在体系内部的任一小区域内。平均来说,有多少分子进来,就有多少分子出去;有多少分子对它施加影响,就有多少分子抵消这些影响,使得宏观性质不随时间而改变。因此,平衡态从微观上来看,是分子运动最混乱、最无序的状态。

如果孤立系开始处于非平衡态,那么需要经过一定的时间后才能达到平衡态。体系自发地趋于平衡态的过程称为弛豫过程,其所需要的时间称为弛豫时间。弛豫时间的长短由大量微观粒子热运动的性质及体系的结构决定,也就是视不同体系以及体系初态偏离平衡态的大小而不同。例如,气体的扩散达到平衡只需要很短的时间,而固体的扩散达到平衡则往往需要较长的时间。

利用平衡态的概念,可以定性地判别体系是否处在平衡态。对于孤立系,可视其宏观性质是否随时间而改变加以判别;对于非孤立系,可以把体系和外界合在一起,构成总体系。由于总体系可视为孤立系,因而可通过总体系的宏观性质是否随时间变化,来判别总体系是否处在平衡态,进而推断体系是否处在平衡态。

由于处在平衡态的体系,其宏观性质不随时间而变化,因而可以引入一些描述体系宏观性质的参量来描述体系的状态。通常把描述体系宏观状态的独立参量的数目称为体系的自由度。显然,独立参量的选择原则上是任意的,既可以选压强 p、体积 V 为独立参量,也可以选温度 T、体积 V 为独立参量。

假设所研究的体系是储存在气缸中的一定质量的单一成分的气体,即均匀的物质体系,保持体系的压力恒定,并对气体加热,则可发现气体的体积膨胀。反之,若加热时使气体的体积保持不变,则气体的压力就会增大。由此可见,气体的体积和压力是可以独立改变的,所以需要用这两个独立参量才能完全描述这个体系的状态。

参量可以按不同的方式分类。按参量的性质分为力学参量(如压强 p)、几何参量(如体积 V)、热学参量(如温度 T)、化学参量(如物质的量浓度 n、化学势 μ)、电磁参量(如电场强度 E、磁感应强度 B)。由于体系的状态取决于体系内部的热运动情况和外界条件,因此也可以按参量和体系的关系将参量分为内参量和外参量。描述体系内部热运动情况的参量称为内参量,描述外界条件的参量称为外参量,即加于体系上的外界条件。这里应当指出,内参量和外参量的划分视体系和外界的不同而各异。例如,用一个垂直的活塞,将气体封闭在体积为 V 的气缸内,如果选气体为体系,那么体积 V 为外参量,因为它描述气体的外界条件;压强 p 是内参量,因为它描述体系内部的热运动状态。气体分子热运动越激烈,气体分子和器壁的碰撞越频繁，交换的动量越大，压强 p 也越大。但是，如果改变体系选择的方案，选气体和气缸的活塞合在一起为体系，则压强 p 将是描述体系外界条件的外参量，因为它反映了外界作用于体系（如通过放在活塞上的砝码）的压力，描述的是外部的条件。这时，描述体系内部热运动状态的内参量将是体积 V，因为当加热时，分子热运动激烈，就反应为体积向外膨胀，V 增大，所以这时的 V 是内参量。

在热力学和统计物理学中，比较重要的是另外一种对参量的分类法。我们可以按参量和体系的质量 m 之间的关系来分类，把和体系的质量 m 成正比的参量，如能量等，称为广延量（或外延量）；而把另外一类和体系的质量 m 无关的参量，如压强等，称为强度量（或内含量）。广延量最大的特点是体系的任何广延量均可视为由体系中各部分相应的量相加而得来，具有相加性。例如，体系的能量可看成体系各部分能量之和。

严格来说，这种对体系状态的宏观描述只适用于平衡态。当体系处在非平衡态时，一般来说，体系内各部分可以具有各不相同的性质，而且各部分的宏观性质可以随时间不断变化，因而一般不能用一个统一的参量来描述。例如，处在非平衡态下的气体一般没有统一的压强，不能简单用少数几个参量描述体系的非平衡态。但是，如果体系偏离平衡态不远，一般可以近似地把体系分成许多小的分体系，每个分体系都是宏观小而微观大的。虽然整个体系没有达到平衡态，但由于它偏离平衡态不远，只要分体系选得适当，可近似地认为每个分体系都分别处在各自的局部平衡态，这样，对每个分体系，都可以用参量来描述它的状态。再利用广延量的性质，把各个分体系相应的量相加，就可得出体系相应的广延量，就可以用参量描述偏离平衡态不远的非平衡态。

既然平衡态只需要少数几个宏观参量来描述，因而为形象地表示体系的平衡态，可以引入状态空间的概念。设 $X_1, X_2, \cdots, X_n$ 为确定体系宏观状态的一组独立参量，若体系处在某一个确定的平衡态，则这些参量必有确定的不随时间而改变的数值，记为 $X_1^i, X_2^i, \cdots, X_n^i$。现在以参量 $X_1, X_2, \cdots, X_n$ 为基底，构成一个 n 维空间，称为状态空间。一组确定值（$X_1^i, X_2^i, \cdots, X_n^i$）在 n 维状态空间中对应一个点，也就是说，体系的一个平衡态在 n 维状态空间中用一个点来表示。例如，氧气，描述其状态的宏观参量可取为压强 p 和体积 V，以 p 和 V 为基底所画出的 $p-V$ 图，就是一个状态空间，氧气的任何一个平衡态，在 $p-V$ 图中用一点表示。

§1.2　热力学第零定律、温度

热力学平衡概念以概括的方式反映了热力学体系在长时间内所表现的宏观性质，它是统计物理学中的基本概念之一。由于体系处在平衡态时，所有宏观性质均不随时间而改变，因而它的各种性质，如热学性质、力学性质、化学性质等都必须满足一定的条件，即达到热学平衡（简称热平衡）、力学平衡、化学平衡，以及以后在讨论相变时必须满足的相平衡。本节将讨论热平衡。

要决定物体的冷热性质，首要问题是必须给物体的冷热程度以一个科学的量度。人的冷热感觉并不能科学地定义物体的冷热程度，因为人的感觉器官只能分辨出加于它上面的作用的相对强弱，而不能分辨出作用的绝对强弱。一个同样冷热的物体，我们既可能感觉到它是冷的,也可能感觉到它是热的,这取决于在和这个物体接触之前,接触过的是比它更冷还是更热的物体。同样一盆温水,如果我们先把手放在冰上,再把手放在温水里,会感觉到它比较热;但如果先把手放在热水中,再把手放在温水里,又会感觉到它比较冷。不仅如此,即使是同样冷热的物体,假如其中一个物体的热导率较大、热传导较快,我们会觉得它比较冷,反之则觉得它比较热。以手接触同是在室温下的铁和木头,会觉得铁更冷些。这些都说明,只凭感觉来衡量物体的冷热程度是不可靠的。因而必须从热力学平衡概念出发,找出冷热程度科学的量度。

为叙述方便起见,先引入热均匀体系的定义。显然,若用一绝热隔板将体系分隔成两部分,这两部分的热性质可以一样,也可以一部分热一些,另一部分冷一些。在热力学中常把体系内部用无绝热隔板隔开,因而热性质一致的体系成为热均匀体系。考察 A、B、C 三个热均匀体系,令 A 和 C 热接触,B 和 C 也热接触,互相交换热量,但 A 和 B 本身并不直接热接触(图 1.2.1)。根据热动平衡概念,由 A、B、C 三个体系合在一起组成的总体系,经过足够长时间后,必将处在共同的平衡态。在达到平衡后,如果把 C 轻轻地移去,再让 A 和 B 热接触,使它们之间可以进行热交换。实验发现,这时 A、B 两个体系不改变它们原来的平衡态。

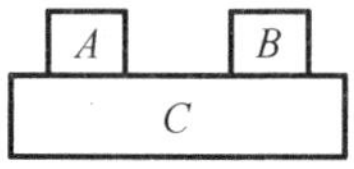

图 1.2.1

实验结果表明,两个互不接触的热均匀体系,当它们“同时”和第三个热均匀体系接触并达到热平衡时,这两个体系之间也必然达到热平衡。这种热平衡的互通性称为热力学第零定律。用公式来表达是:若

$$A \approx B \approx C$$

则

$$A \approx C, B \approx C, A \approx B \tag{1.2.1}$$

现在对热力学第零定律做如下讨论。

首先,热力学第零定律是大量实验事实的总结。在上述实验中,必须特别强调 A 和 C、B 和 C 是“同时”达到热平衡的。所谓“同时”,就是指 C 的运动状态没有发生变化。否则,若不是“同时”发生的,在 A 和 C 热平衡后,把 A 和 C 分开,再利用外来作用,改变 C 的运动状态,使它达到另一个新的平衡态。在 C 的运动状态改变后,这时即使 C 和 B 达到热平衡,A 和 B 也不是热平衡状态。正因为如此,在式(1.2.1)中不用等号,而用“$\approx$”,因为它不是一个 $A=C$, $B=C$,从而 $A=B$ 的数学等式。它是一个实验规律。

其次,由热力学第零定律可以看出,两个体系是否热平衡,并不依赖于两个体系是否在热接触。热接触只为热平衡创造条件,而体系是否热平衡则完全由体系内部的热运动情况决定,它依赖于体系本身的固有属性。两个并没有热接触的体系,也完全有可能是热平衡的,只不过没有表现出来。通过热接触后,它们的热学性质不变可以说明它们原来处在热平衡状态。因此,处于同一热平衡状态下的物体,必然具有一个共同表征它热平衡状态的物理性质。我们把表征这种物理性质的物理量称为温度,并认为处于同一热平衡状态下的热均匀体系具有相同的温度。温度相等是热均匀体系达到热平衡的充分必要条件,也是达到平衡的必要条件。因为平衡不仅包括热平衡,也包括力学平衡、化学平衡和相平衡。

热平衡的互通性也提供了测量温度的可能性。因为它告诉我们,不一定需要将各个物体直接热接触,而可以通过一个媒介物和不同物体依次接触来比较它们的热平衡状态,这种作为媒介物的标准物体,就是温度计。当然这里的温度计必须足够小,以便可以忽略因为温度计和体系的热接触而导致体系热运动状态的变化。

在进一步研究温度计的原理之前,先来考察一下温度的概念以及由热力学第零定律带来的一些必然推论。鉴于温度是通过热平衡互通性引入的,因此从原则上来说,温度应当只对处于热平衡状态的体系才有意义。不处于热平衡状态的物体,由于没有热平衡互通性,严格来说也没有温度的概念。不过,对于偏离平衡态不远的体系,可以把温度概念做些推广。如前所述,这时可将体系分成若干分体系,使各分体系处于局部平衡态,再分别对不同的分体系引入温度概念,而认为整个体系各处温度不同。

容易看出,温度是个内含量。因为对于处在热平衡状态下的体系,按热力学第零定律,整个体系有同一个温度。想象把体系分成若干分体系,则各分体系的温度必然相等,且等于整个体系的温度。因此,温度与体系的质量无关。

热力学第零定律的一个最重要的推论是热均匀体系必存在状态方程。由于处在热平衡状态下的热均匀体系有同一个温度,因此温度是状态的函数,与达到这一平衡态的历史无关。另外,由§1.1 可知,处在平衡态时,体系的宏观性质可由一组宏观参量 $X_1,X_2,\cdots,X_n$ 描述,因而对于确定的平衡态,温度 T 和宏观参量 $X_1,X_2,\cdots,X_n$ 之间必然存在确定的函数关系,这一函数关系

$$f(T,X_1,X_2,\cdots,X_n)=0 \tag{1.2.2}$$

称为状态方程。在热力学中,状态方程只能依赖实验事实给出。在热力学意义下讨论问题,只需要把所要讨论的问题归结为与状态方程有关的能从实验测得的物理量就够了。但在统计物理学内,状态方程原则上可借助于一些模型,用统计方法推得。

下面将列举出气体常用的状态方程:

(1)在温度不太低、压强很低、气体足够稀薄的情况下,气体分子之间的相互作用可以略去,气体可视为理想气体,它的状态方程称为克拉伯龙(Clapeyron)方程。1 mol 理想气体的状态方程是

$$pV=RT \tag{1.2.3}$$

式中,R 是摩尔气体常数,数值上

$$R=8.314\ 41\ \mathrm{J/(mol\cdot K)}=1.986\ \mathrm{cal/(mol\cdot K)} \tag{1.2.4}$$

(2)在压力较大时,气体分子间的相互作用不能完全忽略。在这种情况下,常采用范德瓦尔斯方程。1 mol 实际气体的范德瓦尔斯方程为

$$\left(p+\frac{a}{V^2}\right)(V-b)=RT \tag{1.2.5}$$

式中,a、b 是两个常数。

式(1.2.5)在定性上能反映实际气体的许多实验事实,比如气液相变、临界点的存在、对应态定律等,但在定量上与实验事实的符合并不十分理想。

(3)在低温下,用得较多的实际气体的状态方程是狄特里奇(Dieterici)方程,即

$$p=\frac{RT}{V-b}\mathrm{e}^{-\frac{a}{RT^sV}} \tag{1.2.6}$$

式中,a、b、s 是由实验测定的常数,s 的值为 3/2 左右。

(4)海克·卡末林·昂内斯(Heike Kamerlingh Onnes)提出,一般来说气体的压强不太大,事实上实际气体的状态方程可视为将 pV 按 p 展开,即

$$pV = A + Bp + Cp^2 + Dp^3 + \cdots \tag{1.2.7}$$

式中,A、B、C、D 都是温度的函数,分别称为第一、第二、第三、第四位力(virial)系数。当 p 趋于零时,式(1.2.7)回到理想气体的状态方程。在通常情况下,这些位力系数的相对比值是

$$A:B:C:D \approx 1:1\times10^{-3}:1\times10^{-6}:1\times10^{-9}$$

考虑到在相同温度下,压强越大,体积越小,式(1.2.7)也可写成按 $\frac{1}{V}$ 展开的形式,即

$$pV = A + \frac{B'}{V} + \frac{C'}{V^2} + \frac{D'}{V^3} + \cdots \tag{1.2.8}$$

式中,A、B'、C'、D' 是相应的位力系数。

不难看出,范德瓦尔斯方程(式(1.2.5))可纳入式(1.2.8)的形式。为此,改写式(1.2.5)为

$$pV = \frac{RT}{1 - \frac{b}{V}} - \frac{a}{V} = RT\left(1 + \frac{b - \frac{a}{RT}}{V} + \frac{b^2}{V^2} + \frac{b^3}{V^3} + \cdots\right) \tag{1.2.9}$$

比较式(1.2.8)和式(1.2.9),可得范德瓦尔斯方程对应的位力系数为

$$A = RT, B' = RT\left(b - \frac{a}{RT}\right), C' = RTb^2, D' = RTb^3, \cdots$$

在热力学中,还可定义一些与状态方程有关的物理量。

1. 体膨胀系数 α_V

$$\alpha_V = \frac{1}{V}\left(\frac{\partial V}{\partial T}\right)_p \tag{1.2.10}$$

表示在等压过程中,温度升高 1 K 时膨胀的体积与原来体积之比。对理想气体,由式(1.2.3)及式(1.2.10)可得 $\alpha_V = \frac{1}{T}$。

2. 相对压力系数 α_p

$$\alpha_p = \frac{1}{p}\left(\frac{\partial p}{\partial T}\right)_V \tag{1.2.11}$$

表示在等容过程中,温度升高 1 K 时,增加的压强与原来压强之比。对理想气体,$\alpha_p = \frac{1}{T}$。

3. 等温压缩率 κ_T

$$\kappa_T = -\frac{1}{V}\left(\frac{\partial V}{\partial p}\right)_T \tag{1.2.12}$$

表示在等温过程中,压强增加 1 单位时,变化的体积与原来体积之比。注意在等温过程中,压强增加时,体积一般总是减小的,即 $\left(\frac{\partial V}{\partial p}\right)_T < 0$。为保证 κ_T 是正值,在它的定义式(1.2.12)中,右端加了一个负号。对于理想气体,$\kappa_T = \frac{1}{p}$。

应该强调指出,只有对均匀系,才能有统一的状态方程。状态方程表示的是平衡态中各参量和温度之间的函数关系。在状态空间中,平衡态用一个点表示。状态方程表示这个

点的相应坐标和温度的函数关系。

§1.3　热力学过程

热力学体系的宏观状态随时间的变化称为热力学过程,简称过程。根据热力学平衡概念,一个孤立系如果原来处于非平衡态,那么它总要自发地经过弛豫过程达到平衡态。在这个过程中,宏观状态不断随时间变化,除过程最后达到的末态是平衡态外,过程中经历的任一状态都是非平衡态。一个孤立系,如果原来处于平衡态,则永远处于这个平衡态。它不随时间而变化,不出现热力学过程。这时若要使体系的状态随时间变化,必须依靠外来作用。通过做功或交换热量,先破坏体系原来的平衡态,使它处在非平衡态,再撤除外来作用,使它经过弛豫过程,再自发地到达新的平衡态。对于非孤立系,可把体系和外界合并而成总体系,由于总体系可视为孤立系,因此可将总体系仿照孤立系的方式进行讨论。由此可见,严格来说,任何热力学过程中总有非平衡态出现。事实上,任何过程总有两种互相矛盾的因素,一种是破坏平衡的因素,它可以来自外来作用或其他方面,另一种是体系自发地恢复平衡的因素,这两种因素的对立统一,就出现热力学过程。

但是,由于讨论非平衡态的问题比较复杂,因而在热力学中,把在过程中任何时刻都可近似认为体系处在平衡态的过程,称为准静态过程。为进一步分析这种过程,需要讨论化学纯的理想气体。在 $p-V$ 图上画某一条线,线上的任一点均代表理想气体的一个平衡态,但如果理想气体在某一时刻处在某一个平衡态,根据热力学平衡概念,它应该永远处在这个平衡态。也就是说,它的状态在 $p-V$ 图上只能永远对应一个点,不出现过程。要出现过程,就必然出现非平衡态。一般地,非平衡态不一定能用统一的参量描述,即在 $p-V$ 图上点不出点来。所以,严格地说,$p-V$ 图上的线并不对应真实的物理过程。

但问题在于,我们能否做些合理的近似的实验?不妨以封闭在气缸中的气体为例。如图 1.3.1 所示,如果很快地向右拉动活塞,使气体体积增加 ΔV,这时气体的平衡将被破坏。因为拉得很快,气体分子在开始时还来不及跟着活塞运动,但在体积增加 ΔV 后,气体很快膨胀,出现非平衡态,然后会再经过一段时间才能恢复,达到新的平衡态。这种过程一定是非准静态过程。如果足够缓慢地移动活塞,同样也使气体体积增加 ΔV,若能控制活塞,使得移动活塞过程中所消耗的时间比体系恢复到新平衡态所需的时间还长,即满足

$$\dot{V} \ll \frac{\Delta V}{\tau} \tag{1.3.1}$$

式中,τ 为弛豫时间。则可认为,在过程中的任何时刻,体系都能恢复平衡,过程中的每一步都可近似地认为体系处在平衡态,这就是准静态过程,在 $p-V$ 图上就表现为一条线。

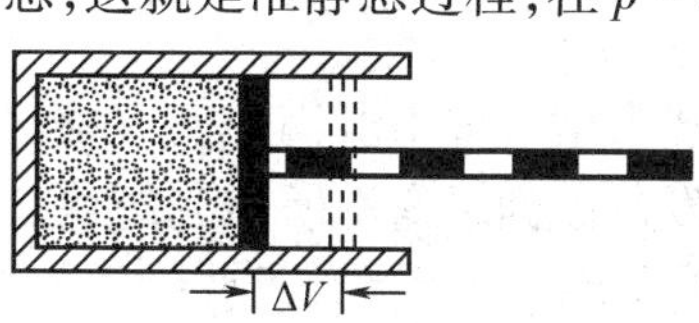

图 1.3.1

一般地,对于有 n 个独立参量($X_1, X_2, \cdots, X_n$)的体系,若满足

$$\dot{X}_i \ll \frac{\Delta X_i}{\tau} \quad (i = 1, 2, \cdots, n) \tag{1.3.2}$$

则称这个过程为准静态过程。严格来说,准静态过程只是个理想过程。

由此可见,准静态过程和非准静态过程是以过程进行速度的快慢来进行区分的,它与参量变化的大小,如 ΔV 的大小无关。改变同样的体积 ΔV,既可能是准静态过程,也可能是非准静态过程。在式(1.3.1)中,右端是在弛豫过程中的平均恢复速率,左端是在外来作用下体积的变化率,实际上它也标志着破坏平衡的速率。过程进行的速度足够缓慢,意味着 $\dot{X}_i$ 比恢复平衡的速率小。

准静态过程有如下性质。

(1)由于准静态过程中的任何时刻体系都处在平衡态,因此任何时刻它的宏观性质都可用宏观参量描述,从而整个准静态过程可用参量描述。

(2)在状态空间中,准静态过程用一条线表示。

(3)在力学中,体积膨胀所做的功可写为

$$\Delta W = \int p' \cdot \boldsymbol{e}_{\mathrm{n}} \mathrm{d}A \cdot \mathrm{d}l \tag{1.3.3}$$

式中,p'是外压强;$\mathrm{d}A$ 是曲面的面积元;$\boldsymbol{e}_{\mathrm{n}}$ 是 $\mathrm{d}A$ 曲面法线方向上的单位矢量;$\mathrm{d}l$ 是膨胀的线度。对于准静态过程,因为任何时刻体系都处在平衡态,外压强 p'必与体系内部的压强 p 大小相等,方向相反。在不考虑外力场时,体系内各处的压强相等,因此可在式(1.3.3)中把压强提到积分号外,得

$$\Delta W = p\Delta V \tag{1.3.4}$$

或写成微分形式

$$đW = p\mathrm{d}V \tag{1.3.5}$$

在 $p-V$ 图上,体系在准静态过程中由体积 V_1 膨胀到 V_2 对外所做的功

$$W = \int_{V_1}^{V_2} p\mathrm{d}V \tag{1.3.6}$$

由曲线下所围面积表示。

(4)一般地,假如有多个独立变量,在准静态过程中的元功可表示为

$$đW = \sum_i X_i \mathrm{d}x_i \tag{1.3.7}$$

式中,x_i 表示广义位移;X_i 表示相应的广义力。

§1.4 热力学第一定律

热力学第一定律是体系在热力学过程中所满足的一个普遍规律。一般来说,除了孤立系在弛豫过程中从非平衡态自发过渡到平衡态所引起的状态变化外,热力学体系状态的改变总是和外来作用相联系,外来作用是导致状态改变的主要原因。现在先来讨论热力学过程中外来作用——外界对体系所做的功和体系吸收的热量。

大量实验事实表明,绝热体系从确定的初态到确定的末态,永远完成同样大小的功,即

绝热隔离体系所做的功只与初态和末态有关,与过程无关,从而有

$$\oint_s đW = 0 \tag{1.4.1}$$

式中,s 表示绝热过程。

因此,总可以引入一个态函数 U,称为内能,令内能的全微分 $\mathrm{d}U$ 为

$$\mathrm{d}U = -đW\big|_s \tag{1.4.2}$$

显然 $\oint \mathrm{d}U = 0$,表示内能是态函数,与过程无关。

对一般的热力学体系,由于有热交换,体系对外所做的功不等于内能的减小,而有

$$đQ = \mathrm{d}U + đW \tag{1.4.3}$$

即体系吸收的热量部分用于增加体系的内能,部分用于对外做功,内能的增加与对外做功之和等于体系所吸收的热量。式(1.4.3)称为热力学第一定律。式(1.4.3)涉及三个物理量,即热量、内能的变化和功。它们的正负号在本书中是这样规定的:体系吸热,$đQ>0$;体系放热,$đQ<0$;体系内能增加,$\mathrm{d}U>0$;体系内能减小,$\mathrm{d}U<0$;体系对外做功,$đW>0$;外界对体系做功,$đW<0$。

现在对热力学第一定律做如下讨论。

(1)热力学第一定律是包含热交换在内的广义的能量守恒定律。能量既不会凭空产生,也不会凭空消失。要使体系的内能增加,必须通过外界对体系做功或加热。任何无中生有的创造能量的企图都是不能实现的。能量只能相互转化。在一定条件下,热能和机械能可以相互转化,存在着热功当量。从本质上来说,热和功一样,都是能量交换的一种方式。

(2)热力学第一定律又常常可表述为:"第一类永动机是不可能制造的。"所谓第一类永动机指的是这样一种机器:它在循环动作中对外做了功,但不消耗任何能量。定义热机效率 η 为

$$\eta = \frac{W}{Q_1} \tag{1.4.4}$$

式中,W 为循环过程中体系对外界所做的净功;Q_1 为循环过程中所吸收的热量。

一个循环过程是指体系最后回到初态,即初态、末态是同一状态的过程。在循环过程中体系恢复到原来状态;内能是态函数,在循环过程中内能的变化为零。按照热力学第一定律,这时体系要对外做功,必须吸收热量,而且对外所做的功不可能大于吸收的热量,即 η 不能大于 1。我们常把 $\eta>1$ 的机器称为第一类永动机。热力学第一定律告诉我们,不可能做出 $\eta>1$ 的机器。

(3)从数学上看,热力学第一定律的核心是确立了一个态函数内能 U。它告诉我们,$\mathrm{d}U$ 是全微分,但热量 $đQ$、功 $đW$ 都不是全微分。在功 $đW$ 的表达式中,实际上只含广义力和广义位移等力学变量,不含温度等热学变量;在热量 $đQ$ 的表达式中,实际上往往只含温度等热学变量(例如,可把热量写成温度的变化和热容量的乘积),不含力学变量。因此,热量 $đQ$、功 $đW$ 都不构成全微分,而把它们合在一起,$đQ - đW$ 则构成一个全微分 $\mathrm{d}U$,这就是热力学第一定律。

(4)式(1.4.3)也可看成是热量的定义,因为迄今为止我们并未从逻辑上严格地定义热量。在§1.1 中只定义了绝热体系,它是通过体系和外界之间仅限于以力学的方式相互作用来定义的。式(1.4.1)也只涉及绝热体系。

热力学第一定律涉及内能、功、热量三个重要的物理量。现在分别对它们做如下讨论。

1. 内能

(1)由式(1.4.1)、式(1.4.2)可以看出,内能是态函数。也就是说,体系的状态给定,内能也就完全确定。内能是状态的单值函数,并不是说给定内能,就只能有一个状态和它对应。实际上,内能给定,即

$$U(T,X_1,X_2,\cdots,X_{n-1})=C$$

给定,在 n 维状态空间中它对应一个 $n-1$ 维的能量曲面,曲面上所有点均有相同的内能,原则上,曲面上这些不同的点都有可能对应体系的状态。因此内能给定,体系状态并不唯一确定。

(2)内能是状态的单值函数的结论,是热力学第一定律的有力概括。否则,若内能不是状态的单值函数,体系在同一状态下既有内能 U,又有内能 U',则从体系中取出 $U-U'$ 能量时,它的状态不变,在循环过程中就可用 $U-U'$ 做功而无须吸收热量,这实际上就是第一类永动机。第一类永动机违背了内能是态函数的结论,也就违背了热力学第一定律。

(3)由式(1.4.3)可知,热力学第一定律实际上只涉及两个态之间的内能之差 ΔU,而并未涉及内能的绝对的数值。换言之,可以同时差一个零点能。当然,零点能的任意选取并不会带来太多麻烦,因为它最多差一个可加常数。

(4)内能是个广延量,因而对于非平衡态,原则上可把体系分成许多小部分,使每一小部分都可近似地视为处于局部平衡态。设体系的第 i 部分的内能为 U_i,在各个小部分之间没有宏观运动的条件下,体系总的内能 $U=\sum\limits_i U_i$,即由各小部分内能之和给出。

(5)从宏观的角度来看,体系的内能是指体系除了宏观整体机械运动的动能之外的全部能量。在热力学统计物理学中,整体运动的动能往往不重要,因为总可以选择一个和体系相对静止的坐标系,使这部分能量为零。从微观的角度来看,体系的内能包括体系分子间的相互作用能、分子不规则运动的动能,以及分子中包含的其他的微观粒子动能和相互作用能,在外场中的位能也可以包括在内。

2. 功

(1)对于准静态过程,功可表示为

$$đW=\sum_i X_i\mathrm{d}x_i$$

例如,对于气体,气体体积膨胀所做的功为

$$đW=p\mathrm{d}V$$

对于液体表面薄膜,薄膜移动所做的功为

$$đW=-\sigma\mathrm{d}A$$

式中,σ 为表面张力;A 为面积;负号(-)表示薄膜移动方向与表面张力方向相反。

对于电介质,单位体积介质的极化功为

$$đW=-E\mathrm{d}P$$

式中,E 为电场强度;P 为电极化强度。

对于磁介质,同样有

$$đW=-H\mathrm{d}M$$

式中,H 为磁场强度;M 为磁化强度。

(2)对于非准静态过程,一般来说,不能将 $đW$ 写成式(1.3.5)的形式。例如,对气体,

若体系处在非平衡态，体系内各处的压强 p 可能不同，在式（1.3.3）中一般不能将压强提到积分号外。但对于外界等压的非准静态过程，例如，气体向真空中自由膨胀的过程，或高压气体向大气中膨胀的过程等，由于外界的压强不变，外界对体系所做的功可写成外压强 p_0 乘外界体积的变化的形式（$\Delta W_0 = p_0(\Delta V)_0$）。而体系对外界所做的功是外界对体系所做功的负值，即

$$\Delta W = -\Delta W_0 = -p_0(\Delta V)_0 \tag{1.4.5}$$

（3）对于任何等容过程，无论是准静态过程还是非准静态过程，由于体积不变，因此由于体系体积变化而做的功显然为零。

3. 热量

热量和功一样，是与具体过程有关的物理量。利用热量，可以定义热容和比热容。在一定条件下，物体温度升高 1 K 时所吸收的热量称为热容。热容是广延量。把单位质量的热容称为比热容。热容 C_x 和比热容 c_x 的数学表达式分别为

$$C_x = \lim_{\Delta T \to 0}\left(\frac{\Delta Q}{\Delta T}\right)_x = \left(\frac{\partial Q}{\partial T}\right)_x \tag{1.4.6}$$

$$c_x = \frac{C_x}{m} = \frac{1}{m}\left(\frac{\partial Q}{\partial T}\right)_x \tag{1.4.7}$$

式中，m 是物体的质量；x 表示相应的过程。因为 $đQ$ 与过程有关，所以热容和比热容都与过程有关。比热容是强度量。由式（1.4.6）可见，绝热过程的热容为零，而等温过程的热容趋于无穷大。

现在来求比定压热容 c_p 和比定容热容 c_V。取只有两个独立参量的体系，例如化学纯的气体，在准静态过程中，由热力学第一定律

$$đQ = \mathrm{d}U + p\mathrm{d}V$$

得

$$c_V = \left(\frac{\partial Q}{\partial T}\right)_V = \left(\frac{\partial U}{\partial T}\right)_V \tag{1.4.8}$$

$$c_p = \left(\frac{\partial Q}{\partial T}\right)_p = \left(\frac{\partial U}{\partial T}\right)_p + p\left(\frac{\partial V}{\partial T}\right)_p \tag{1.4.9}$$

注意　式（1.4.8）对非准静态过程也适用，因为只要是等容过程，功总为零。但式（1.4.9）只适用于等压的准静态过程或非准静态过程。

如果要把式（1.4.9）写成类似于式（1.4.8）的形式，可以将独立变量从（T,V）换成（T,p），引入

$$H = U + pV \tag{1.4.10}$$

式中，H 称为焓，显然 H 也是态函数。

对式（1.4.10）两端微分，有

$$\mathrm{d}H = \mathrm{d}U + p\mathrm{d}V + V\mathrm{d}p = đQ + V\mathrm{d}p$$

$$c_p = \left(\frac{\partial H}{\partial T}\right)_p \tag{1.4.11}$$

式（1.4.11）表明，在准静态等压过程中，体系焓的增量等于它吸收的热量。

分别以（p,V）、（V,T）和（p,T）为独立变量，用式（1.4.8）和式（1.4.9）可将热量 $đQ$ 表示为

$$đQ = \left(\frac{\partial U}{\partial p}\right)_V \mathrm{d}p + \left[\left(\frac{\partial U}{\partial V}\right)_p + p\right]\mathrm{d}V \tag{1.4.12}$$

$$đQ = \left(\frac{\partial U}{\partial T}\right)_V \mathrm{d}T + \left[\left(\frac{\partial U}{\partial V}\right)_T + p\right]\mathrm{d}V = c_V\mathrm{d}T + \left[\left(\frac{\partial U}{\partial V}\right)_T + p\right]\mathrm{d}V \tag{1.4.13}$$

$$\begin{aligned} đQ &= \left(\frac{\partial U}{\partial T}\right)_p \mathrm{d}T + \left(\frac{\partial U}{\partial p}\right)_T \mathrm{d}p + p\left[\left(\frac{\partial V}{\partial T}\right)_p \mathrm{d}T + \left(\frac{\partial V}{\partial p}\right)_T \mathrm{d}p\right] \\ &= c_p\mathrm{d}T + \left[\left(\frac{\partial U}{\partial p}\right)_T + p\left(\frac{\partial V}{\partial p}\right)_T\right]\mathrm{d}p \end{aligned} \tag{1.4.14}$$

在热力学意义下，热容由实验测量得出。在统计物理学中，在引入一些模型和假设之后，热容可由理论推出。

比定压热容和比定容热容之间的关系可由式(1.4.13)、式(1.4.14)得出，在等压条件下有

$$c_p = c_V + \left[\left(\frac{\partial U}{\partial V}\right)_T + p\right]\left(\frac{\partial V}{\partial T}\right)_p \tag{1.4.15}$$

通常，在热力学意义下，只要把 U、H 等热力学函数归结为 c_p、c_V 等一些可从实验测得的量和状态方程，就可认为问题已经解决。热力学是一种宏观理论，它从实验出发，归纳出一些基本定律，然后经过演绎推理，得出物质在不同过程和状态中的性质，再在实验中检验这些性质。因此，只要把一些物理量如 U、H 等归结为 c_p、c_V 或 p、V、T 等实验上可以直接测量的物理量后，就可以准确得到一个待定常数(如 U_0)，从实验上给出这些态函数。例如，内能取 $U = U(T,V)$，由式(1.4.8)及式(1.4.15)有

$$\mathrm{d}U = \left(\frac{\partial U}{\partial T}\right)_V \mathrm{d}T + \left(\frac{\partial U}{\partial V}\right)_T \mathrm{d}V = c_V\mathrm{d}T + \left[(c_p - c_V)\left(\frac{\partial T}{\partial V}\right)_p - p\right]\mathrm{d}V \tag{1.4.16}$$

式中，$\left(\frac{\partial T}{\partial V}\right)_p$ 可由状态方程求得。

利用式(1.4.16)，可以求得理想气体的比定压热容和比定容热容之差 $c_p - c_V$。

对于理想气体，它向真空自由膨胀的焦耳(Joule)实验表明，气体膨胀前后的温度不变。这说明理想气体的内能仅仅是温度的函数，与体积无关。向真空自由膨胀的过程中，外压强 p_0 为零，由式(1.4.5)得 $\Delta W = 0$。另外，向真空自由膨胀过程中，气体膨胀得很快，过程可视为是绝热进行的，即 $\Delta Q = 0$。由热力学第一定律得 $\Delta U = 0$。气体膨胀前后的初态和末态具有相同的内能、相同的温度，但体积不同。因此

$$\left(\frac{\partial U}{\partial V}\right)_T = 0 \tag{1.4.17}$$

$$\mathrm{d}U = c_V\mathrm{d}T \tag{1.4.18}$$

在温区不太大的情况下，可认为 c_V 是常数，从而得

$$U = c_V T + U_0 \tag{1.4.19}$$

不失普遍性，可选积分常数 $U_0 = 0$，由

$$H = U + pV = c_V T + pV = (c_V + \nu R)T \tag{1.4.20}$$

得

$$c_p = \left(\frac{\partial H}{\partial T}\right)_p = c_V + \nu R$$

或写成

$$c_p - c_V = \nu R \tag{1.4.21}$$

式中，ν 为理想气体的物质的量；R 为摩尔气体常数。

式(1.4.21)也可由式(1.4.16)及式(1.4.18)得出。由

$$\left(\frac{\partial U}{\partial V}\right)_T=(c_p-c_V)\left(\frac{\partial T}{\partial V}\right)_p-p=0 \tag{1.4.22}$$

及理想气体的状态方程 $pV=\nu RT$，得

$$\left(\frac{\partial T}{\partial V}\right)_p=\frac{p}{\nu R} \tag{1.4.23}$$

将式(1.4.23)代入式(1.4.22)后，亦可得式(1.4.21)。

§1.5　理想气体的多方过程

利用理想气体的状态方程 $pV=\nu RT$ 及它的内能仅是温度函数的结论，本节将计算一些重要的物理过程中理想气体所做的功、内能的变化和热量。但是应当指出，对理想气体来说，状态方程和 $\left(\frac{\partial U}{\partial V}\right)_T=0$ 并非两个独立的结果，以后将证明，由状态方程可推导出 $\left(\frac{\partial U}{\partial V}\right)_T=0$。事实上，从微观上看，$\left(\frac{\partial U}{\partial V}\right)_T=0$ 的结论也是易于理解的。因为体积变化只改变分子之间的距离，进而改变它们的相互作用能。而对于理想气体，分子之间的距离较大，比分子的直径大一个数量级以上，分子之间的相互作用能本来就远远小于分子的无规则运动的平均动能，这部分相互作用能原本就已经被忽略，而体积膨胀又不影响气体分子的平均动能，因此理想气体的内能不因体积的改变而改变。

定义热容 C_x 为常数($C_x=C$)的过程为多方过程。对于理想气体，由热力学第一定律有

$$đQ=c_V\mathrm{d}T+p\mathrm{d}V \tag{1.5.1}$$

另一方面，按多方过程的定义

$$đQ=C\mathrm{d}T \tag{1.5.2}$$

由式(1.5.1)、式(1.5.2)有

$$C\mathrm{d}T=c_V\mathrm{d}T+p\mathrm{d}V \tag{1.5.3}$$

由状态方程得

$$p\mathrm{d}V+V\mathrm{d}p=\nu R\mathrm{d}T \tag{1.5.4}$$

在式(1.5.3)、式(1.5.4)中消去 $\mathrm{d}T$，再注意到 $c_p-c_V=\nu R$，得

$$\frac{c_p-C}{c_V-C}\frac{\mathrm{d}V}{V}+\frac{\mathrm{d}p}{p}=0 \tag{1.5.5}$$

积分后得

$$pV^n=\text{常数} \tag{1.5.6}$$

式中，$n=\dfrac{c_p-C}{c_V-C}$，称为多方指数。式(1.5.6)是多方过程所满足的方程式。由于密度 $\rho=\dfrac{N}{V}$（N 是气体的分子数），式(1.5.6)也可写为

$$p\rho^{-n}=\text{常数} \tag{1.5.7}$$

在多方过程中，压强 p 与密度 ρ 的 n 次幂成正比。多方过程对天体物理学中脉冲星等

致密星体的讨论是非常重要的。

以下考察理想气体多方过程的几个特殊情况。

1. 绝热过程

$$đQ=0, C=0, n=\frac{c_p}{c_V}=\gamma$$

式(1.5.6)变为

$$pV^{\gamma}=\text{常数} \tag{1.5.8}$$

式(1.5.8)称为泊松(Poisson)方程,它也可以改写成用(T,V)及(T,p)表示的形式。将式(1.5.8)与状态方程联立,得

$$TV^{\gamma-1}=\text{常数} \tag{1.5.9}$$

或

$$p^{1-\gamma}T^{\gamma}=\text{常数} \tag{1.5.10}$$

另外,由热力学第一定律有

$$\mathrm{d}U+đW=c_V\mathrm{d}T+p\mathrm{d}V=0$$

2. 等温过程

$$\mathrm{d}T=0$$

由于理想气体的内能仅是温度的函数,有

$$\mathrm{d}U=0$$

通常情况下,准静态等温过程并不绝热,即

$$đQ\neq0$$

故有

$$\begin{cases} C\to\infty, n\to1 \\ pV=\text{常数} \\ đQ=p\mathrm{d}V \end{cases} \tag{1.5.11}$$

3. 等压过程

$$\mathrm{d}p=0, C=c_p$$

$$n=0$$

$$đQ=c_p\mathrm{d}T, đW=p\mathrm{d}V$$

由热力学第一定律有

$$c_p\mathrm{d}T=c_V\mathrm{d}T+p\mathrm{d}V$$

4. 等容过程

$$\mathrm{d}V=0, C=c_V$$

$$n\to\infty$$

$$đW=0$$

$$đQ=\mathrm{d}U=c_V\mathrm{d}T$$

图1.5.1是以上四个过程在$p-V$图中的表示。由图1.5.1可见,不同过程的热容C,既可能是正值,也可能是负值。在图1.5.1中由O点到阴影区所对应的过程,热容均为负数。例如,从O点到Ⅰ区,$\mathrm{d}T>0, đQ<0, C<0$。它表示外界对体系做了大量的功,这些功,部分以热量的形式放出,部分用以增加体系的内能,使体系的温度升高。从O点到Ⅱ区,$\mathrm{d}T<0, đQ>0, C<0$。它表示体系对外界做了大量的功,这些功,除部分以吸热的方式从外

界得到补偿外，还有部分来自体系内能的减小，因此体系的温度降低。由式(1.5.8)及式(1.5.11)可求出理想气体在 $p-V$ 图同一点上绝热线和等温线的斜率之比。由式(1.5.8)得

$$p\gamma V^{\gamma-1}\mathrm{d}V+V^{\gamma}\mathrm{d}p=0$$

即

$$\left(\frac{\partial p}{\partial V}\right)_s=-\gamma\frac{p}{V} \tag{1.5.12}$$

式中，s 表示绝热过程。

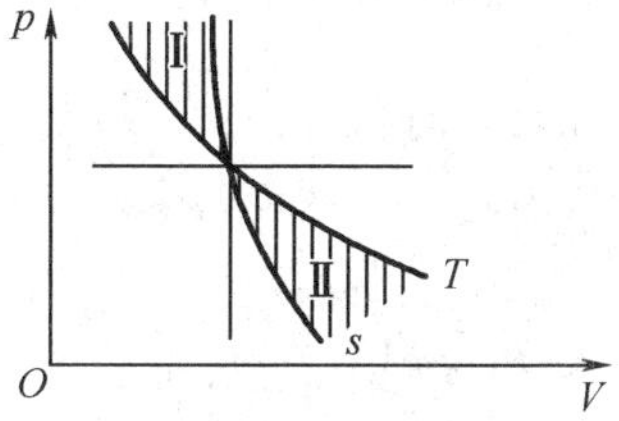

图 1.5.1

另一方面，由式(1.5.11)可得

$$\left(\frac{\partial p}{\partial V}\right)_T=-\frac{p}{V} \tag{1.5.13}$$

于是有

$$\frac{\left(\frac{\partial p}{\partial V}\right)_s}{\left(\frac{\partial p}{\partial V}\right)_T}=\gamma \tag{1.5.14}$$

注意到 $\gamma=(c_p/c_V)>1$，因此对于理想气体，在 $p-V$ 图上经过同一点的绝热线比等温线的斜率更陡。

下面证明，这个结论不仅对理想气体成立，而且对更一般的任何具有两个独立参量的体系也都成立。对绝热过程，由热力学第一定律有

$$đQ=\mathrm{d}U+p\mathrm{d}V=0$$

由式(1.4.13)及式(1.4.15)得

$$c_V\mathrm{d}T+(c_p-c_V)\left(\frac{\partial T}{\partial V}\right)_p\mathrm{d}V=0 \tag{1.5.15}$$

利用

$$\mathrm{d}T=\left(\frac{\partial T}{\partial p}\right)_V\mathrm{d}p+\left(\frac{\partial T}{\partial V}\right)_p\mathrm{d}V$$

改变独立变量，使独立变量由式(1.5.15)的(T,V)换成(p,V)，得

$$c_V\left[\left(\frac{\partial T}{\partial p}\right)_V\mathrm{d}p+\left(\frac{\partial T}{\partial V}\right)_p\mathrm{d}V\right]+(c_p-c_V)\left(\frac{\partial T}{\partial V}\right)_p\mathrm{d}V=0 \tag{1.5.16}$$

即

$$c_V\left(\frac{\partial T}{\partial p}\right)_V\mathrm{d}p+c_p\left(\frac{\partial T}{\partial V}\right)_p\mathrm{d}V=0 \tag{1.5.17}$$

现在来证明一个十分有用的数学公式，设 x、y、z 满足函数关系

$$f(x,y,z)=0$$

则由

$$df = \frac{\partial f}{\partial x}dx + \frac{\partial f}{\partial y}dy + \frac{\partial f}{\partial z}dz = 0$$

得

$$\left(\frac{\partial x}{\partial y}\right)_z = -\frac{\frac{\partial f}{\partial y}}{\frac{\partial f}{\partial x}}, \left(\frac{\partial y}{\partial z}\right)_x = -\frac{\frac{\partial f}{\partial z}}{\frac{\partial f}{\partial y}}, \left(\frac{\partial z}{\partial x}\right)_y = -\frac{\frac{\partial f}{\partial x}}{\frac{\partial f}{\partial z}}$$

所以

$$\left(\frac{\partial x}{\partial y}\right)_z\left(\frac{\partial y}{\partial z}\right)_x\left(\frac{\partial z}{\partial x}\right)_y = -1 \tag{1.5.18}$$

利用式(1.5.18)得

$$\left(\frac{\partial T}{\partial V}\right)_p\left(\frac{\partial V}{\partial p}\right)_T\left(\frac{\partial p}{\partial T}\right)_V = -1 \tag{1.5.19}$$

由式(1.5.17)和式(1.5.19),最后得出

$$\left(\frac{\partial p}{\partial V}\right)_s = -\frac{c_p\left(\frac{\partial T}{\partial V}\right)_p}{c_V\left(\frac{\partial T}{\partial p}\right)_V} = \gamma\left(\frac{\partial p}{\partial V}\right)_T \tag{1.5.20}$$

§1.6 理想气体的卡诺循环过程

历史上,在生产实践中具有重要意义的是热机。热力学是在研究和改进热机的基础上发展起来的。热机是一种能不断从热源吸收热量并将其转换为机械功的装置,为了能使热机不断工作,热机的工作物质应进行不断的循环。

现在研究一个最简单的循环,它由两个准静态等温过程和两个准静态绝热过程围成,称为卡诺循环(图1.6.1)。进行卡诺循环的热机称为卡诺热机。假定进行卡诺循环的工作物质是物质的量为 ν 的理想气体,由式(1.4.4)及热力学第一定律可得,卡诺循环的效率为

$$\eta = \frac{W}{Q_1} = \frac{Q_1 - |Q_2|}{Q_1} = 1 - \frac{|Q_2|}{Q_1} \tag{1.6.1}$$

式中,Q_1 为循环过程中所吸收的热量;Q_2 为循环过程中所放出的热量。

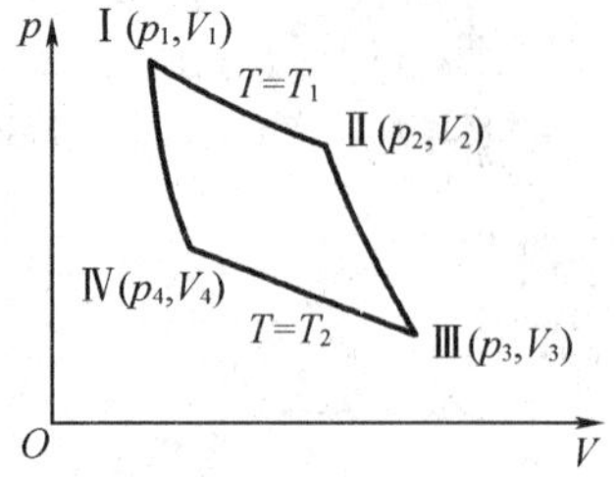

图1.6.1

在式(1.6.1)中,已注意到在进行循环过程后,体系恢复原来状态,内能变化为零。循

环过程所做的净功

$$W = Q_1 - |Q_2|$$

由循环过程在 $p-V$ 图中所围面积表示。

由状态Ⅰ至状态Ⅱ是等温过程，体积膨胀，对外做功，吸收热量为

$$Q_1 = \int_{V_1}^{V_2} p\mathrm{d}V = \nu RT_1 \ln \frac{V_2}{V_1} \tag{1.6.2}$$

同理，由状态Ⅲ至状态Ⅳ也是等温过程，有

$$Q_2 = \nu RT_2 \ln \frac{V_4}{V_3} < 0 \tag{1.6.3}$$

$Q_2 < 0$ 表示放热。而状态Ⅱ至状态Ⅲ、状态Ⅳ至状态Ⅰ是绝热过程，故

$$\eta = \frac{Q_1 - |Q_2|}{Q_1} = \frac{\nu RT_1 \ln \frac{V_2}{V_1} - \nu RT_2 \ln \frac{V_3}{V_4}}{\nu RT_1 \ln \frac{V_2}{V_1}} \tag{1.6.4}$$

另外，由式(1.5.9)，有

$$V_1^{\gamma-1} T_1 = V_4^{\gamma-1} T_2$$

$$V_2^{\gamma-1} T_1 = V_3^{\gamma-1} T_2$$

以上两式相除后得

$$\frac{V_2}{V_1} = \frac{V_3}{V_4} \tag{1.6.5}$$

将式(1.6.5)代入式(1.6.4)后得

$$\eta = 1 - \frac{T_2}{T_1} \tag{1.6.6}$$

式(1.6.6)表明，以理想气体为工作物质的准静态卡诺热机的效率只与热源和冷源的温度有关，与 $p-V$ 图中卡诺循环包围的面积无关。卡诺循环包围的面积越大，吸热也越多，W/Q_1 仍然不变。

§1.7　热力学第二定律

在自然界中，违反热力学第一定律的过程是不能实现的。但是，不违反热力学第一定律的过程是否全部都能实现呢？日常生活的经验告诉我们，答案是否定的。例如，让两个不同温度的物体相互接触，并使这两个物体和外界隔绝，这两个物体进行热交换的结果总是高温物体温度下降，低温物体温度上升，最后两个物体达到相同的温度。从未发生过高温物体温度上升，低温物体温度下降，两个物体之间温度相差越来越大的情况。只要低温物体失去的热量等于高温物体获得的热量，也同样满足热力学第一定律。在使重物下落以带动叶轮，再让叶轮搅动容器中的水，使水温度升高的焦耳热功当量的实验里，观察到的也只是重物所做的功转化为热量，也从来没有发现过作为热源的水自动冷却而使重物上升的情况。虽然在这种情况下，只要热源冷却过程中放出的热量等于重物上升时所消耗的功，

也同样不违背热力学第一定律。这些例子说明，自然界中必然还存在不同于热力学第一定律的其他定律，它们制约着自然过程的发展。

实际上，自然界内任何宏观自发过程都具有方向性。自发过程是指在不受外来干预的条件下体系自发进行的过程。对于孤立系，根据热力学平衡的实验，自发过程发展的方向总是从非平衡态到平衡态，不能在外界对体系既不做功，又不交换热量，即在没有外来作用的条件下自发地从平衡态过渡到非平衡态。在热力学中，所谓过程的方向总是指过程自发进行的方向。任何过程，加上外来的干预后，方向就毫无意义了。例如，如果用一部制冷机工作在低温物体和高温物体之间，通过外界做功，完全可以使热量从低温物体传到高温物体中去，从而使低温物体温度下降，高温物体温度上升，这就谈不上热传导过程的方向性。

这里要指出，过程自发进行的方向性问题与如何提高热机效率的问题是紧密相连的。按热力学第一定律，热机效率 η 不大于 1，但 η 可否等于 1 呢？式(1.6.1)中，$\eta=1$ 即 $Q_2=0$，它不放热，卡诺循环中的热源 T_2 完全不起作用。这是一种只有一个热源的机器，它从单一热源吸取热量，全部用来对外做功，而且除对外做功外，不引起其他变化，体系和外界都回到了原来状态。这种过程能否实现是与热量和功之间转化的方向性问题联系在一起的。

热力学第二定律是描述自发过程发展方向的定律。为把过程的方向性明确化，在物理学中常引入可逆过程的概念。在自发过程中，从非平衡态过渡到平衡态的正过程和破坏平衡态使它恢复到原来非平衡态的逆过程是不等当的。前者是自发的，后者却必须有外来作用，或者说，必然伴随着外界的变化。因此定义：一个过程，如果每一步都可在相反的方向进行而不引起外界的其他任何变化，则称此过程为可逆过程；反之，即为不可逆过程。

现在对可逆过程的概念做如下讨论。

(1)所谓一个过程不可逆，并不是说一个不可逆过程的逆过程不能进行，而是说当过程逆向进行时，逆过程在外界留下的痕迹不能将原来正过程的痕迹消去。可逆过程定义的关键之处在于“不引起外界的其他任何变化”这句话。它的含义是，正过程和逆过程合起来后总的后果是：体系复原，外界复原，正过程在任何地方留下的痕迹都能被逆过程在同一地方留下的痕迹消去，而使总的后果为零。同样，所谓一个过程可逆，也并不是说一个过程可以自发地自动逆向进行，逆向进行的过程不会是自发的，必须依靠外来作用才能使过程逆向进行。

(2)一切自发过程都是不可逆的。我们说宏观自发过程是不可逆过程，但这并不是说人为控制的不是自发的过程就都是可逆过程。人为控制的过程既可能是可逆的，也可能是不可逆的。设想一个装有气体的气缸，如果把气缸的活塞很快地向外拉动，这个非准静态过程就是个不可逆过程。当活塞向外拉动时，由于拉动速度很快，气体分子还来不及全部跟着活塞运动，这样，靠近活塞的气体较稀薄，内部的气体较稠密。而在逆过程中，即将活塞向内压缩时，情况则相反，即靠近活塞的气体较稠密，内部的气体较稀薄。因此，正过程和逆过程的痕迹不能消去，总的后果必然对外界造成影响。

(3)什么过程是可逆的呢？要使过程可逆，必须使正过程和逆过程中相应的态具有相同的参量。换句话说，必须使过程在反向进行时，每步都是正过程相应一步的重复。也就是说，这个过程在时间反演 $t\to -t$ 时具有不变性。因为当 $t\to -t$ 时，正过程变成了逆过程。在热力学中，这只有在准静态无摩擦的条件下才有可能实现。因为对于准静态过程，过程中的每步，体系都处在平衡态。不管是正行还是逆行，只要达到这个平衡态，参量都具有同样确定的数值。又因为是无摩擦的，体系的压强和外界的压强在任何时刻都具有相同的数值，因而正过程和逆过程所做的功大小相等，符号相反，总的后果为零。这说明，对于无摩擦的准静态过程，当反向进行时，物体和外界在过程中的每步的状态都是原来正过程的重复，因此是可逆过程。在本书中，如不特别指明，都略去摩擦力，因而可以认为准静态过程就是可逆过程。

（4）事实上，自然界中的各种不可逆过程是相互联系的。人们可以从一个过程的不可逆性推断另一个过程的不可逆性。例如，人们可以从热传导过程的不可逆性推断摩擦生热过程的不可逆性，也可以反过来。同样还可以证实，一个不可逆过程，不仅在直接反向进行时不能消除外界的所有影响，而且无论用任何曲折复杂的方法，也都不可能使体系和外界完全恢复原状，不引起其他变化，不能消除所有影响。

（5）既然一个不可逆过程无论用任何方法都不能使体系和外界恢复原状，不引起任何变化，因此一个过程的不可逆性与其说是决定于过程本身，不如说决定于它的初态和末态。在自发的，即不加外来影响的条件下，不可逆过程的初态和末态是不等当的。例如，孤立系所进行的弛豫过程，体系可以自发地从初态（非平衡态）变到末态（平衡态），但却不能自发地从末态变到初态。初态是非平衡态，末态是平衡态，这种不等当性就决定了弛豫过程一定是不可逆过程。由于这种初态和末态的不等当性，必然存在一个仅和初态、末态有关而与过程无关的态函数，可以用它来判别自发过程进行的方向。这个态函数就是熵。热力学第二定律，就是对这种自发过程的方向性的抽象描述，使其提高到基本定律的地位；就是要找出这个态函数熵来，用它明确规定自发过程的不可逆性。

热力学第二定律是关于自发过程方向性的规律，它明确指出了某些过程的不可逆性，它是大量实验事实的总结。由于自然界中不可逆过程是多种多样的，因而热力学第二定律也有如下不同的表达形式。

①克劳修斯（Clausius）说法：不可能把热量从低温物体传给高温物体而不引起其他变化。

②开尔文（Kelvins）说法：不可能从单一热源吸收热量使它完全变成有用的功而不产生其他影响。

③普朗克（Planck）说法：不可能制造一部机器，在循环动作中把一重物升高而同时使一热库冷却。

这里要特别强调指出，在所有这些说法中，“不引起其他变化”“不产生其他影响”“循环动作”等条件是极为重要的。这些条件，本质上就是说的“不可逆性”。离开了这些条件，当然可以使热量从低温热源传给高温热源，如只要用制冷机在其中工作，通过外界对体系做功就可以做到这一点；也可以从单一热源吸取热量使它全部变成功，如理想气体做等温膨胀，这个过程内能不变，吸收的热量就全部变为功，但结果是体系体积变大了，外界体积缩小了，过程进行的后果在外界留下了影响。事实上，克劳修斯说法实质上是说热传导过程的不可逆性；开尔文说法、普朗克说法实质上指的是热量和功之间的转换，如摩擦生热过程的不可逆性。

由于自然界中的不可逆过程是相互联系的，因此可以证明这三种说法互相等价。作为例子，现在来证明：如果克劳修斯说法不成立，则开尔文说法也不成立。如图1.7.1所示，如果克劳修斯说法不成立，热量 Q_2 可以自发地从低温热源 T_2 流向高温热源 T_1，则设计一卡诺热机使其工作在热源 T_1 和 T_2 之间，从 T_1 吸收热量（简称吸热）Q_1，放出热量（简称放热）Q_2 给热源 T_2，结果热源 T_2 吸收了热量 Q_2，又放出了热量 Q_2。整个过程总的效果是从热源

T_1 吸热 Q_1-Q_2,全部用来对外做功,没有其他影响,这就违背了开尔文说法。反之,我们也可证明,若开尔文说法不成立,克劳修斯说法也不成立。

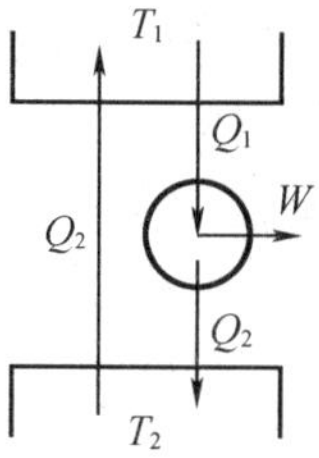

图 1.7.1

另外,开尔文说法相当于告诉我们,热机效率 $\eta\neq1$。如若不然,$\eta=1$,按式(1.6.1),$Q_2=0$,这就违背了开尔文说法。历史上把 $\eta=1$ 的热机称为第二类永动机。热力学第二定律表明:第二类永动机是不能做成的。

利用热力学第二定律,可以证明在状态空间中有如下推论。

(1)$p-V$ 图上等温线和绝热线交点不多于一个。用反证法:如若不然,它们有两个或更多个交点,就可以利用一条等温线和一条绝热线构成一个循环,使从单一热源吸收的热量全部用来对外做功而不引起其他变化,从而违背了开尔文说法。

(2)$p-V$ 图中两绝热线不相交。或者说,在 $p-V$ 图上任何一个给定的平衡态附近,总有这样的态存在,它不能从给定的平衡态出发通过可逆绝热过程达到。否则,总可以利用两条相交的绝热线和一条等温线构成一个循环过程,使它违背开尔文说法。

(3)卡诺循环是能对外做功的最简单的循环。因为等温线永不相交,否则违背热力学第零定律。绝热线永不相交,而且绝热线和等温线的交点最多只有一个,否则违背热力学第二定律。因此,一个循环过程要对外做功,又不违背热力学第二定律,至少需要涉及两个热源。在 $p-V$ 图中,绝热线因为不交换热量,可视为没有热源;等温线因为等温,可视为体系只和一个热源交换热量;其他任何线,因为都和无穷多条等温线相交,可视为体系和无穷多个热源相接触。因此,由两条绝热线和两条等温线围成的循环,是能对外做功而又涉及热源最少的最简单的循环。

§1.8 卡诺定理

热力学第一定律告诉我们,热机效率 η 不大于 1;热力学第二定律又告诉我们,热机效率 η 不等于 1。那么,要制造何种热机才能获得最大的效率呢?为解决这个问题,本节将讨论热力学第二定律的一个重要推论:卡诺定理。

定义热机的工作物质在其中完成可逆循环的热机为可逆热机,反之为不可逆热机。严格来说,由于摩擦、损耗等的存在,可逆热机仅是一种理想的热机。

利用热力学第二定律,可以证明:所有工作在同温热源和同温冷源之间的热机,以可逆热机效率为最大。这个定理称为卡诺定理。

现在来证明卡诺定理。如图 1.8.1 所示,设有热机 A 和热机 B,工作在同温热源 T_1 和

同温冷源 T_2 之间，分别从 T_1 吸热 Q_1 和 Q_1' 给 T_2，T_2 放热 Q_2 和 Q_2'，热机 A 和热机 B 分别对外做功 W 和 W'，则

$$\eta_A = \frac{W}{Q_1}, \eta_B = \frac{W'}{Q_1'} \tag{1.8.1}$$

设 A 为可逆机，卡诺定理说明：$\eta_A \geqslant \eta_B$。

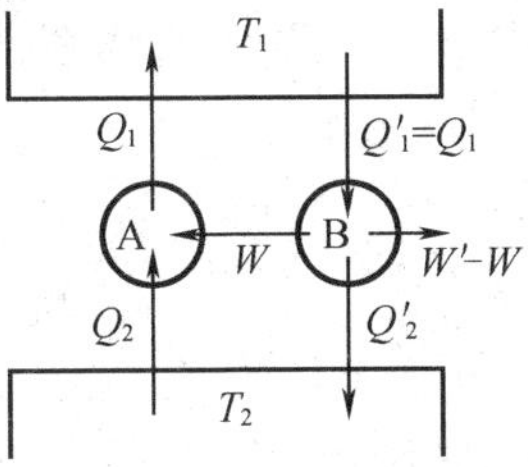

图 1.8.1

用反正法证明这个定理。如若不然，$\eta_A < \eta_B$，取 $Q_1 = Q_1'$，由式(1.8.1)得 $W < W'$。令 A 逆行，因为 A 是可逆机，逆行的后果应与正行的后果相互抵消，即令 A 逆行而成制冷机后，它的后果是对外做功 W，从低温热源吸热 Q_2，放热 Q_1 给高温热源。又因为 $W' > W$，总可将功 W'中的 W 供给 A。把 A、B 两部热机合起来看成一部热机，则对外所做的功是

$$W' - W = Q_1' - Q_2' - (Q_1 - Q_2) = Q_2 - Q_2' \tag{1.8.2}$$

整个过程的结果是热源 T_1 复原，只从单一热源 T_2 吸热 $Q_2 - Q_2'$全部用来对外做功 $W' - W$ 而无其他变化，这就违反了热力学第二定律，因此 $\eta_A \geqslant \eta_B$，问题得证。

由卡诺定理可得下述推论。

(1)工作在同温热源 T_1 和同温冷源 T_2 之间的一切可逆机效率相等，与工作物质无关。

这个推论的证明是简单的。若 A、B 均为可逆机，但它们的工作物质不同，由卡诺定理，令 A 逆行后可证明 $\eta_A \geqslant \eta_B$，同理，令 B 逆行后可证明 $\eta_B \geqslant \eta_A$，因而要上述两式均成立，只可能是 $\eta_A = \eta_B$。

(2)工作在同温热源 T_1 和同温冷源 T_2 之间一切可逆机的效率均为

$$\eta = 1 - \frac{T_2}{T_1} \tag{1.8.3}$$

由于这种热机只涉及两个热源，按 §1.7 中关于热力学第二定律的讨论，这种热机只能是卡诺热机。§1.6 中又曾证明，理想气体卡诺循环的效率由式(1.8.3)给出。由推论(1)，选工作物质为理想气体，即得推论(2)。

(3)工作在 T_1 和 T_2 两热源之间的一切不可逆机的效率恒小于可逆机的效率。尽管卡诺定理只证明了 $\eta_A \geqslant \eta_B$，但若 B 为不可逆机，则显然等号不成立，否则将直接和 B 是不可逆机的假定相违背。因为我们已经找到一个热机 A，它逆行后，把 B 所进行的正过程的痕迹全部消去。

这里要强调指出，卡诺定理并不意味着不可逆机的效率一定小于可逆机的效率。事实上，上面的结论都是在工作于同一个温度为 T_1 的热源和另一个温度为 T_2 的冷源的条件下给出的。离开了这个条件说不可逆机的效率一定小于可逆机是不恰当的。缺乏相同的条件，结论就不准确，甚至含糊不清。同样，也要防止另一种错觉，即认为只有可逆机才可以逆行变为制冷机，不可逆机不可以逆行变成制冷机。实际上，不管是可逆机，还是不可逆

机，都可以逆行变成制冷机，只不过对不可逆机，逆行的效果与正行的效果不完全一样，或是功，或是热量等有所不同而已。

(4)利用卡诺定理，可以得到一种与测温物质无关的温标。如果用理想气体为测温物质，可以建立一种与测温性质是压强 p 或是体积 V 无关的理想气体温标。但这种温标仍然是经验温标，因为它与测温物质为理想气体有关。但卡诺定理与工作物质无关，因而有可能利用卡诺定理提供一种与工作物质，即测温物质无关的温标。由式(1.6.1)和式(1.8.3)得

$$\eta = 1 - \frac{|Q_2|}{Q_1} = 1 - \frac{T_2}{T_1} \tag{1.8.4}$$

η 与工作物质无关，因而式(1.8.4)也与工作物质无关，它不仅适用于理想气体，也适用于任何其他工作物质，因此如果选择热量作为测温性质，那么取

$$\frac{|Q_2|}{Q_1} = \frac{T_2}{T_1} \tag{1.8.5}$$

热量和温度呈线性关系，取水的三相点温度 T_0 为 273.16 K 并采用摄氏分度法，原则上就从卡诺定理得出了一种与测温物质无关的温标，这就是热力学温标。但是，用热量作为测温性质，虽然理论上可行，但实验上却是办不到的。因为测量热量($\text{đ}Q = C\mathrm{d}T$)，要先测量温度。不过注意到式(1.6.6)的推导过程中，温度 T 本来用的就是理想气体温标。而由式(1.8.4)的推导可知，绝对温标和理想气体温标实际上是一样的，只是它把理想气体温标提高到更高的理论水平上，使它不依赖于测温物质理想气体，也就是说，使它不依赖于"经验"。

(5)利用可逆卡诺循环不可能达到绝对零度。由式(1.8.4)可见，若 $T_2 = 0$，则 $|Q_2| = 0$，$\eta = 1$，违背了热力学第二定律。因而 $T_2 \neq 0$。以后我们会发现，不但利用可逆卡诺循环不能达到绝对零度，而且利用任何有限的手段都不可能达到绝对零度。

§1.9 熵和热力学第二定律的数学表达

在§1.7中曾指出，热力学第二定律是描述自发过程发展方向的定律，而自发过程发展的方向实际上取决于过程的初态和末态。因而必然可以找到一个态函数来表示自发过程的方向。本节将从卡诺定理出发去找这个态函数。

由卡诺定理及式(1.8.4)有

$$\eta = 1 - \frac{|Q_2|}{Q_1} \leqslant 1 - \frac{T_2}{T_1} \tag{1.9.1}$$

式中，等号适用于可逆过程；不等号适用于不可逆过程。化简式(1.9.1)，得

$$\frac{Q_1}{T_1} - \frac{|Q_2|}{T_2} \leqslant 0 \tag{1.9.2}$$

式中，$|Q_2|$ 表示放出热量的绝对值，考虑到吸收热量为正，放出热量为负，$Q_2 < 0$，式(1.9.2)又可写为

$$\frac{Q_1}{T_1} + \frac{Q_2}{T_2} \leqslant 0 \tag{1.9.3}$$

式(1.9.3)只适用于体系和两个热源交换热量的情况。假定任何一个热均匀的热力学体系，在循环过程中和 n 个热源热接触并交换热量，式(1.9.3)可推广为

$$\sum_{i=1}^{n} \frac{Q_i}{T_i} \leqslant 0 \tag{1.9.4}$$

式中，Q_i、T_i 分别为从第 i 个热源吸收的热量和第 i 个热源的温度。

为此，如图1.9.1所示，想象另一个温度为 T_0 的热源，有 n 个可逆的卡诺机分别在 T_0，$T_1,T_2,\cdots,T_n$ 热源之间工作。第 i 个卡诺机工作在 T_0 和 T_i 之间，它工作的目的在于使热源 T_i 恢复原状。

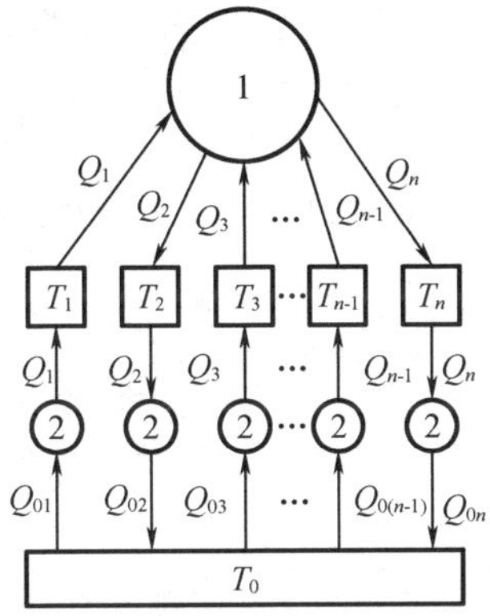

图1.9.1

体系从 T_i 吸热 Q_i，第 i 个卡诺机就从 T_0 吸热 Q_{0i}，放热 Q_i 给热源 T_i。因为卡诺机是可逆的，于是有

$$\frac{Q_{0i}}{T_0} + \frac{Q_i(\text{卡诺机})}{T_i} = 0 \tag{1.9.5}$$

式中，Q_i(卡诺机)表示热机放给 T_i 的热量，它在数值上等于体系从 T_i 吸收的热量：

$$Q_i(\text{卡诺机}) = -Q_i(\text{体系}) \tag{1.9.6}$$

将式(1.9.6)代入式(1.9.5)，化简后得

$$Q_{0i} = \frac{T_0}{T_i} Q_i \tag{1.9.7}$$

式中，Q_i 表示体系从 T_i 吸收的热量，为方便起见，在此式中及以后将略去"(体系)"记号。从 T_0 吸收的总热量为

$$Q_0 = \sum_{i=1}^{n} Q_{0i} = T_0 \sum_{i=1}^{n} \frac{Q_i}{T_i} \tag{1.9.8}$$

由于 n 个卡诺机的工作，热力学体系经历的循环过程的总的后果是热力学体系复原了，$T_1,T_2,\cdots,T_n$ 热源也复原了，只从单一热源 T_0 吸收了热量 Q_0，根据热力学第二定律，体系不能从单一热源吸收热量全部用来对外做功而不引起其他变化，因此 Q_0 不能大于零($Q_0 \leqslant 0$)，即

$$\sum_{i=1}^{n} \frac{Q_i}{T_i} \leqslant 0 \tag{1.9.9}$$

如果热力学体系进行的是可逆过程，可证明式(1.9.9)中的不等号不成立。如若不然，当把热力学体系和 n 个卡诺机都逆行后，若过程可逆，则 $Q_i \to -Q_i$，不等式反号，由式(1.9.8)

得 $Q_0>0$,违背热力学第二定律。因此,可逆过程只能在式(1.9.9)中取等号。同理,对不可逆过程,式(1.9.9)不能取等号。如若不然,$Q_0=0$,热力学体系和所有卡诺机都逆行后,逆过程的痕迹和正过程的痕迹互相抵消,最后体系和外界都恢复原状,这直接和原来的正过程是不可逆过程的说法矛盾。因此,不可逆过程只能在式(1.9.9)中取不等号。

一般情况下,任何一个非等温、非绝热的过程都可视为与无穷多热源相接触并交换热量的过程,式(1.9.9)中的求和应改为积分,有

$$\oint \frac{đQ}{T} \leqslant 0 \tag{1.9.10}$$

对于可逆过程,式(1.9.10)取等号

$$\oint_r \frac{đQ_r}{T} = 0 \tag{1.9.11}$$

式中,r 表示可逆过程。式(1.9.11)表明,可以定义一个态函数,称作熵,令

$$S_B - S_A = \int_A^B \frac{đQ_r}{T} \tag{1.9.12}$$

式中,S_B-S_A 表示从 A 态到 B 态熵的变化;$đQ_r$ 表示可逆过程中吸收的热量;T 是热源温度。因为可逆过程是准静态过程,在过程中的每一步,体系都处在平衡态,热源的温度和体系的温度有相同的数值,T 也可认为是体系的温度。

若由 A 态到 B 态进行的是不可逆过程,为计算 A 态到 B 态的熵的变化,设想一个可逆过程使体系由 B 态返回 A 态。由于 A 态到 B 态的过程是不可逆的,因此 $A \to B \to A$ 是个不可逆循环过程。对于 $A \to B \to A$ 不可逆循环过程,由式(1.9.10)有

$$\oint \frac{đQ}{T} = \int_A^B \frac{đQ_i}{T_i} + \int_B^A \frac{đQ_r}{T} < 0$$

式中,i 表示不可逆过程;r 表示可逆过程。由式(1.9.12),上式可写为

$$\int_A^B \frac{đQ_i}{T_i} < -\int_B^A \frac{đQ_r}{T} = -S_A + S_B$$

即对不可逆过程有

$$S_B - S_A > \int_A^B \frac{đQ_i}{T_i} \tag{1.9.13}$$

式中,$đQ_i$ 表示体系在不可逆过程中吸收的热量;T_i 表示热源的温度。

式(1.9.12)和式(1.9.13)可写成微分的形式,即

$$\mathrm{d}S \geqslant \frac{đQ}{T} \tag{1.9.14}$$

式中,不等号适用于不可逆过程;等号适用于可逆过程。为方便起见,在式(1.9.14)中略去了表征可逆过程的下脚标 r 和不可逆过程的下脚标 i。当式(1.9.14)取等号时,称为克劳修斯等式;当式(1.9.14)取不等号时,称为克劳修斯不等式。

在热力学的宏观意义下对熵做如下讨论。

(1)熵是态函数这个结论,是热力学第二定律的最有力的概括。凡是热力学第二定律的说法、推论,都可从熵是态函数这一命题得出。

(2)由 $\mathrm{d}S=\frac{đQ}{T}$ 可见,热力学第二定律最本质之点在于,它说明 $đQ$ 虽然不是全微分,但它有积分因子 $\frac{1}{T}$ 存在,而 $đQ$ 乘积分因子 $\frac{1}{T}$ 后变成全微分,并且这个积分因子仅是温度的函

数，与其他参量无关。综合热力学第一定律和热力学第二定律，对可逆过程，有

$$TdS = dU + đW \tag{1.9.15}$$

如果只有体积膨胀所做的功，那么 $đW = pdV$，式(1.9.15)变为

$$TdS = dU + pdV \tag{1.9.16}$$

式(1.9.15)和式(1.9.16)是热力学主要规律，是热力学第一定律和热力学第二定律最重要的结晶。它告诉我们$\frac{1}{T}$是 $đQ$ 的积分因子。$đQ$ 虽然不是全微分，但乘积分因子$\frac{1}{T}$后，$\frac{đQ}{T}$即 dS 是个全微分。在 §1.4 中曾指出，热力学第一定律说明 $đQ$ 虽然不是全微分，但 $đQ - đW$，即热量和功合在一起是全微分 dU。正因为热力学第一定律和热力学第二定律都涉及全微分，因而它们都给出一个态函数，即内能 U 和熵 S。

对不可逆过程，热力学第二定律还给出

$$TdS > dU + đW \tag{1.9.17}$$

或

$$TdS > dU + pdV \tag{1.9.18}$$

(3)熵是广延量。由式(1.9.14)可知，dS 正比于 $đQ$，$đQ$ 是广延量，T 是内含量，因此熵是广延量。体系的熵等于各个分体系的熵之和。据此可把熵的定义推广到非平衡态。当体系处于非平衡态时，可将体系分成许多可视为处于局部平衡态的分体系，对这些分体系的熵，可按平衡态的方式定义。所有分体系熵之和等于体系的熵。

还应指出，热力学第二定律只定义了两个态之间的熵差 ΔS。熵的具体数值，或熵的零点，我们将在 §1.11 中讨论。

(4)由式(1.9.14)可知，对可逆绝热过程有

$$dS = \frac{đQ}{T} = 0 \tag{1.9.19}$$

熵不变。对不可逆绝热过程，则

$$dS > \frac{đQ}{T} = 0 \tag{1.9.20}$$

熵增加。因此，体系经过一个绝热过程后，无论绝热过程是可逆的，还是不可逆的，熵永不减小。这个结论称为熵增加原理。

由于孤立系必然绝热，因此其满足熵增加原理。如果原来它处于平衡态，就一直处于平衡态，熵不变，因为熵是态函数。如果原来它处于非平衡态，则总要朝着熵增加的方向发展，因为这是个不可逆过程而且满足绝热条件。自发过程的方向就是熵增加的方向。于是我们就达到了用熵这个态函数的变化来判别自发过程方向性的目的。

这里要特别强调，熵增加原理的条件是绝热体系或孤立系。离开了这些条件，把熵增加原理说成可逆过程熵不变、不可逆过程熵增加是错误的。一般可逆过程或不可逆过程，熵既可能增加，也可能减少，视具体过程而定。

对于非绝热体系，如果我们要用熵增加原理判别过程进行的方向性，可以把体系和外界合在一起，用总体系来考虑。总体系总是满足绝热条件的，因此可用熵增加原理判别总体系的方向，然后再由总体系中过程的方向推求体系中过程进行的方向。

既然热力学第二定律是描述自发过程发展方向的定律，而熵增加原理又具体给定了自发过程的方向，因而熵增加原理其实也代表了热力学第二定律。

(5)由于熵是态函数，温度 T 也是态函数，类似于 $p-V$ 图，也可以引入 $T-S$ 图。同 $p-V$ 图一样，在 $T-S$ 图中一个平衡态用一个点表示，一个准静态过程用一条线表示。在 $p-V$ 图中，过程曲线和横轴之间所围的面积 $\int p\mathrm{d}V$ 表示功；在 $T-S$ 图中，过程曲线和横轴之间所围的面积 $\int T\mathrm{d}S$ 表示热量。在 $T-S$ 图中，等温线和绝热线相互垂直，等容线和等压线的斜率分别为

$$\left(\frac{\partial T}{\partial S}\right)_V=\frac{T}{\left(\dfrac{\partial Q}{\partial T}\right)_V}=\frac{T}{c_V}$$

$$\left(\frac{\partial T}{\partial S}\right)_p=\frac{T}{\left(\dfrac{\partial Q}{\partial T}\right)_p}=\frac{T}{c_p}$$

等容线和等压线的斜率之比为

$$\frac{\left(\dfrac{\partial T}{\partial S}\right)_V}{\left(\dfrac{\partial T}{\partial S}\right)_p}=\frac{c_p}{c_V}=\gamma \tag{1.9.21}$$

比较 $p-V$ 图(图 1.5.1)及 $T-S$ 图(图 1.9.2)：在 $p-V$ 图中相互垂直的两条线，在 $T-S$ 图中斜率之比是 γ；在 $p-V$ 图中斜率之比是 γ 的两条线，在 $T-S$ 图中相互垂直。还应该指出，与式(1.5.20)相似，式(1.9.21)也不限于理想气体，对一般的两参量体系，它仍然成立。

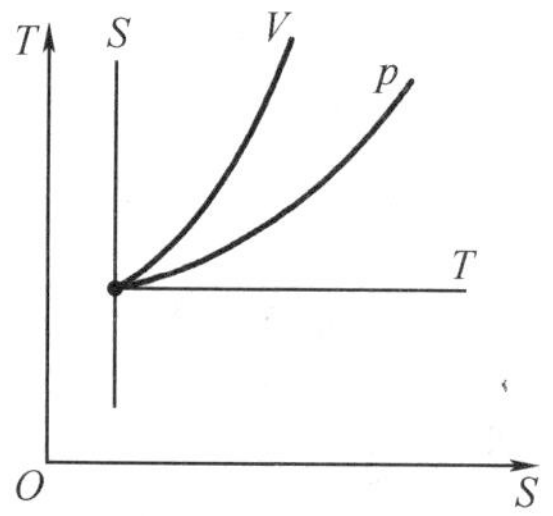

图 1.9.2

§1.10 熵的计算

下面将具体讨论熵的计算。在热力学意义下，所谓熵的计算就是指如何把熵表示为比定压热容 c_p、比定容热容 c_V，或状态方程中 p、V、T 等实验上可直接测量的物理量，以便通过对这些量的测量和熵的计算把熵和实验结果联系起来。

1. 可逆过程熵的变化

对于可逆过程，熵的计算可以通过克劳修斯等式

$$dS=\frac{đQ}{T} \tag{1.10.1}$$

计算出热量和温度。注意熵是态函数,初态、末态确定后,熵就完全确定了。在这两个态当中无论通过什么过程,算得的熵变都应该相同。因此,原则上总可以找一个最容易算出它的热量 $đQ$ 及其相应温度的过程,以计算其熵变。下面举一些例子来说明这个问题。

【例 1.10.1】 试分别以 (T,V)、(T,p) 及 (p,V) 为独立变量,求 1 mol 理想气体的熵。

解 以 (T,V) 为独立变量,由

$$TdS=dU+pdV$$

对理想气体,有

$$dU=c_V dT,\ U=\int c_V dT+U_0$$

又因为 $pV=RT$,所以

$$dS=c_V\frac{dT}{T}+R\frac{dV}{V}$$

$$S=\int c_V\frac{dT}{T}+R\ln V+S_0=c_V\ln T+R\ln V+S_0 \tag{1.10.2}$$

式中,已假定温区不太大,c_V 可视为常数;S_0 是积分常数。

如果要以 (T,p) 为独立变量,可用状态方程把式(1.10.2)中的 V 换成 p,得

$$S=\int c_p\frac{dT}{T}-R\ln p+S_0'=c_p\ln T-R\ln p+S_0' \tag{1.10.3}$$

$$S_0'=S_0+R\ln R$$

同理,以 (p,V) 为独立变量,得

$$S=\int c_V\frac{dp}{p}+\int c_p\frac{dV}{V}+S_0''=c_V\ln p+c_p\ln V+S_0'' \tag{1.10.4}$$

$$S_0''=S_0-c_V\ln R$$

对等熵过程,S 是常数,由式(1.10.4)得

$$p^{c_V}V^{c_p}=常数$$

即

$$pV^{\gamma}=常数$$

这正是绝热过程泊松方程。

【例 1.10.2】 1 mol 理想气体分别通过下述三个可逆过程:

(1)先通过等压过程再通过等温过程;

(2)先通过等容过程再通过等温过程;

(3)先通过等温过程再通过绝热过程。

从相同的初态 (T_1,V_1) 到相同的末态 (T_2,V_2),求体系的熵的变化。

解 (1)如图 1.10.1 所示,设初态为 $A(T_1,V_1)$,末态为 $B(T_2,V_2)$,中间态为 $C(T_2,V_3)$,即

$$A(T_1,V_1)\xrightarrow{等压}C(T_2,V_3)\xrightarrow{等温}B(T_2,V_2)$$

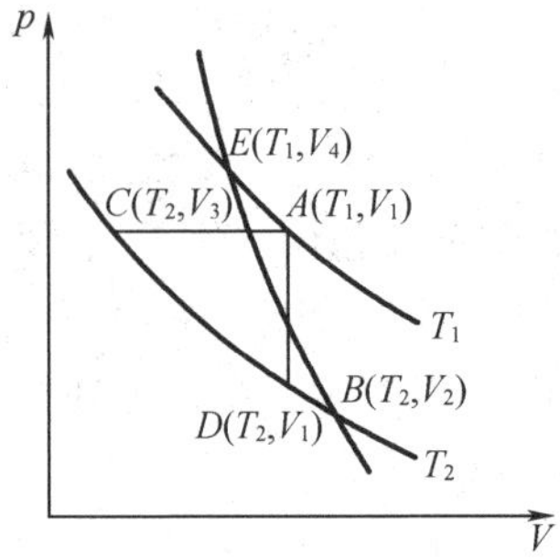

图 1.10.1

由于 AC 过程等压，因此 $V_3=V_1\dfrac{T_3}{T_1}$；由于 CB 过程等温，因此 $T_3=T_2$。对等压过程，$đQ=c_p\mathrm{d}T$；对等温过程，内能 $\mathrm{d}U=0$，$đQ=p\mathrm{d}V$。因此

$$\begin{aligned}\Delta S &= \Delta S_{AC}+\Delta S_{CB}\\&=\int_{T_1}^{T_3}c_p\frac{\mathrm{d}T}{T}+\int_{V_3}^{V_2}\frac{p\mathrm{d}V}{T}\\&=c_p\ln\frac{T_3}{T_1}+R\ln\frac{V_2}{V_3}\\&=c_p\ln\frac{T_2}{T_1}+R\ln\frac{V_2}{V_1\dfrac{T_2}{T_1}}\\&=c_V\ln\frac{T_2}{T_1}+R\ln\frac{V_2}{V_1}\end{aligned}\tag{1.10.5}$$

(2)如图 1.10.1 所示，有

$$A(T_1,V_1)\xrightarrow{\text{等容}}D(T_2,V_1)\xrightarrow{\text{等温}}B(T_2,V_2)$$

中间态 D 的温度和体积显然是 $D(T_2,V_1)$，有

$$\Delta S=\Delta S_{AD}+\Delta S_{DB}=\int_{T_1}^{T_2}c_V\frac{\mathrm{d}T}{T}+\int_{V_1}^{V_2}\frac{p\mathrm{d}V}{T}=c_V\ln\frac{T_2}{T_1}+R\ln\frac{V_2}{V_1}$$

这正是式(1.10.5)。

(3)如图 1.10.1 所示，有

$$A(T_1,V_1)\xrightarrow{\text{等温}}E(T_1,V_4)\xrightarrow{\text{绝热}}B(T_2,V_2)$$

由式(1.5.9)得

$$T_1V_4^{\gamma-1}=T_2V_2^{\gamma-1}$$

即

$$V_4=V_2\left(\frac{T_2}{T_1}\right)^{\frac{1}{\gamma-1}}\tag{1.10.6}$$

由于 EB 过程绝热，$đQ_{EB}=0$，$\Delta S_{EB}=0$，有

$$\begin{aligned}\Delta S&=\Delta S_{AE}=\int_{V_1}^{V_4}\frac{p\mathrm{d}V}{T}=R\ln\frac{V_4}{V_1}=R\ln\frac{V_2}{V_1}\left(\frac{T_2}{T_1}\right)^{\frac{1}{\gamma-1}}\\&=R\ln\frac{V_2}{V_1}+\frac{R}{\gamma-1}\ln\frac{T_2}{T_1}=c_V\ln\frac{T_2}{T_1}+R\ln\frac{V_2}{V_1}\end{aligned}$$

仍然是式(1.10.5)。这个例子表明，熵确实是态函数，与过程无关。

2. 不可逆过程熵的变化

设体系经过一个不可逆过程从 A 态到 B 态，由于不可逆过程满足的是克劳修斯不等式，因此不可能利用不可逆过程中体系吸收的热量 $đQ_i$ 和相应的温度算出熵的变化。但是，考虑到熵是态函数，在 A 态和 B 态中可以设计任何可逆过程以计算熵的变化。虽然此设计的可逆过程与原来的不可逆过程完全无关，但只要保证初态、末态仍然是 A 态和 B 态，算出的结果就是 A、B 两态之间的熵的变化。为进一步说明这个问题，下面举一些例子。

【例 1.10.3】　求 1 mol 理想气体绝热地向真空自由膨胀（从体积 V_1 到 V_2）时熵的变化。

解　在求解本题之前，先对这个问题做些讨论。这个问题的麻烦在于，自由膨胀是个不可逆过程，按克劳修斯不等式，应满足

$$\mathrm{d}S > \frac{đQ_i}{T_i} \tag{1.10.7}$$

现在过程绝热，$đQ_i = 0$，因此我们只能得出 $\mathrm{d}S > 0$，膨胀后熵增加了，符合熵增加原理。但这并不能给出熵增加的具体数值。

要具体求出熵增加的数值，显然靠克劳修斯不等式是不行的，因为克劳修斯不等式只能给出 $\mathrm{d}S$ 的下限，而不能给出 $\mathrm{d}S$ 的值。要求得 $\mathrm{d}S$ 的数值，必须用等式，但克劳修斯等式只适用于可逆过程。

但注意到现在要求的是在膨胀前后对应的两个态中熵的变化。熵是态函数，与过程无关。只要初态 A 和末态 B 确定，不管 A 态到 B 态之间进行的是可逆过程还是不可逆过程，$S_B - S_A$ 总归一定。只是可逆过程中，$S_B - S_A$ 满足式(1.10.1)，若是不可逆过程，则满足式(1.10.7)，在这两个过程中，相应的 $\frac{\mathrm{d}Q_r}{T}$ 与 $\frac{\mathrm{d}Q_i}{T_i}$ 不同。既然如此，A 态和 B 态之间虽然进行的是不可逆过程，但我们总可以设想一个可逆过程，它可以与原来的不可逆过程完全不同，只要这个可逆过程的初态还是 A，末态还是 B，则利用这个可逆过程，用克劳修斯等式算出的熵变 $S_B - S_A$ 必然与原来的不可逆过程的熵变 $S_B - S_A$ 相同，从而求出原来的不可逆过程的熵变。

这里要注意，虽然只要 A 态和 B 态相同，在它们中间设想任何可逆过程去计算熵的变化，原则上都是可行的。但在具体计算过程中，所设计的可逆过程显然以该过程的 $\frac{\mathrm{d}Q_r}{T}$ 越容易计算、越方便求出越好。

回到理想气体自由膨胀过程。自由膨胀过程是绝热进行的，而且对外不做功，因此内能不变。理想气体内能仅是温度的函数，内能不变即温度不变。初态和末态的温度相等，设为 T。我们可以设想一个可逆等温膨胀过程以代替原来的自由膨胀过程，但保留初态为 $A(T, V_1)$，末态为 $B(T, V_2)$，是与原来自由膨胀初、末态相同的态。于是有

$$T\mathrm{d}S = đQ = \mathrm{d}U + p\mathrm{d}V = p\mathrm{d}V$$

$$S_B - S_A = \int_{V_1}^{V_2} \frac{p\mathrm{d}V}{T} = R\ln\frac{V_2}{V_1} > 0 \tag{1.10.8}$$

式(1.10.8)最后一步表明，一个不可逆绝热过程（自由膨胀过程）确实满足熵增加原理。

【例 1.10.4】　试证明熵增加原理和热力学第二定律的克劳修斯说法等价。

解 设有两个温度分别为 T_1 和 T_2 的热源，相互接触进行热交换，且 $T_1 > T_2$。在热力学中，热源通常指的是热容很大的物体，吸收或放出热量所引起的热源的温度变化可以忽略。若克劳修斯说法成立，则有 ΔQ 热量自发地从高温物体流入低温物体。

温度为 T_1 的物体的熵变为

$$\Delta S_1 = -\frac{\Delta Q}{T_1} \tag{1.10.9}$$

温度为 T_2 的物体的熵变为

$$\Delta S_2 = \frac{\Delta Q}{T_2} \tag{1.10.10}$$

两个物体合起来的总体系的熵变为

$$\Delta S = \Delta S_1 + \Delta S_2 = \Delta Q\left(\frac{1}{T_2} - \frac{1}{T_1}\right) > 0 \tag{1.10.11}$$

符合熵增加原理。反之，若克劳修斯说法不成立，热量自发地从 T_2 流入 T_1，于是在上述证明中 ΔQ 变号，式(1.10.11)中不等号也变号，即 $\Delta S < 0$，违反熵增加原理。这说明熵增加原理和克劳修斯说法等价。

注意 在这个求解过程中，在计算温度为 T_1 的物体熵变时实际上做了两件事：一是本来热传导过程是个不可逆过程，应满足克劳修斯不等式 $\mathrm{d}S > \frac{đQ_i}{T_i}$，但在式(1.10.9)中用的却是克劳修斯等式，这意味着我们已在同样的初、末态间设计了一个可逆过程来计算熵变。二是代替克劳修斯不等式中的温度 T_i，在式(1.10.9)中 T_1 是物体本身的温度而不是热源的温度，这意味着代替热传导的不可逆过程。我们设计了一个放出热量仍是 $-\Delta Q$，体系温度 T 本来应该逐渐变化的可逆过程，但因为温度为 T_1 的物体是热源，热容 C 很大，放出热量 $-\Delta Q$ 后热源温度仍可近似认为不变，即积分

$$\Delta S_1 = \int_{T_1}^{T'} \frac{đQ}{T}$$

中，$T' \approx T$，于是近似地有

$$\Delta S_1 = \frac{1}{T}\int_{T_1}^{T'} đQ = -\frac{\Delta Q}{T_1}$$

这就是式(1.10.9)。

综上所述，热传导不可逆过程的熵变可以分为两步：先将克劳修斯不等式改为等式，再将热源的温度改为体系的温度，然后做积分。

【例 1.10.5】 试证明熵增加原理和开尔文说法等价。

解 用反证法。设有一违反开尔文说法由单一热源吸热 Q 对外做功的第二类永动机，则热源和热机的总熵变为

$$(\Delta S)_{\mathrm{T}} = (\Delta S)_{\mathrm{R}} + (\Delta S)_{\mathrm{m}} = -\frac{Q}{T} < 0 \tag{1.10.12}$$

式中，$(\Delta S)_{\mathrm{T}}$ 是总体系的熵变；$(\Delta S)_{\mathrm{R}}$ 是单一热源的熵变，热机从热源吸热 Q，因此热源放出热量 $-Q$，而其温度为 T，故 $(\Delta S)_{\mathrm{R}} = -\frac{Q}{T}$；$(\Delta S)_{\mathrm{m}}$ 是热机的熵变，显然为零，因为它进行的是个循环过程，热机的状态不变。由单一热源和热机组成的总体系，对外界只做功，没有热量交换，应该满足熵增加原理。但式(1.10.12)给出 $(\Delta S)_{\mathrm{T}} < 0$，可见若开尔文说法不成立，

则熵增加原理也不成立。逆命题的证明是显然的。因此,熵增加原理和开尔文说法等价。

§1.11　热力学第三定律

热力学第三定律本质上是个量子规律,因为物质在极低温时,必须考虑量子效应。热力学第三定律有多种不同的表达形式,这些表达形式是相互联系的。

1. 能斯特定理

1906 年,能斯特(Nernst)在研究了大量化学反应在低温下的性质后提出:若以 F_1 和 F_2 表示凝聚系在两个状态下的自由能,则当温度下降时,$\frac{\partial(F_1 - F_2)}{\partial T}$随着温度 $T \to 0$ 而趋于零,即

$$\lim_{T\to 0}\frac{\partial(F_1 - F_2)}{\partial T} = 0 \tag{1.11.1}$$

注意到 $S = -\left(\frac{\partial F}{\partial T}\right)_V$,式(1.11.1)也可写成

$$\lim_{T\to 0}(\Delta S)_{\mathrm{T}} = 0 \tag{1.11.2}$$

式(1.11.2)称为能斯特定理。它表示:凝聚系的熵在等温过程中的改变随绝对温度趋于零而趋于零。

能斯特定理的一个直接推论是,在绝对零度时等温线和绝热线重合。在§1.7 中曾证明:按照热力学第二定律,等温线和绝热线只能有一个交点。否则,如果有两个交点,由一条等温线和一条绝热线围成的循环,将构成第二类永动机。但这并不妨碍这两条线重合。因为当两条线重合时,所围成的循环的面积为零,对外不做功,不违反热力学第二定律。现在能斯特定理表示,在绝对零度时,等温线和绝热线重合,是同一条线。因此,它是独立于热力学第二定律的一个新的定律。

能斯特定理是量子统计的结果。为说明这个问题,先讨论普朗克绝对熵的概念。

2. 普朗克绝对熵

在§1.9 中曾指出,热力学第二定律和热力学基本方程式只定义了两个状态的熵之差 ΔS,而未定义熵的绝对数值。定义熵的绝对数值需要依靠热力学第三定律。为此,先讨论一个特例:由近独立的粒子组成的体系。

对由近独立的粒子所组成的体系,可视它为费密子或玻色子,分别满足费密分布或玻色分布,对遵从费密分布的体系,熵为

$$S = -k\sum_i\left[n_i\ln n_i + (1 - n_i)\ln(1 - n_i)\right]$$

在 $T = 0$ K 时,对在费密面下的态,$n_i = 1$;在费密面上的态,$n_i = 0$。因此,绝对零度时,$S = 0$。

对遵从玻色分布的体系,熵为

$$S = -k\sum_i\left[n_i\ln n_i - (1 + n_i)\ln(1 + n_i)\right]$$

在 $T = 0$ K 时,所有玻色子均凝聚在能量为零的基态,即

$$n_0 = N, n_i = 0(i \neq 0)$$

$$S = -k[N\ln N - (1+N)\ln(1+N)]$$
$$= -k\left[N\ln N - (1+N)\ln N - (1+N)\ln\left(1+\frac{1}{N}\right)\right]$$

由于 $N \gg 1$,故

$$S \approx k\ln N \approx 0 \tag{1.11.3}$$

在式(1.11.3)中的最后一步,注意到熵是广延量,而 $N \gg \ln N$,所以单个玻色子的熵可以近似地视为零。

现在对 $T=0$ K 时的熵做一般性的讨论。在经典统计中曾证明,熵与相空间中有效体积元的对数成正比:$S=k\ln \Delta\Omega$,$\Delta\Omega$ 实际上就是体系的可能的状态数。过渡到量子统计后,显然有

$$S = k\ln\frac{\Delta\Omega}{h^3} = k\ln \Omega \tag{1.11.4}$$

式中,Ω 为体系的量子态数。

在绝对零度时,体系应处在基态,即能量最低的状态。若基态能级分立,则 Ω 应等于基态的简并度数 G。若基态不简并,$G=1$,则 $S=0$;若基态简并,但 $G \leqslant N$,N 为体系的粒子数,则 $S \leqslant k\ln N$。在这两种情况下,单粒子熵 $\frac{S}{N}$ 在 $T=0$ K 时均可视为零。因为熵是广延量,S 应正比于 N,因此熵常数也应正比于 N,当 $N\to\infty$ 时,$\ln N$ 是比 N 小得多的量,可近似地视为零。这其实正是式(1.11.3),从而得出,绝对零度时的熵为零。

绝对零度时熵为零的结论和熵是体系混乱程度的量度这种物理解释一致。在绝对零度时,无热激发,体系最有序,熵最小,可将它的数值取为零。

绝对零度时熵为零这个从量子统计给出的结论,比能斯特定理理论性更强。因为从 $S(T=0)=0$,显然可得 $\lim\limits_{T\to 0}(\Delta S)_T=0$,反之,由 $\lim\limits_{T\to 0}(\Delta S)_T=0$,却不能给出 $S(T=0)=0$。能斯特定理只意味着,不论其他参量取何种数值,当 $T=0$ 时,作为这些参量和 T 的函数的熵总取相同数值。普朗克进一步指出这个数值为零。

还要强调,必须用量子统计,才能给出 $S(T=0)=0$。若从经典统计出发,这个结论不成立。对于经典统计,体系的一个状态对应相空间一个点。相空间中的有效体积元 $\Delta\Omega$ 是能量的函数。降低物体的温度,就是从物体中取出能量,$\Delta\Omega$ 将减小。在 $T=0$ K 时,$\Delta\Omega$ 可减小至零(相当于一点)。由 $S=k\ln \Delta\Omega$ 得 $S\to-\infty$。

选绝对零度时熵为零作为熵常数的基准点,由此算得的熵称为绝对熵。这样,熵常数 S_0 就是一个绝对常数,与除温度外的其他所有态参量无关。

3. 以否定形式表示的热力学第三定律

以绝对零度时熵为零或能斯特定理所表示的物理定律,称为热力学第三定律。热力学第三定律也可以采用和热力学第一、第二定律相似的否定表述形式,即不可能用有限手段把一个物体冷到绝对零度。热力学第三定律亦称绝对零度不能达到原理。

现在来证明绝对零度不能达到原理和能斯特定理的等价性。为此,先从理论上探讨一下在极低温度下,在绝对零度附近时什么过程降低温度最有效。任何热力学过程总可归结为吸热过程、绝热过程、放热过程三大类。由于吸热过程使物体的温度升高,因此它显然不是最有效的降温过程。放热过程虽然降温效率较高,但却不能持续工作。因为体系要放热,它的温度就必然要比外界的高,当体系的温度冷却到比外界的温度更低,更接近绝对零

度时，放热过程就不可能再继续进行。而要使体系达到绝对零度，就总要到达体系温度比外界温度更低的阶段。因此，在极低温下，最有效的降温过程只能是绝热过程。而在绝热过程中因为没有损耗，可逆绝热过程的降温效率一定比不可逆绝热过程的更高。因此，只要证明不能用可逆绝热过程达到绝对零度，就证明了热力学第三定律。

令 A、B 为状态空间中可用可逆绝热过程联系起来的两个不同的态，分别记为 $A(T_1,x_1)$、$B(T_2,x_2)$，x 表示除 T 以外的所有其他独立参量，x_1、x_2 分别表示这些参量在 A 态和 B 态时所取的值。则 A 态和 B 态的熵分别为

$$S_A = S(T_1,x_1) = S(0,x_1) + \int_0^{T_1} C_{x_1}\frac{\mathrm{d}T}{T} \tag{1.11.5}$$

$$S_B = S(T_2,x_2) = S(0,x_2) + \int_0^{T_2} C_{x_2}\frac{\mathrm{d}T}{T} \tag{1.11.6}$$

由于最有效的降温过程是可逆绝热过程，因此可取 A 和 B 为用可逆绝热过程联系的两个态，满足 $S_A = S_B$，即

$$S(0,x_1) + \int_0^{T_1} C_{x_1}\frac{\mathrm{d}T}{T} = S(0,x_2) + \int_0^{T_2} C_{x_2}\frac{\mathrm{d}T}{T} \tag{1.11.7}$$

若能斯特定理 $\lim\limits_{T\to 0}(\Delta S)_T = 0$ 成立，则 $S(0,x_1) = S(0,x_2)$，由式(1.11.7)得

$$\int_0^{T_1} C_{x_1}\frac{\mathrm{d}T}{T} = \int_0^{T_2} C_{x_2}\frac{\mathrm{d}T}{T} \tag{1.11.8}$$

注意到

$$C_x > 0 \tag{1.11.9}$$

式(1.11.8)中的被积函数恒正。若 $\lim\limits_{T\to 0} C_x(T) \to 0$，式(1.11.8)的积分不发散，则由式(1.11.8)可得：若初态 A 的温度 T_1 大于0，则末态 B 的温度 T_2 也必大于零。这就证明了，若能斯特定理成立，则从任何状态 A 出发(T_1 任意)，都不可能达到绝对零度。

反之，若能斯特定理不成立，$\lim\limits_{T\to 0}(\Delta S)_T \neq 0$，则 $S(0,x_1)$ 和 $S(0,x_2)$ 不相等。不失普遍性，令 $S(0,x_2) > S(0,x_1)$，由式(1.11.7)得

$$\int_0^{T_1} C_{x_1}\frac{\mathrm{d}T}{T} = S(0,x_2) - S(0,x_1) + \int_0^{T_2} C_{x_2}\frac{\mathrm{d}T}{T} \tag{1.11.10}$$

选择 T_1，令

$$\int_0^{T_1} C_{x_1}\frac{\mathrm{d}T}{T} = S(0,x_2) - S(0,x_1) \tag{1.11.11}$$

则由式(1.11.10)得 $T_2 = 0$，绝对零度可达到，热力学第三定律的否定形式也不成立。于是从正反两个方面证明了绝对零度不能达到原理和能斯特定理等价。

最后，讨论在 $T\to 0$ K 时物体的一些普遍性质。先看体膨胀系数 α_V，有

$$\alpha_V = \frac{1}{V}\left(\frac{\partial V}{\partial T}\right)_p = -\frac{1}{V}\left(\frac{\partial S}{\partial p}\right)_T \xrightarrow{T\to 0} 0 \tag{1.11.12}$$

式(1.11.12)最后一步用了能斯特定理。同样，相对压力系数 α_p 为

$$\alpha_p = \frac{1}{p}\left(\frac{\partial p}{\partial T}\right)_V = \frac{1}{p}\left(\frac{\partial S}{\partial V}\right)_T \xrightarrow{T\to 0} 0 \tag{1.11.13}$$

这说明，任何物体在 $T\to 0$ 时的体膨胀系数及相对压力系数均趋于零。

§1.12 热力学函数、麦克斯韦关系及马休定理

讨论两个自由度的体系，热力学基本方程式是

$$dU = TdS - pdV \tag{1.12.1}$$

式(1.12.1)是以 S 和 V 为独立变量表示的全微分 dU，$U = U(S,V)$。在前面曾指出，在热力学中为运算方便，常常改换独立变量。如果要改换力学变量，例如，要将独立变量从 (S,V) 换成 (S,p)，则可做勒让德(Legendre)变换。引入

$$H = U + pV \tag{1.12.2}$$

这就是焓，对式(1.12.2)两端求微分后得

$$dH = dU + pdV + Vdp = TdS + Vdp \tag{1.12.3}$$

全微分 dH 以 (S,p) 为独立变量。它的物理意义是，在可逆等压过程中体系从外界吸收的热量等于焓的增加。

同理，也可以改换热学变量，把独立变量由 S 改为 T，引入

$$F = U - TS \tag{1.12.4}$$

$$dF = dU - TdS - SdT = -SdT - pdV \tag{1.12.5}$$

F 称为亥姆霍兹(Helmholtz)自由能或亥姆霍兹函数，以下简称为自由能。它的物理意义是，在可逆等温过程中体系对外所做的功等于自由能的减小。

因为 U、T、S 都是态函数，因此 F 也是态函数，dF 是全微分。由于 U 是广延量，T 是内含量，S 是广延量，因此 F 也是广延量，可以仿照内能、熵等广延量的方式，定义处在非平衡态时体系的自由能。与自由能 F 相应的独立变量是 T 和 V($F = F(T,V)$)，它在等温过程中的作用和内能 U 在绝热过程中的作用相似。

自由能是在可逆等温过程中，体系能用以对外做功的那部分能量。为弄清楚这一点，不妨将 F 和内能 U 做一对比。在绝热过程中，根据热力学第一定律，体系对外做功以内能的减小为代价。但在等温过程中，体系还要和外界交换热量，因而它对外所做的功不再等于内能的减小，而等于内能的减小加上从外界吸收的热量，这在式(1.12.4)中就反映在($-TS$)一项内。下面以理想气体为例进一步说明这个问题。在可逆等温膨胀过程中，由于理想气体内能仅是温度的函数，因此它对外所做的功等于体系吸收的热量。由式(1.12.4)可知，这个过程中 T 不变，U 不变，但粒子的代表点在 μ 空间的活动范围增大，活动方式增多，即熵 S 增大，F 减小。而 F 减小的数值就等于在这个过程中体系所吸收的热量。假定每个粒子的自由度为 r，以粒子的全部广义坐标和广义动量为基底，构成的 $2r$ 维空间，称为 μ 空间。μ 空间中一个有意义的代表点代表一个粒子的微观运动状态。从微观上看，由于气体分子碰撞器壁(比方活塞)而使气体可逆等温膨胀。在这个过程中，一方面，膨胀的气体分子在与器壁碰撞时要损耗动能而做功；另一方面，它又不断从等温热源中吸收热量以补偿动能的损失。自由能正是在可逆等温过程中能转变为宏观功的那部分能量。这部分能量在膨胀过程中，由于分子与器壁碰撞而被消耗了。对于理想气体，它又从热源中得到了完全的补充。自由能的概念是亥姆霍兹首先引进的，就是指在可逆等温过程中，内能中能用以自由做功的那部分能量。在这种意义下，有人也把内能中在可逆等温过程里不能用来

做功的那部分能量 TS 称为束缚能。但要注意不要和量子力学、原子核物理学中微观粒子的束缚能混淆。

同理,若想将独立变量再从(T,V)换成(T,p),可在式(1.12.4)中再引入一个力学变量的勒让德变换,令

$$G = U - TS + pV \tag{1.12.6}$$

G 称为吉布斯(Gibbs)函数或吉布斯自由能。全微分 $\mathrm{d}G$ 可表示为

$$\mathrm{d}G = \mathrm{d}U - T\mathrm{d}S - S\mathrm{d}T + p\mathrm{d}V + V\mathrm{d}p = -S\mathrm{d}T + V\mathrm{d}p \tag{1.12.7}$$

式中,$S\mathrm{d}T$、$V\mathrm{d}p$ 两项均无直接的物理意义。为明确 G 的物理意义,考虑多个独立变量的体系,这时

$$đU = T\mathrm{d}S - p\mathrm{d}V - đW' \tag{1.12.8}$$

式中,$đW'$表示除体积膨胀所做的功以外的其他的功。将式(1.12.8)代入式(1.12.7)后得

$$\mathrm{d}G = -S\mathrm{d}T + V\mathrm{d}p - đW' \tag{1.12.9}$$

式(1.12.9)表明,在可逆等温等压过程中,体系对外所做的功(除体积膨胀所做的功 $p\mathrm{d}V$ 以外)等于体系吉布斯函数的减小。由上述讨论可见,吉布斯函数对等温等压过程特别重要。

由式(1.12.6)看出,G 是态函数,因为状态给定后,U、T、S、p、V 都唯一确定,G 也唯一确定。$\mathrm{d}G$ 是全微分,而且 G 是广延量,可仿照其他广延量的方式,给非平衡态的吉布斯函数以定义。令

$$G = N\mu \tag{1.12.10}$$

若 N 是物质的量,则 μ 表示 1 mol 物质的吉布斯函数,称为摩尔化学势;若 N 为体系中的粒子数,则 μ 表示体系中每个粒子的平均的吉布斯函数,也称为单粒子的化学势。化学势 μ 在相变理论及化学反应中起关键作用,是粒子数可变体系的最关键物理量。

【例1.12.1】 求 1 mol 理想气体的摩尔自由能和吉布斯函数。

解　先求摩尔自由能 f,按定义有

$$f = u - Ts$$

式中,u 和 s 是理想气体的摩尔内能和摩尔熵,满足

$$u = \int c_V \mathrm{d}T + u_0$$

$$s = \int c_V \frac{\mathrm{d}T}{T} + R\ln v + s_0$$

在上述计算中,选(T,v)为独立变量,这对求自由能显然是最方便的。将 u、s 的表达式代入 f 的表达式中得

$$f = \int c_V \mathrm{d}T - T\int c_V \frac{\mathrm{d}T}{T} - RT\ln v + f_0, f_0 = u_0 - Ts_0$$

因为

$$\int c_V \frac{\mathrm{d}T}{T} = \int \frac{1}{T}\mathrm{d}\int c_V \mathrm{d}T = \frac{1}{T}\int c_V \mathrm{d}T - \int\left(\int c_V \mathrm{d}T\right)\mathrm{d}\frac{1}{T} = \frac{1}{T}\int c_V \mathrm{d}T + \int \frac{\mathrm{d}T}{T^2}\int c_V \mathrm{d}T$$

所以

$$f = -T\int \frac{\mathrm{d}T}{T^2}\int c_V \mathrm{d}T - RT\ln v + f_0 \tag{1.12.11}$$

若 1 mol 理想气体做可逆等温膨胀从初态(T,v_1)到末态(T,v_2),则其自由能的变化是

$$\Delta f=f(T,v_2)-f(T,v_1)=RT\ln\frac{v_1}{v_2}$$

在这个过程中体系对外所做的功是

$$\Delta W=\int_{v_1}^{v_2}p\mathrm{d}v=RT\ln\frac{v_2}{v_1}$$

即

$$\Delta f=-\Delta W$$

这个结果确实和自由能的物理解释一致。

再求摩尔化学势 μ,按定义

$$\mu=u-Ts+pv=h-Ts$$

h 是理想气体的摩尔焓。选 (T,p) 为独立变量,则

$$h=\int c_p\mathrm{d}T+h_0$$

$$s=\int c_p\frac{\mathrm{d}T}{T}-R\ln p+s_0'$$

$$\begin{aligned}\mu&=\int c_p\mathrm{d}T-T\int c_p\frac{\mathrm{d}T}{T}+RT\ln p+\mu_0\\&=RT\left(\frac{1}{RT}\int c_p\mathrm{d}T-\frac{1}{R}\int c_p\frac{\mathrm{d}T}{T}+\frac{h_0}{RT}-\frac{s_0'}{R}+\ln p\right)\\&=RT[\varphi(T)+\ln p]\end{aligned}\tag{1.12.12}$$

式中

$$\mu_0=h_0-Ts_0'$$

$$\varphi=\frac{1}{RT}\int c_p\mathrm{d}T-\frac{1}{R}\int c_p\frac{\mathrm{d}T}{T}+\frac{h_0}{RT}-\frac{s_0'}{R}\tag{1.12.13}$$

且 φ 仅是温度的函数。

引入这些热力学函数有什么用处呢?为说明这个问题,分两点进行讨论。

1. 热力学函数的微商关系及其应用

综上所述,对两个自由度的体系有

$$U=U(S,V),\mathrm{d}U=T\mathrm{d}S-p\mathrm{d}V$$

$$H=U+pV=H(S,p),\mathrm{d}H=T\mathrm{d}S+V\mathrm{d}p$$

$$F=U-TS=F(T,V),\mathrm{d}F=-S\mathrm{d}T-p\mathrm{d}V$$

$$G=U-TS+pV=G(T,p),\mathrm{d}G=-S\mathrm{d}T+V\mathrm{d}p$$

由于 $\mathrm{d}U$、$\mathrm{d}H$、$\mathrm{d}F$、$\mathrm{d}G$ 是全微分,因此由以上各式的全微分条件分别得

$$\left(\frac{\partial p}{\partial S}\right)_V=-\left(\frac{\partial T}{\partial V}\right)_S\tag{1.12.14}$$

$$\left(\frac{\partial V}{\partial S}\right)_p=\left(\frac{\partial T}{\partial p}\right)_S\tag{1.12.15}$$

$$\left(\frac{\partial S}{\partial V}\right)_T=\left(\frac{\partial p}{\partial T}\right)_V\tag{1.12.16}$$

$$\left(\frac{\partial S}{\partial p}\right)_T=-\left(\frac{\partial V}{\partial T}\right)_p\tag{1.12.17}$$

式(1.12.14)至式(1.12.17)称为麦克斯韦(Maxwell)关系。

麦克斯韦关系的第一个重要特点是它是热学变量温度、熵(T,S)和力学变量压强、体积(p,V)之间的微商关系,因而它是连接热学变量和力学变量的纽带。顾名思义,热力学同时讨论热学和力学两个方面,并研究机械能和热量之间的相互转化,因此麦克斯韦关系在热力学中具有特殊地位。在热力学里,一般地,热学变量(T,S)对力学变量(p,V)的微商与力学变量对热学变量的微商由麦克斯韦关系相联系,力学变量对力学变量的微商或力学变量对温度的微商由状态方程给出,热学变量对热学变量的微商由体系的热容给出。

麦克斯韦关系的第二个重要特点是式(1.12.14)至式(1.12.17)不独立。可以从其中的一个推出其他三个,也可以反过来。这并不奇怪,因为在 U、H、F、G 之间无非做了一个勒让德变换,改变了一下独立变量。它们的全微分公式都来源于热力学基本方程式(1.12.1),则

$$\left(\frac{\partial T}{\partial p}\right)_S=\left(\frac{\partial T}{\partial V}\right)_S\left(\frac{\partial V}{\partial p}\right)_S=\left(\frac{\partial T}{\partial V}\right)_S\frac{(-1)}{\left(\frac{\partial p}{\partial S}\right)_V\left(\frac{\partial S}{\partial V}\right)_p}$$

若式(1.12.14)成立,则上式可变为

$$\left(\frac{\partial T}{\partial p}\right)_S=\left(\frac{\partial V}{\partial S}\right)_p$$

这就是式(1.12.15)。因此,可以从式(1.12.14)导出式(1.12.15)。其余类推。

利用麦克斯韦关系,在热力学意义下,可以把求一切热力学量的问题最后归结为状态方程和某一压强 p_0 下的比定压热容 c_p^0 或某一体积 V_0 下的比定容热容 c_V^0,即若状态方程及 c_p^0 已知,或者状态方程及 c_V^0 已知,则可通过热力学函数及其微商关系求出所有热力学量。由于 c_p^0、c_V^0 及状态方程可由实验测得,因此利用热力学函数及微商关系可把一切热力学量归结为实验上可直接测得的物理量。

为了达到这个目标,先讨论以下内容。

(1)熵方程 以(T,V)为独立变量,有

$$\mathrm{d}S=\left(\frac{\partial S}{\partial T}\right)_V\mathrm{d}T+\left(\frac{\partial S}{\partial V}\right)_T\mathrm{d}V$$

由式(1.12.16)得

$$T\mathrm{d}S=T\left(\frac{\partial S}{\partial T}\right)_V\mathrm{d}T+T\left(\frac{\partial S}{\partial V}\right)_T\mathrm{d}V=c_V\mathrm{d}T+T\left(\frac{\partial p}{\partial T}\right)_V\mathrm{d}V \tag{1.12.18}$$

以(T,p)为独立变量,有

$$\mathrm{d}S=\left(\frac{\partial S}{\partial T}\right)_p\mathrm{d}T+\left(\frac{\partial S}{\partial p}\right)_T\mathrm{d}p$$

由式(1.12.17)得

$$T\mathrm{d}S=T\left(\frac{\partial S}{\partial T}\right)_p\mathrm{d}T+T\left(\frac{\partial S}{\partial p}\right)_T\mathrm{d}p=c_p\mathrm{d}T-T\left(\frac{\partial V}{\partial T}\right)_p\mathrm{d}p \tag{1.12.19}$$

式(1.12.18)和式(1.12.19)右端的第二项均可由状态方程算出。

(2)内能方程 以(T,V)为独立变量,有

$$\mathrm{d}U=\left(\frac{\partial U}{\partial T}\right)_V\mathrm{d}T+\left(\frac{\partial U}{\partial V}\right)_T\mathrm{d}V \tag{1.12.20}$$

另一方面,由热力学基本方程及式(1.12.18)得

$$\mathrm{d}U=T\mathrm{d}S-p\mathrm{d}V=c_V\mathrm{d}T+\left[T\left(\frac{\partial p}{\partial T}\right)_V-p\right]\mathrm{d}V \tag{1.12.21}$$

比较式(1.12.20)和式(1.12.21)得

$$\left(\frac{\partial U}{\partial V}\right)_T = T\left(\frac{\partial p}{\partial T}\right)_V - p \tag{1.12.22}$$

将理想气体的状态方程代入式(1.12.22)得

$$\left(\frac{\partial U}{\partial V}\right)_T = 0 \tag{1.12.23}$$

即理想气体内能仅是温度的函数,与体积无关。这正是焦耳实验的结果。从这里可以看出,这不是个独立的结论,它可由理想气体的状态方程出发,通过内能方程导出。

(3) 比定压热容 c_p 和比定容热容 c_V 的关系　由式(1.12.18)和式(1.12.19)得

$$c_V \mathrm{d}T + T\left(\frac{\partial p}{\partial T}\right)_V \mathrm{d}V = c_p \mathrm{d}T - T\left(\frac{\partial V}{\partial T}\right)_p \mathrm{d}p$$

即

$$(c_p - c_V)\,\mathrm{d}T = T\left(\frac{\partial p}{\partial T}\right)_V \mathrm{d}V + T\left(\frac{\partial V}{\partial T}\right)_p \mathrm{d}p$$

在保持压强 p 不变的条件下在上式两边同时除以 $\mathrm{d}T$ 后得

$$c_p - c_V = T\left(\frac{\partial p}{\partial T}\right)_V \left(\frac{\partial V}{\partial T}\right)_p \tag{1.12.24}$$

式(1.12.24)表明,只要知道物态方程,就可以由比定容热容 c_V 求得比定压热容 c_p,或由比定压热容 c_p 求得比定容热容 c_V。

利用体膨胀系数 α_V,等温压缩率 κ_T 的定义式(1.2.12)、式(1.2.14)及式(1.5.19),可将式(1.12.24)改写为

$$c_p - c_V = -T\left(\frac{\partial V}{\partial T}\right)_p^2 \left(\frac{\partial p}{\partial V}\right)_T = \frac{TV\alpha^2{}_V}{\kappa_T} > 0 \tag{1.12.25}$$

因此 $c_p > c_V$。这个结果在物理上是显然的,因为等压过程中体系吸收的热量,除用以增加体系的内能外,还有一部分要用来对外做功。但等容过程中对外做功为零,吸收的热量全部用以增加体系的内能。因此,要增加同样的温度,等压过程要比等容过程吸收更多的热量。

一般情况下,比定压热容 c_p 是压强和温度的函数。但可以证明,若已知在某一压强 p_0 下的比定压热容 c_p^0 及状态方程,则可求出任何压强下的比定压热容 c_p。由式(1.12.3)及式(1.12.19)可得

$$\mathrm{d}H = T\mathrm{d}S + V\mathrm{d}p = c_p \mathrm{d}T + \left[V - T\left(\frac{\partial V}{\partial T}\right)_p\right]\mathrm{d}p$$

利用 $\mathrm{d}H$ 的全微分条件得

$$\left(\frac{\partial c_p}{\partial p}\right)_T = \left\{\frac{\partial\left[V - T\left(\frac{\partial V}{\partial T}\right)_p\right]}{\partial T}\right\}_p = -T\left(\frac{\partial^2 V}{\partial T^2}\right)_p \tag{1.12.26}$$

在固定温度为 T 的条件下,对式(1.12.26)两边积分得

$$c_p = c_p^0 - T\int_{p_0}^{p}\left(\frac{\partial^2 V}{\partial T^2}\right)_p \mathrm{d}p \tag{1.12.27}$$

式中,c_p^0 是 T 的函数。同样,若已知在某一体积 V_0 下的比定容热容 c_V^0 及状态方程,也可求出任意体积下的比定容热容 c_V。

综上所述,对热均匀的热力学体系,在热力学意义下,求一切热力学量的问题,最后可

归结为把这些热力学量表示为 c_p^0(或 c_V^0)及状态方程的函数。已知 c_p^0(或 c_V^0)及状态方程,可通过上面的公式及其他微商关系求得全部热力学量。

2. 特性函数和马休定理

引入热力学函数还有一个极其重要的用处,就是可以导出马休(Massieu)定理。

上面已经证明,从实验的角度看,一切热力学问题可通过热力学函数及其微商运算归结为 c_p^0(或 c_V^0)及状态方程。而 c_p^0(或 c_V^0)及状态方程可由实验求出。现在要问,从理论上看,一切热力学量,包括 c_p^0(或 c_V^0)和状态方程,需要通过什么量才能全部求出?

说明这个问题的是马休定理,是1869年由马休首先证明的:在适当选择独立变量后,只要一个热力学函数就可把热均匀的热力学体系在热平衡状态下的热力学性质完全确定。这个热力学函数称为特性函数。可以证明内能是以 (S,V) 为独立变量的特性函数,$U=U(S,V)$;焓是以 (S,p) 为独立变量的特性函数,$H=H(S,p)$;自由能是以 (T,V) 为独立变量的特性函数,$F=F(T,V)$;吉布斯函数是以 (T,p) 为独立变量的特性函数,$G=G(T,p)$ 等。特性函数和独立变数的关系正好和式(1.12.1)、式(1.12.3)、式(1.12.5)和式(1.12.7)一致。证明略。

第2章　系综理论及应用

统计力学的根本任务在于从物质的微观结构出发来推求体系的宏观性质，是对各种宏观系统的所有与时间无关的性质进行统计分析。这里我们主要讨论宏观系统平衡现象的理论。

众所周知，大量粒子组成的体系具有统计规律性。在确定的外界条件下，体系仍有可能处在各种不同的微观状态。换句话说，体系中不同的微观状态将各以一定的概率出现。因此，利用概率论的方法来研究体系的宏观平衡性质是合理的，也是可行的。本章将重点介绍吉布斯的系综理论。

§2.1　系 综 理 论

我们比较熟悉的玻耳兹曼统计法只适用于由力学性质相同的近独立的粒子组成的经典的力学体系。但是在大多数情况下，组成体系的粒子间的相互作用不能忽略。例如，液体和固体，邻近的粒子之间往往存在很强的相互作用力，一般不能把它们看成近独立的粒子处理。而对于范德瓦尔斯气体，气体分子之间的相互作用也不可忽略。显然，要研究这种相互作用不能忽略体系的客观性质，要把所研究的对象推广到一般情况，建立一般物理体系的统计理论。本章将介绍吉布斯创立的统计法——系综理论。

本章的系综理论就是讨论粒子间有相互作用的系统，在统计平衡态时，按微观状态的分布规律进行统计，包括孤立系的微正则分布、与环境达到热平衡系统的正则分布，以及与环境既有粒子交换又有能量交换的巨正则分布等。

任何统计理论总要解决三个问题：一是如何描写体系的微观运动状态，包括力学上的描述和几何上的描述；二是如何进行统计平均，这里的核心问题是如何求出统计权重，即分布函数 ρ；三是如何求出热力学量，导出热力学基本方程，并与实验比较。

1. 体系的微观运动状态的描述——Γ 空间

先讨论体系微观运动状态的描述。设力学体系由 M 种粒子组成，第 i 种粒子的自由度是 r_i，则体系的自由度是

$$D = \sum_{i=1}^{M} N_i r_i \tag{2.1.1}$$

式中，N_i 是第 i 种粒子的粒子数。按照经典力学，要确定体系的微观运动状态，就要确定体系中所包含的所有粒子的微观状态，也就是要确定

$$\{q_1, q_2, \cdots, q_D; p_1, p_2, \cdots, p_D\}$$

共 $2D$ 个广义坐标和广义动量。设体系的哈密顿函数为

$$H = \sum_{i=1}^{D} \frac{p_i^2}{2m_i} + U(q_1, q_2, \cdots, q_D) \tag{2.1.2}$$

式中，$U(q_1, q_2, \cdots, q_D)$是粒子之间的相互作用能。由式(2.1.2)有

$$\begin{cases} \dfrac{\partial H}{\partial p_i} = \dfrac{p_i}{m_i} = \dot{q}_i \\ \dfrac{\partial H}{\partial q_i} = \dfrac{\partial U}{\partial q_i} = -X_i = -\dfrac{\mathrm{d}}{\mathrm{d}t}(m_i \dot{q}_i) = -\dot{p}_i \end{cases} \quad (i = 1, 2, \cdots, D) \tag{2.1.3}$$

式(2.1.3)是哈密顿正则方程。在非相对论情况下，微观运动状态随时间的变化由正则方程决定。

引入一个新的相空间以描述体系的微观运动状态。定义一个由体系的全部广义坐标和全部广义动量为基底构成的相空间，称为 Γ 空间，这是一个 $2D$ 维空间。体系在任一时刻，如在 $t = 0$ 时，描述体系微观运动状态的 $2D$ 个广义坐标和广义动量

$$\{q_1^0, q_2^0, \cdots, q_D^0; p_1^0, p_2^0, \cdots, p_D^0\}$$

在 Γ 空间中用一点表示。随着时间的变化，体系的微观运动状态发生变化，变化规律由正则方程式(2.1.3)决定，在 Γ 空间中用代表点运动的轨迹表示。

Γ 空间有如下性质。

(1) Γ 空间是人为想象出来的超越相空间。引入它的目的在于形象地描述体系的微观运动状态。Γ 空间中一个有物理意义的代表点代表体系的一个微观运动状态，而不代表一个体系。体系的微观运动状态随时间的变化表示为代表点运动的轨迹。

(2) 任何体系总可找到和它对应的 Γ 空间来形象地描述它的微观运动状态。但并不是任何不同体系的微观运动状态都可用一个 Γ 空间描述。只有那些力学性质完全相同的，如自由度等都一样的体系才能用同一个 Γ 空间描述它们的运动状态。

(3) 对保守力学体系，有

$$H(q_1, q_2, \cdots, q_D; p_1, p_2, \cdots, p_D) = E = \text{常数} \tag{2.1.4}$$

因此，保守力学体系的代表点只能处在满足式(2.1.4)的 $2D$ 维空间中的 $2D-1$ 维能量曲面上。

(4) 在一般物理问题中，哈密顿函数 H 及其微商均为单值函数，由式(2.1.3)可见，在 Γ 空间中代表点运动的轨迹永不相交。

2. 统计系综

在引入 Γ 空间描述体系的微观运动状态后，将讨论吉布斯统计法的核心，即如何找出统计权重，如何通过统计平均的手段求体系的宏观量。

要在 Γ 空间建立一般体系的统计理论，必须在 Γ 空间找出能真正代表体系物理性质的 N 个代表点，以便进行统计，并找出相应的分布函数。但问题在于按上面描述的 Γ 空间的性质，即体系在某一瞬时的微观运动状态在 Γ 空间中只对应一点。需要想办法在 Γ 空间中找出大量的能代表体系物理性质的代表点。

解决这个问题的是吉布斯。他注意到虽然体系在某一瞬时，它的微观运动状态在 Γ 空间只对应一个代表点，但实际上，任何观测总是在宏观短而微观长的时间内进行的。在这个微观长的时间内，体系的微观运动状态实际上已发生了许多变化。在这段时间间隔内，体系的许多微观运动状态在 Γ 空间应对应许多代表点。体系的宏观量应是在这段实验观测的时间内对时间平均的结果。观测的时间在宏观上再短，在微观上都是个很长的时间。

因此,体系的宏观量是相应的微观量在微观长的时间内的平均值,即

$$\bar{u}=\langle u\rangle_{t} \tag{2.1.5}$$

式中,$\langle u\rangle_{t}$ 表示力学量 u 的时间平均值。特别地,如果所考虑的热力学体系已处于平衡态,则宏观量应不随时间而改变。也就是说,不论观测的时间长短,由式(2.1.5)算出的 $\bar{u}$ 应该一样。时间的因素对于平衡态的统计理论并不重要。既然时间的因素并不重要,因此可以把对时间平均的问题换一个角度去处理。可以认为,在这段微观长的时间内,体系的微观运动状态实际上已经经历了足够多的变化。如果时间足够长,体系的状态实际上已经历了一切可能的变化。因此,在这段时间间隔内实际测量出来的宏观量,可以近似地认为是在一定的宏观条件下,对应的微观量对一切可能的微观运动状态的平均值,即

$$\bar{u}=\frac{\int u\rho'\mathrm{d}\Omega}{\int\rho'\mathrm{d}\Omega} \tag{2.1.6}$$

式中,$\rho'\mathrm{d}\Omega$ 表示在状态间隔 $\mathrm{d}\Omega$ 内,体系的微观运动状态出现的次数。根据 Γ 空间的定义,状态间隔 $\mathrm{d}\Omega$ 实际上就是 Γ 空间的体积元。把对时间的平均(式(2.1.5))换成对微观运动状态的平均(式(2.1.6)),这是吉布斯统计法中极为重要的一步。由于在平衡态时,时间的长短不起作用,因而用式(2.1.6)处理平衡态是合理的。

进一步地,为使所讨论的问题更形象化,而且把在平衡态时时间的因素不重要这一特征更明显地表现出来,吉布斯引入了统计系综的概念。他把原来是一个体系,在微观长的时间内,由于微观运动状态的变化而在 Γ 空间对应的大量代表点的问题,想象为许多不同体系,在同一时刻 t,它们各自的运动状态在 Γ 空间对应许多代表点的问题。这样一来,原来一个体系在不同时刻的代表点,就变成许多不同体系在同一时刻的代表点,时间的因素就不再出现了。吉布斯把这些想象出来的体系的集合称为统计系综,简称系综。显然,这些体系实际上只是原来体系的不同化身,它们和原来的体系具有完全相同的力学性质。因此,系综是大量性质完全相同的力学体系的集合,这些力学体系各自处在不同的运动状态。系综不是实际存在的客体,实际讨论的客体是组成系综的单元——力学体系。系综是为把力学体系的所有可能的运动状态的总和形象化,以便进行统计而引入的工具。引入系综后,在 Γ 空间中进行统计的代表点可以认为就是系综的代表点。式(2.1.6)中的 $\rho'\mathrm{d}\Omega$ 可以解释为系综在 Γ 空间体积元 $\mathrm{d}\Omega$ 中代表点的数目。综合式(2.1.5)及式(2.1.6),有

$$\bar{u}=\langle u\rangle_{t}=\langle u\rangle_{e}=\frac{\int u\rho'\mathrm{d}\Omega}{\int\rho'\mathrm{d}\Omega} \tag{2.1.7}$$

式中,$\langle u\rangle_{e}$ 表示力学量 u 的系综平均值。式(2.1.7)表明,宏观量是对应的微观量在一定的宏观条件下,对与原来的力学体系相应的系综在 Γ 空间中的分布求平均值。式(2.1.7)是吉布斯统计法的第一个基本假设。

这里要着重指出,在了解系综的含义时,必须注意,系综是力学体系的集合,不是代表点的集合,也不是运动状态的集合。引入

$$\rho\mathrm{d}\Omega=\frac{\rho'\mathrm{d}\Omega}{\int\rho'\mathrm{d}\Omega} \tag{2.1.8}$$

即做归一化,式(2.1.7)化为

$$\bar{u} = \int u\rho \mathrm{d}\Omega \tag{2.1.9}$$

且

$$\int \rho \mathrm{d}\Omega = 1 \tag{2.1.10}$$

归一化后的 $\rho\mathrm{d}\Omega$ 表示系综的代表点在 Γ 空间体积元 $\mathrm{d}\Omega$ 中出现的概率。

系综中的力学体系,其实是同一个力学体系的 N 个化身。这 N 个化身各具不同的运动状态。正因为它们都是同一个力学体系的不同代表,因此它们都具有相同的力学性质,都具有相同的宏观条件,但处于不同的微观运动状态。处在不同宏观条件下的不同力学体系,对应不同的系综。不同的系综原则上应有不同的概率分布。例如,由大量孤立体系的集合组成的系综和由大量与大热源热接触并达到热平衡的体系的集合组成的系综,它们的概率分布应各不相同。吉布斯统计法下一步的任务,就是要求出这些不同的系综各自的统计权重分布。

最后,对吉布斯统计法的第一个基本假设,还要做些简单的补充说明。实际上,要严格证明力学量的时间平均值等于系综平均值是极其困难的,这是一个迄今还没有完全解决的问题。可以证明,如果在等能面上各态历经,即经过足够长时间后,等能面上一切可能状态全部经历,使得足够长的时间因素和所有可能的状态一一对应,才有可能证明二者相等。但不幸的是,由于等能面上零测度事件的影响,力学意义下的严格的各态历经是不可能的,因此才把宏观量是对应的微观量的系综平均值作为吉布斯统计法的第一个基本假设,而不去过多地追问这个假设引入的物理基础。

不过,或许可以把这个问题纳入以统计的方式进行考虑的范畴。诚然,在力学意义下的严格的各态历经固然不可能证明,但是如果考虑体系中存在非力学规律所能严格概括的因素,如涨落,或者容器壁不可能绝对光滑,分子的完全弹性碰撞不能严格概括分子间所有的相互作用等,使体系并非严格按照正则方程规定的经典力学轨道运动,甚至使体系的代表点有可能从一个轨道跑到另一个轨道上去。也就是说,由于统计因素的影响,有可能在统计的意义下各态历经,因为原则上总可能用许多轨道铺满一个等能面。所以,或许应当把各态历经假说从严格的力学意义推广到统计的基础上,而认为统计因素、各种涨落的影响是各态历经的基础之一。当然这也只是一种猜测而非严格的证明。不过,如果采取这种观念,吉布斯统计法的第一个基本假设的引入就显得比较自然了。

3. 统计力学的基本假设

设有一定体积的宏观系统,其哈密顿量是 H,它的本征态为 ψ,本征值为 ε(即能量),标准的量子力学本征值方程为

$$H\psi = \varepsilon\psi \tag{2.1.11}$$

假如,考虑由 N 个相同粒子组成的宏观系统,每个粒子的质量为 m,而第 i 个粒子的动量用 p_i 表示。如动能用非相对论性的表达式,势能仅考虑粒子间的相互作用,即势能仅与 r_{ij} 有关,则哈密顿量就是

$$H = \sum_{i=1}^{N} \frac{p_i^2}{2m} + \sum_{i>j} u_{ij}(r_{ij}) \tag{2.1.12}$$

式中,求和号 $\sum\limits_{i>j}$ 表示将所有的粒子对数相加;N 是一个非常大的数目,它表示宏观系统。

假设我们只知道系统的总能量在 E 和 $E+\Delta E$ 之间,动量在 p 和 $p+\Delta p$ 之间,并不知道

到底系统处在哪个本征态上。设用 Ω 表示所有符合以上特定条件的本征态的总数，显然，Ω 应是 E、ΔE、p 和 Δp 等的函数，即

$$\Omega=\Omega(E,\Delta E,p,\Delta p,\cdots) \tag{2.1.13}$$

那么发现该系统处在 Ω 个可能本征态中的某特定本征态上的概率是多少？

答案很简单，如果我们不知道系统处在哪个本征态上，可以假设它在每个态上的概率是相等的，即

$$\rho(\text{概率})=\frac{1}{\Omega} \tag{2.1.14}$$

式(2.1.14)就是统计力学平衡态的唯一基本假设。

我们以后将知道，就是这个基本假设，加上不同的哈密顿量就可使我们研究各种复杂系统的相变现象，如从固态到液态或从液态到气态的转化，以及超导等。

应当指出，以上这个假设是任何统计问题所通用的。因此，它也是一个相当普遍、自然的假设。

例如，掷骰子、打桥牌等游戏。骰子有 6 个面，掷骰子时出现某一特定面向上的概率是多少？或打桥牌时，人们随机地取出任何一张特定的牌的概率是多少？很自然地回答，它们的概率分别为$\frac{1}{6}$和$\frac{1}{52}$。

那么到底掷骰子时出现某一特定面向上的概率是否就是$\frac{1}{6}$呢？这要取决于是否有人对骰子做手脚。如果有人将骰子充以水银，那结果就不会是$\frac{1}{6}$。如果经过实际的投掷发现出现的概率与计算的结果不符，那一定有某些固定的条件未计入。经过研究弄清这些条件后，再把它们加进去，结果就相符了。

§2.2 微正则系综

为找出统计权重，即找出系综的代表点在 Γ 空间的分布函数 ρ，本节将先研究保守力学体系在 Γ 空间中代表点运动的特点。为此，先了解一个重要的定理——刘维尔定理，该定理的证明会在第 5 章重点介绍。

刘维尔定理 保守力学体系在 Γ 空间中的代表点的密度在运动中保持不变。

现在来讨论由孤立系组成的系综的分布函数 ρ。为此，先分析一下系综分布函数 ρ 应满足的物理条件。这些物理条件可归纳如下。

(1)符合刘维尔定理：代表点在运动过程中满足$\frac{\mathrm{d}\rho}{\mathrm{d}t}=0$。

(2)如果体系处在平衡态，则任何宏观量均应不显含时间 t。由式(2.1.9)可推知，ρ 应不显含时间，即$\frac{\partial\rho}{\partial t}=0$。

(3)ρ 能归一化，即能满足式(2.1.10)。这就要求 $\int\rho\mathrm{d}\Omega$ 不发散。一般来说，ρ 是广义动

量和广义坐标的函数，因此应满足当 $p_i\to\infty$，$q_i\to\infty$（$i=1,2,\cdots,D$）时，ρ 应趋于零的自然边界条件。

（4）ρ 和体系所满足的宏观条件有关。例如，对于孤立系，因为体系的能量不变，于是只有在 Γ 空间中的等能面上 ρ 才不为零，在 Γ 空间的其他各处 ρ 都必须为零。如果体系是非孤立系，能和外界交换能量，则不必受上述条件约束。因此，在体系满足不同的宏观条件下，相应的系综分布函数 ρ 应当不同。

（5）平衡态时 ρ 只是运动积分的函数。按照经典力学，运动积分 A 是指满足条件 $\dfrac{\partial A}{\partial t}=0$ 及 $\dfrac{\mathrm{d}A}{\mathrm{d}t}=0$ 的物理量，这些物理量明显具有守恒性质，是守恒量。若 ρ 是运动积分的函数，即 $\rho=\rho(A)$，则

$$\frac{\mathrm{d}\rho}{\mathrm{d}t}=\frac{\mathrm{d}\rho}{\mathrm{d}A}\frac{\mathrm{d}A}{\mathrm{d}t}=0,\frac{\partial\rho}{\partial t}=\frac{\partial\rho}{\partial A}\frac{\partial A}{\partial t}=0$$

条件（1）、条件（2）均可满足。

经典力学体系在力学意义下的运动积分通常有七个，即总能量、总角动量（它有三个分量）和总动量（它也有三个分量）。对于保守力学体系，体系的总动量和总角动量只与体系的整体平动和整体转动有关。原则上总可以选择一个和体系相对静止的坐标系，在这个相对静止的坐标系中，体系的总动量和总角动量为零。在统计物理学中，通常选定和体系相对静止的坐标系，这时 ρ 只是体系总能量 E 的函数，即 $\rho=\rho(E)$。但具体 ρ 是 E 的什么函数，这自然应和体系所满足的宏观条件有关。吉布斯统计法的任务是在不同的宏观条件下，找出 ρ 和 E 的适当的函数形式并使它归一化，使由式（2.1.9）算得的宏观量能和实验结果相符。

为此，先研究大量处在平衡态，性质完全相同，但各处在不同微观运动状态的孤立系的集合。这些孤立系的集合称为微正则系综。如前所述，当体系为孤立系时，体系的总能量 E 不变，微正则系综的代表点只能在能量为 E 的等能面上运动，其他各处 ρ 均为零。从物理学上看，如果各态历经的想法正确，随着时间的变化，体系的代表点应能经历等能面上的所有点。也就是说，在同一个等能面上的各个代表点出现的概率应当相等。孤立系的所有微观运动状态，彼此之间各以等概率出现。于是，吉布斯引入第二个基本假设：对于由孤立系的集合组成的微正则系综，ρ 采取的形式为

$$\rho=\begin{cases}c & E\leqslant H\leqslant E+\Delta E\\0 & E>H,H>E+\Delta E\end{cases}\quad(\Delta E\to 0)\tag{2.2.1}$$

满足式（2.2.1）的分布函数称为微正则分布。

对微正则分布（式（2.2.1））做如下讨论。

（1）式（2.2.1）的物理意义是孤立系的微观运动状态出现的概率相等，这个假设也常称为等概率原理。式（2.2.1）中，ΔE 相当于由于体系实际上不可能绝对孤立而引起的能量上的微小变化，这在第 1 章中引入孤立系时已有过讨论。$\Delta E\to 0$ 表示这些非绝对孤立而引起的能量的变化，实际上可以忽略。

（2）式（2.2.1）可归一化，c 可由归一化条件得出。由式（2.1.9）、式（2.1.10）得

$$\bar{u}=\lim_{\Delta E\to 0}c\int_{\Delta E}u\mathrm{d}\Omega\tag{2.2.2}$$

$$1 = \lim_{\Delta E \to 0} c \int_{\Delta E} \mathrm{d}\Omega \tag{2.2.3}$$

令

$$\Omega(E) = \int_{H \leqslant E} \mathrm{d}\Omega \tag{2.2.4}$$

它表示在 Γ 空间中等能面 $H(q_1, q_2, \cdots, q_D; p_1, p_2, \cdots, p_D) = E$ 所包围的体积。于是有

$$\int_{\Delta E} \mathrm{d}\Omega = \Omega(E + \Delta E) - \Omega(E) = \frac{\mathrm{d}\Omega(E)}{\mathrm{d}E}\Delta E = \Omega'(E)\Delta E \tag{2.2.5}$$

由式(2.2.3)及式(2.2.5)得

$$c = \frac{1}{\Omega'(E)\Delta E} \tag{2.2.6}$$

将式(2.2.6)代入式(2.2.2)可得

$$\bar{u} = \lim_{\Delta E \to 0} \frac{1}{\Omega'(E)\Delta E} \int_{\Delta E} u \mathrm{d}\Omega \tag{2.2.7}$$

在式(2.2.6)、式(2.2.7)中,$\Omega'(E)$表示在 Γ 空间中等能面 $H(q_1, q_2, \cdots, q_D; p_1, p_2, \cdots, p_D)$所包围的体积 $\Omega(E)$随 E 的变化率。$\Omega'(E)\Delta E$ 表示在 Γ 空间中等能面 E 和等能面 $E + \Delta E$ 两曲面所包围的体积。由于在这一体积中的每一点均表示孤立系的一个可能的微观运动状态,因此 $\Omega'(E)\Delta E$ 实际上相当于体系所有可能的总的微观运动状态的数目。$\Omega'(E)\Delta E$ 的倒数$\frac{1}{\Omega'(E)\Delta E}$表示每个微观运动状态出现的概率,孤立体系的所有微观运动状态中,每个微观运动状态出现的概率相等。

(3)式(2.2.1)也可用狄拉克(Dirac)δ 函数表示。式(2.2.1)可写成

$$\rho = c'\delta(E - H) \tag{2.2.8}$$

由归一条件

$$\int \rho \mathrm{d}\Omega = \int c'\delta(E - H)\mathrm{d}\Omega = \int c'\delta(E - H)\frac{\mathrm{d}\Omega}{\mathrm{d}E}\mathrm{d}E = 1$$

得

$$c' = \frac{1}{\Omega'(E)} \tag{2.2.9}$$

式(2.1.9)也可写为

$$\bar{u} = \int u c'\delta(E - H)\mathrm{d}\Omega = \int \frac{u\delta(E - H)}{\Omega'(E)}\mathrm{d}\Omega \tag{2.2.10}$$

(4)最后讨论 $\Omega(E)$的性质。以单原子分子理想气体为例。设气体含 N 个单原子分子,自由度 $D = 3N$。体系的哈密顿函数是

$$H = \sum_{i=1}^{3N} \frac{p_i^2}{2m}$$

现在来计算 $\Omega(E)$。按定义

$$\Omega(E) = \int_{H \leqslant E} \mathrm{d}\Omega = \underset{H \leqslant E}{\iint \cdots \int} \mathrm{d}q_1 \mathrm{d}q_2 \cdots \mathrm{d}q_{3N} \mathrm{d}p_1 \mathrm{d}p_2 \cdots \mathrm{d}p_{3N} = V^N \underset{\sum_{i=1}^{3N} p_i^2 \leqslant 2mE}{\iint \cdots \int} \mathrm{d}p_1 \mathrm{d}p_2 \cdots \mathrm{d}p_{3N} \tag{2.2.11}$$

式中,被积函数为 1,积分的结果等于它的积分限。而 $\sum_{i=1}^{3N} p_i^2 \leqslant 2mE$ 实际上就是 $3N$ 维空间

中 $3N$ 维球的体积,球的半径是 $\sqrt{2mE}$。由量纲分析可知,二维空间中,圆的面积和半径的平方成正比;三维空间中,球的体积和半径的三次方成正比;$3N$ 维空间中,$3N$ 维球的体积与半径的 $3N$ 次方成正比。则有

$$\Omega(E) = KV^N(2mE)^{\frac{3N}{2}} \tag{2.2.12}$$

式中,K 是比例常数。为了求出 K,先计算积分 $\int e^{-\beta E}d\Omega$, 有

$$\int e^{-\beta E}d\Omega = \int e^{-\beta E}\Omega'(E)dE \tag{2.2.13}$$

由式(2.2.12)又可得

$$\Omega'(E) = 3NmKV^N(2mE)^{\frac{3N}{2}-1}$$

代入式(2.2.13)后得

$$\int e^{-\beta E}d\Omega = 3NmKV^N(2m)^{\frac{3N}{2}-1}\int_0^{\infty} e^{-\beta E}E^{\frac{3N}{2}-1}dE = KV^N\left(\frac{2m}{\beta}\right)^{\frac{3N}{2}}\Gamma\left(\frac{3N}{2}+1\right) \tag{2.2.14}$$

另一方面

$$\int e^{-\beta E}d\Omega = \iint\cdots\int e^{-\beta\sum_{i=1}^{3N}\frac{p_i^2}{2m}}dp_1dp_2\cdots dp_{3N}dq_1dq_2\cdots dq_{3N} = V^N\prod_{i=1}^{3N}\int_{-\infty}^{\infty} e^{-\frac{\beta p_i^2}{2m}}dp_i = V^N\left(\frac{2\pi m}{\beta}\right)^{\frac{3N}{2}} \tag{2.2.15}$$

令式(2.2.14)与式(2.2.15)相等,从而求得比例常数 K 为

$$K = \frac{\pi^{\frac{3N}{2}}}{\Gamma\left(\frac{3N}{2}+1\right)} \tag{2.2.16}$$

将 K 代入式(2.2.12)后得

$$\Omega(E) = \frac{\pi^{\frac{3N}{2}}}{\Gamma\left(\frac{3N}{2}+1\right)}V^N(2mE)^{\frac{3N}{2}} \tag{2.2.17}$$

$$\Omega'(E) = \frac{\pi^{\frac{3N}{2}}}{\Gamma\left(\frac{3N}{2}+1\right)}V^N 3Nm(2mE)^{\frac{3N}{2}-1} \tag{2.2.18}$$

式(2.2.17)和式(2.2.18)表明,由于体系中所含的粒子数 N 很大,因此 $\Omega(E)$ 和 $\Omega'(E)$ 都是随着 E 的增加而上升得极快的函数。

§2.3　正则系综

本节将讨论另一种宏观条件下的系综分布。

假定力学体系和一个大热源热接触,它们进行热交换并达到热平衡。以 R 表示大热源,大热源 R 是指热源的能量 E_R 远大于体系 S 的内能 E_S,满足 $E_S \ll E_R$。再假定总体系的能量 E_T 可写成

$$E_T = E_S + E_R \tag{2.3.1}$$

式(2.3.1)表明,虽然体系和大热源必须交换能量才能使体系达到热平衡,但大热源 R 和体系之间通过界面交换的能量远小于体系的内能,因此式(2.3.1)右端交换能一项已被略去,满足式(2.3.1)的体系称为准封闭体系。需要指出,对于准封闭体系,交换能的绝对数值不一定小,只是相对于体系的内能可以忽略。

大量和大热源接触且达到热平衡,宏观性质相同但各处在不同的微观运动状态的准封闭体系的集合称为正则系综。现在来求正则系综的分布函数。

设 H 表示由 N 个相同粒子构成的非相对论性系统的哈密顿量,则

$$H = \sum_{i=1}^{N} \frac{p_i^2}{2m} + \sum_{i>j} u_{ij}(r_{ij}) \tag{2.1.12}$$

它的本征值方程是

$$H\psi_j = E_j\psi_j \tag{2.3.2}$$

式中,ψ_j 是系统的第 j 个本征态;E_j 是相应的本征值。其实,N 不一定是固定的。如对光子来说,其数目是不固定的,哈密顿量也不是非相对论的。在开始阶段可先来讨论固定粒子数和非相对论性的情形,然后再推广到相对论情形。

我们的目标是求出系统的热力学函数,如亥姆霍兹自由能、吉布斯自由能、熵等。

这个问题的求解方法是先想象由 M 个相同的系统组成一个系综,每个系统均由 N 个相同的粒子组成,其哈密顿量为 $H_1, H_2, H_3, \cdots$ 。系统与系统间的热接触用线表示,也就是说系统间可以交换热量。由于各个系统处在不同位置,因此是可以区分的,如图 2.3.1 所示。

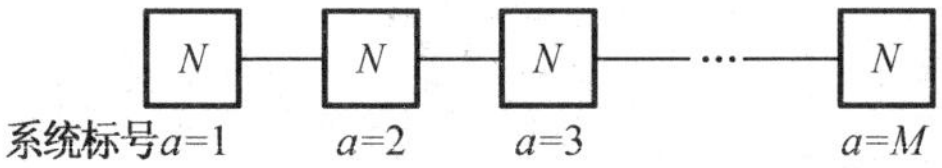

图 2.3.1

系综的总哈密顿量为$\mathcal{H}$,它等于各个系统的哈密顿量之和再加上线的热交换对哈密顿量的贡献。我们用“热交换项”表示这部分的贡献。每个系统的哈密顿量 H_a 都是相同的,所以总的哈密顿量为

$$\mathcal{H}(\text{系综}) = \sum_{a=1}^{M} H_a + \text{“热交换项”}$$

正则系综是我们用来研究热力学系统与外界有热交换,但温度一定的情况。如图 2.3.1 中有热接触线的系统,只要每个系统足够大,在物理上就可使热交换足够小,以至于认为是完全可以被忽略的。但是,如果系统中只有几个粒子,就不可能有比系统本身小的可以被忽略的热交换项了。所以说只要是一个宏观系统,其热交换项就是完全可被忽略的。在这种条件下,系综的总哈密顿量就可写成各个系统的哈密顿量之和,系综的本征态 Ψ 就是各个系统本征态之积:

$$\mathcal{H}(\text{系综}) = \sum_{a=1}^{M} H_a \tag{2.3.3}$$

$$\Psi(\text{系综}) = \prod_{a=1}^{M} \psi_a \tag{2.3.4}$$

凡是符合以上条件的系综就是正则系综。正则系综是用来研究固定温度系统的。要使系统的温度不变,就要和一个大热库相接触。在系综中,这个热库就相当于除该系统外

的其他全部系统之和。

正则系综给定后，假设只知道系综总能量 ε，但并不知道某系统处在哪个态，我们要问，某系统处在 ψ_j 态上的概率是多少？

设 M_j 表示处在 ψ_j 态上的系统数，E_j 表示第 j 个态的能量。显然，总的系统数为

$$M = \sum_j M_j \tag{2.3.5}$$

系综的总能量为

$$\varepsilon = \sum_j M_j E_j \tag{2.3.6}$$

尽管我们知道了系综总能量 ε 和总的系统数 M，并且给定了一分布 $\{M_j\}$，但是各系统的状态仍然没有完全确定。例如，已知有三个系统处在 j_1 态，五个系统处在 j_2 态，但是到底哪三个系统处在 j_1 态，哪五个系统处在 j_2 态，还是不确定的。很容易证明，对某一给定分布 $\{M_j\}$，系综的态数 Ω 为

$$\Omega = \frac{M!}{\prod_j M_j!} \tag{2.3.7}$$

证明　M 个系统所有不同排列的总数是 $M!$，但是在同一状态的系统之间的交换并不产生新的态，因此应该把它们除去，于是式(2.3.7)得证。

现以由三个系统构成的小系综为例加以说明，即 $M=3$。

(1) 如果有一个系统处在 j_1 态，两个系统处在 j_2 态，那么系综的态数 $\Omega=\frac{3!}{1!\ 2!}=3$。

(2) 如果有三个系统处在 j_1 态，有零个系统处在 j_2 态，那么系综的态数 $\Omega=\frac{3!}{0!\ 3!}=1$。

这些简例的结果是明显可见的。同理，当 M 很大时也是正确的。

由此可知，尽管给定了 ε、M 和分布 $\{M_j\}$，系统的状态并不确定。同时，尽管给定了 ε 和 M，但 $\{M_j\}$ 分布并不确定。我们要问，哪一种分布 $\{M_j\}$ 的概率最大？根据式(2.1.14)的基本假设，每种分布概率应与所对应的态数 Ω 成正比，即态越多，某种分布的概率越大。对分布概率求极大值，就是求 Ω 的极大值。利用求微商的方法并考虑到式(2.3.6)和式(2.3.7)对 M 和 ε 给定的约束条件，引入两个拉格朗日乘子 α 和 β。所以，极值的条件是

$$\frac{\partial}{\partial M_j}\ln\Omega - \alpha\frac{\partial\left(\sum_j M_j\right)}{\partial M_j} - \beta\frac{\partial\left(\sum_j M_j E_j\right)}{\partial M_j} = 0 \tag{2.3.8}$$

要准确计算概率就要要求系综中的系统数 M 很大，但系统本身不一定很大。任何统计分析问题必须要重复非常多次同样的过程才能得到较正确的概率。以掷骰子为例，掷骰子的次数越多，概率就越接近某一固定值。这是研究一切统计问题的方法，它并不是一个假设。当 M 趋向无穷大时，相应地，各 M_j 也趋向无穷大。对于 $M\gg 1$，可以用斯特林公式来近似地代替阶乘：

$$M! = \left(\frac{M}{\mathrm{e}}\right)^M\sqrt{2\pi M}\left(1+\frac{1}{12M}+\frac{1}{288M^2}+\cdots\right) \tag{2.3.9}$$

这一公式收敛得很快，即使 M 很小也是一个很好的近似公式。利用斯特林公式得到

$$\ln\Omega = M\ln M - M - \sum_j M_j\ln M_j + \sum_j M_j \tag{2.3.10}$$

在对 $\ln\Omega$ 求偏微商时，有两种不同的方法：一种方法是视 M 为固定值；另一种方法是视 M

为 M_j 的函数,因此也要对 M 求偏微商。不过,所得的结果是一致的,只是 α 的值相差一个常数。为简便计算,我们采用 M 固定的方法,得出

$$\frac{\partial \ln \Omega}{\partial M_j} = -\ln M_j \tag{2.3.11}$$

$$\frac{\partial M}{\partial M_j} = 1 \tag{2.3.12}$$

$$\frac{\partial \varepsilon}{\partial M_j} = E_j \tag{2.3.13}$$

将式(2.3.11)、式(2.3.12)和式(2.3.13)代入式(2.3.8)得

$$-\ln M_j - \alpha - \beta E_j = 0 \tag{2.3.14}$$

即

$$\ln M_j = -\alpha - \beta E_j \tag{2.3.15}$$

所以

$$M_j = \mathrm{e}^{-\alpha-\beta E_j} \tag{2.3.16}$$

式(2.3.16)表示在正则系综中,在系统数 M 给定和总能量 ε 固定的条件下,系统处在第 j 态的概率最大。式(2.3.16)中出现了两个常数 α 和 β,以后对 β 的物理意义还要讨论。

定义 2.3.1 P_j 表示最大概率分布时,系统处在第 j 态的概率为

$$P_j = \frac{M_j}{M} = \frac{\mathrm{e}^{-\beta E_j}}{\sum\limits_j \mathrm{e}^{-\beta E_j}} \tag{2.3.17}$$

定义 2.3.2 配分函数

$$Q = \sum_j \mathrm{e}^{-\beta E_j} \tag{2.3.18}$$

表示各个状态的相对概率之和。在式(2.3.17)中,配分函数是作为归一化因子出现的。

在求 P_j 时就消去了 α,β 可以由系统的平均能量

$$E = \frac{\varepsilon}{M} \tag{2.3.19}$$

来确定,则

$$E = \frac{1}{Q}\sum_j E_j \mathrm{e}^{-\beta E_j} \tag{2.3.20}$$

这个等式给出一重要结果:在正则系综中,给定系统的 E,而 M 趋向无穷大时,P_j 和 β 与 M 无关。

下面再来证明,给定系统的 H 和 E,当 M 趋向无穷大时,以上的概率分布就是真实的分布;换言之,涨落趋向于零。

证明 试考虑函数

$$f = f(M_j) = \ln \Omega - \alpha \sum_j M_j - \beta \sum_j M_j E_j \tag{2.3.21}$$

f 达到极值的条件为

$$\frac{\partial f}{\partial M_j} = 0 \tag{2.3.22}$$

f 达到极值时,$M_j = MP_j = \overline{M_j}$,$P_j$ 与 M 无关。

而

$$\frac{\partial^2 f}{\partial M_j^2}=\frac{\partial^2 \ln \Omega}{\partial M_j^2}=-\frac{1}{M_j}<0 \tag{2.3.23}$$

由于 f 的第二项和第三项均为 M_j 的一次式，故对 M_j 二阶以上的微商均为零。只剩下第一项取不为零的负值。这表明极值是稳定的。

f 对 M_j 每求一次微商，其分母就增加一个 M_j 因子。由于 $M\to\infty$，$M_j\to\infty$，所以高次微商很快地趋于零。

用泰勒级数把 $f(M_j)$ 在 $\overline{M_j}$ 附近展开：

$$f(M_j)=f(\overline{M_j})+\sum_j \frac{\partial f}{\partial M_j}(M_j-\overline{M_j})+\sum_j \frac{1}{2!}\frac{\partial^2 f}{\partial M_j^2}(M_j-\overline{M_j})^2+\cdots \tag{2.3.24}$$

$$=f(\overline{M_j})-\sum_j \frac{1}{2MP_j}(M_j-\overline{M_j})^2\times\left[1+o\left(\frac{\Delta M}{M}\right)\right] \tag{2.3.25}$$

f 的极值为

$$\bar{f}=f(\overline{M_j})=\ln\bar{\Omega}-\alpha M-\beta ME \tag{2.3.26}$$

将式(2.3.26)和式(2.3.21)代入式(2.3.25)得

$$\ln\Omega=\ln\bar{\Omega}-\sum_j (M_j-\overline{M_j})^2\frac{1}{2MP_j}\times\left[1+o\left(\frac{\Delta M}{M}\right)\right] \tag{2.3.27}$$

忽略高次项 $o\left(\frac{\Delta M}{M}\right)$ 得

$$\ln\frac{\Omega}{\bar{\Omega}}=-\sum_j (M_j-\overline{M_j})^2\frac{1}{2MP_j} \tag{2.3.28}$$

所以

$$\Omega=\bar{\Omega}e^{-\sum_j \frac{1}{2MP_j}(M_j-\overline{M_j})^2} \tag{2.3.29}$$

显然，式(2.3.29)是高斯分布，如图 2.3.2 所示，很像一个 δ 函数。

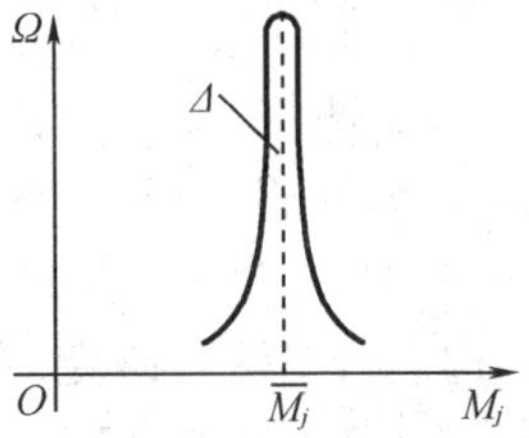

图 2.3.2

要证明式(2.3.29)是一个 δ 函数，只需证明当 $M\to\infty$ 时，涨落趋于零即可，即

$$\text{涨落}=\sqrt{\frac{\overline{M_j^2}-\overline{M_j}^2}{\overline{M_j}^2}}=\sqrt{\frac{MP_j}{(MP_j)^2}}\to 0 \tag{2.3.30}$$

证明如下：如果有一分布

$$P(x)\propto e^{-\frac{x^2}{2\Delta^2}}$$

显然

$$\bar{x}=0$$

而

$$\overline{x^2} = \frac{\int x^2 e^{-\frac{x^2}{2\Delta^2}} dx}{\int e^{-\frac{x^2}{2\Delta^2}} dx} \tag{2.3.31}$$

这个积分可以简化为

$$\overline{x^2} = \frac{\int x^2 e^{-\frac{x^2}{2\Delta^2}} dx}{\int e^{-\frac{x^2}{2\Delta^2}} dx} = -2 \frac{\partial}{\partial\left(\frac{1}{\Delta^2}\right)} \ln\left(\int e^{-\frac{x^2}{2\Delta^2}} dx\right) = \Delta^2 \frac{\partial}{\partial\Delta}\left(\ln \Delta \int e^{-\frac{x^2}{2}} dx\right) = \Delta^2 \tag{2.3.32}$$

比较式(2.3.29)和式(2.3.32),有

$$\overline{(M_j - \overline{M}_j)^2} = \overline{M_j^2} - \overline{M}_j^{\,2} = MP_j$$

将上式代入涨落公式得

$$涨落 = \sqrt{\frac{\overline{M_j^2} - \overline{M}_j^{\,2}}{\overline{M}_j^{\,2}}} = \sqrt{\frac{MP_j}{(MP_j)^2}} = \sqrt{\frac{1}{MP_j}} = 0 \quad (当 M \to \infty 时)$$

这样证明了给定系统的 H 和 E,当 M 趋于无穷大($M\to\infty$)时,概率的最大分布就是真实的分布。

现在再来讨论常数 β 的物理意义。由式(2.3.17)和式(2.3.18)可知,当系统之间有热交换时,只要可以忽略热接触线对哈密顿量的贡献,都得到同样的表示式(2.3.17)。这表明不同系统之间,β 是相同的。因此,β 具有温度的意义。由于概率与 βE_j 呈负指数的关系,因此 β 越大,概率越小。β 增大倾向于低能态。这表明 β 是一个温度的标记,不过它与我们通常的温度概念相反,即 β 越大,温度越低。

定义 2.3.3 $\beta \sim \frac{1}{T}$,写成等式则为

$$\beta = \frac{1}{kT}$$

在此 k 是玻耳兹曼常数,即

$$k = 8.31 \times 10^{-5}\ \text{eV/K}$$

以后还要论证 T 是绝对温度。

在近代,人们对分子结构、原子结构进行了深入研究,在这个物质层次的研究中多用电子伏(eV)这个能量单位。如在室温下,$T \cong 300$ K,它相当于

$$kT \cong \frac{1}{40}\ \text{eV}$$

这是个很容易记住的数据,它便于我们随时了解和比较通常温度下的物理状态,我们应该牢记它。

从式(2.3.18)所定义的配分函数可知,其中的每一项表示系统处在第 j 态的相对概率。这是一个非常重要的函数。在统计力学中,只要我们有了配分函数 Q 就可导出一切热力学函数。

定义 2.3.4 引入一函数

$$F = -kT\ln Q \tag{2.3.33}$$

可以证明,函数 F 就是热力学的亥姆霍兹自由能。

为证明 F 是热力学的亥姆霍兹自由能,我们先证明能量的平均值为

$$-kT^2\frac{\partial}{\partial T}\left(\frac{F}{kT}\right)=\sum_j P_jE_j=E \tag{2.3.34}$$

证明　由配分函数 Q 的定义知

$$-\frac{\partial}{\partial\beta}\ln Q=\frac{1}{Q}\sum_j E_j\mathrm{e}^{-\beta E_j}=\sum_j P_jE_j=E \tag{2.3.35}$$

但是

$$\beta=\frac{1}{kT}$$

所以

$$\frac{\mathrm{d}\beta}{\mathrm{d}T}=-\frac{1}{kT^2} \tag{2.3.36}$$

式(2.3.35)乘式(2.3.36)得

$$\frac{\partial}{\partial T}\ln Q=\frac{E}{kT^2}$$

结合上式和式(2.3.33)得

$$-kT^2\frac{\partial}{\partial T}\left(\frac{F}{kT}\right)=kT^2\frac{\partial}{\partial T}\ln Q=E$$

得证。

另外，从热力学可知，亥姆霍兹自由能存在以下关系：

$$\mathrm{d}F_{\mathrm{t}}=-S\mathrm{d}T-p\mathrm{d}V \tag{2.3.37}$$

式中，F_{t}、S 和 p 分别表示热力学的亥姆霍兹自由能、熵和压强；V 表示体积。

由此可得

$$-kT^2\frac{\partial}{\partial T}\left(\frac{F_{\mathrm{t}}}{kT}\right)_{V,N}=-kT^2\left[F_{\mathrm{t}}\left(-\frac{1}{kT^2}\right)+\frac{1}{kT}\frac{\partial F_{\mathrm{t}}}{\partial T}\right]=F_{\mathrm{t}}+kT^2\frac{S}{kT}=F_{\mathrm{t}}+TS=E \tag{2.3.38}$$

式(2.3.34)中，微商是在系统的哈密顿量不变的情况下进行的，即在体积 V 和粒子数 N 不变的情况下求出的。故由式(2.3.38)和式(2.3.34)可得出

$$\frac{\partial}{\partial T}\left(\frac{F-F_{\mathrm{t}}}{kT}\right)_{V,N}=0 \tag{2.3.39}$$

当温度 $T\to 0$ 时，系统都处在基态。设基态能量为 E_0，基态的简并度为 ω_0，配分函数只有一项，即

$$Q=\omega_0\mathrm{e}^{-\frac{E_0}{kT}} \tag{2.3.40}$$

从式(2.3.33)中 F 的定义可知，当温度 $T\to 0$ 时，有

$$F=E_0-kT\ln\omega_0 \tag{2.3.41}$$

另由热力学可知，当温度 $T\to 0$ 时，有

$$F_{\mathrm{t}}\to E_0-TS_0 \tag{2.3.42}$$

式中，E_0 是最低能量；S_0 是绝对零度时的熵。尽管能斯特曾规定绝对零度时的熵为零，但热力学本身无法确定绝对零度时熵的值。因此，我们只要规定

$$S_0=k\ln\omega_0 \tag{2.3.43}$$

在基态不简并的情况下，$S_0=0$。连同式(2.3.39)就可得出结论：在任何温度下，统计力学的 F 就是热力学的亥姆霍兹自由能 F_{t}，即

$$F = F_t \tag{2.3.44}$$

从统计力学观点看，只有在基态不简并的情况下，S_0 为零。如果基态是简并的，S_0 就不为零。

以下列举几个简单的应用例子。

【例 2.3.1】 论证温度 T 就是绝对温度。

由于黑体中的光子间几乎是没有相互作用的，故可认为光子气是一种理想气体。光子只通过与黑体的器壁碰撞达到平衡。因此，只要黑体容器足够大就可忽略光子与黑体的器壁面的作用。

考虑一边长为 L 的立方体容器，体积为 L^3（图 2.3.3）。其中的光子状态可以用它的动量 $\hbar\boldsymbol{K}$ 和螺旋性 $\lambda = \pm 1$ 来描述。

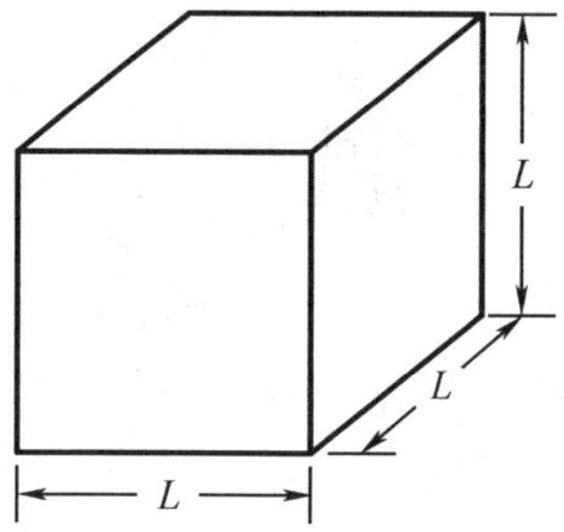

图 2.3.3

让 $n_{\boldsymbol{K},\lambda}$ 表示具有波矢量为 $\boldsymbol{K}$、螺旋性为 λ 的光子数目，即

$$n_{\boldsymbol{K},\lambda} = 0, 1, 2, \cdots$$

因此，只要给定一组集 $\{n_{\boldsymbol{K},\lambda}\}$，就确定了系统的一个态。系统的总能量为

$$E = \sum_{\{n_{\boldsymbol{K},\lambda}\}} n_{\boldsymbol{K},\lambda} \hbar\omega \tag{2.3.45}$$

式中，ω 为角频率，即

$$\omega = c|\boldsymbol{K}|,\ |\boldsymbol{K}| = K$$

配分函数为

$$Q = \sum_{\{n_{\boldsymbol{K},\lambda}\}} e^{-\beta E} = \prod_{\boldsymbol{K},\lambda} (1 + e^{-\beta\hbar\omega} + e^{-2\beta\hbar\omega} + \cdots) = \prod_{\boldsymbol{K},\lambda} \frac{1}{1 - e^{-\beta\hbar\omega}} \tag{2.3.46}$$

由式(2.3.46)得

$$\ln Q = -\sum_{\boldsymbol{K},\lambda} \ln(1 - e^{-\beta\hbar\omega}) \tag{2.3.47}$$

再由式(2.3.35)可以求得总能量为

$$E = -\frac{\partial}{\partial\beta}\ln Q = \sum_{\boldsymbol{K},\lambda} \frac{\hbar\omega e^{-\beta\hbar\omega}}{1 - e^{-\beta\hbar\omega}} \tag{2.3.48}$$

当黑体容器无限增大时，对 $\boldsymbol{K}, \lambda$ 的求和就可用积分来代替。

$\boldsymbol{K}_i (i = 1, 2, 3)$ 是三维空间的波矢量，其大小为 K_i。取容器的周期性边界条件

$$K_i = \frac{2\pi l_i}{L} \quad (l_i = 0, \pm 1, \pm 2, \cdots) \tag{2.3.49}$$

不同的 l_i 就对应不同的 K_i，又 l_i 是逐一增加的，$\Delta l_i = 1$，K_i 的变化就是 ΔK_i。由于 L 是黑体的容器线度，是一个非常大的数字，因此 ΔK_i 就非常小。

$$\Delta l_i = \frac{L}{2\pi}\Delta K_i \tag{2.3.50}$$

考虑到三维方向（$V = L^3 \to \infty$）对波数求和，有

$$\sum_K \to \frac{V}{8\pi^3}\iiint \mathrm{d}^3 K \tag{2.3.51}$$

再对螺旋度求和，有

$$\sum_{\boldsymbol{K},\lambda} \to \frac{2V}{8\pi^3}\iiint \mathrm{d}^3 K \tag{2.3.52}$$

当 $V\to\infty$ 时，可将式(2.3.48)写成积分形式，即

$$E = \frac{2V}{8\pi^3}\iiint \mathrm{d}^3 K \frac{\hbar\omega}{\mathrm{e}^{\beta\hbar\omega} - 1} \tag{2.3.53}$$

先对立体角积分，得出 4π 因子，再利用变数变换后得到

$$\begin{aligned} E &= \frac{V}{\pi^2 c^3 \hbar^3}\int \frac{x^3 \mathrm{d}x}{\mathrm{e}^x - 1}\left(\frac{1}{\beta}\right)^4 \quad (\text{其中 } x = \beta\hbar\omega, \omega = c|\boldsymbol{K}|) \\ &= \frac{\pi^2 k^4 T^4 V}{15 c^3 \hbar^3} \end{aligned} \tag{2.3.54}$$

式(2.3.54)表明黑体的能量与 β^4 成反比。但从实验中我们知道黑体的能量与绝对温度 T^4 成正比，这就证明了 T 就是绝对温度。

【例 2.3.2】 导证普朗克公式。

配分函数中每一项都是相应态的相对概率。而黑体辐射的配分函数为

$$Q = \prod_{\boldsymbol{K},\lambda} (1 + \mathrm{e}^{-\beta\hbar\omega} + \mathrm{e}^{-2\beta\hbar\omega} + \cdots)$$

如果在光子的分布 $\{n_{\boldsymbol{K},\lambda}\}$ 中，只考虑某一特定模式($\boldsymbol{K},\lambda$)的光子，而不考虑其他模式光子时，那么就有表 2.3.1 所示的相对概率。

表 2.3.1　相对概率

某一特定模式($\boldsymbol{K},\lambda$)的光子数 $n_{\boldsymbol{K},\lambda}$	0	1	2	3	…
对应的相对概率	1	$\mathrm{e}^{-\beta\hbar\omega}$	$\mathrm{e}^{-2\beta\hbar\omega}$	$\mathrm{e}^{-3\beta\hbar\omega}$	…

因此，我们可以从配分函数中，取出任一模式光子的信息。假如，我们要问某一特定模式($\boldsymbol{K},\lambda$)的光子的平均数 $\bar{n}_{\boldsymbol{K},\lambda}$，立即可以写出

$$\begin{aligned} \bar{n}_{\boldsymbol{K},\lambda} &= \frac{1\cdot \mathrm{e}^{-\beta\hbar\omega} + 2\cdot \mathrm{e}^{-2\beta\hbar\omega} + 3\cdot \mathrm{e}^{-3\beta\hbar\omega} + \cdots}{1 + \mathrm{e}^{-\beta\hbar\omega} + \mathrm{e}^{-2\beta\hbar\omega} + \mathrm{e}^{-3\beta\hbar\omega} + \cdots} \\ &= \frac{-\partial}{\partial(\beta\hbar\omega)}\ln(1 + \mathrm{e}^{-\beta\hbar\omega} + \mathrm{e}^{-2\beta\hbar\omega} + \cdots) \\ &= \frac{\partial}{\partial(\beta\hbar\omega)}\ln(1 - \mathrm{e}^{-\beta\hbar\omega}) \\ &= \frac{1}{\mathrm{e}^{\beta\hbar\omega} - 1} \end{aligned} \tag{2.3.55}$$

这就是著名的普朗克公式。

【例 2.3.3】 系统能量的涨落。

设任一系统有能量交换，温度虽固定，但能量 E 并不固定。根据标准的统计涨落公式有

$$\overline{(\Delta E)^2} = \sum_j P_j(E_j - \overline{E})^2 = \langle E^2 \rangle - \langle E \rangle^2 \tag{2.3.56}$$

$$\frac{\partial}{\partial\beta}\ln Q = -\sum_j \frac{1}{Q}E_j \mathrm{e}^{-\beta E_j} = -\overline{E} \tag{2.3.57}$$

从式(2.3.57)可知，$\ln Q$ 对 β 的一次微商就是负的能量平均值。更巧妙的是对 β 的二次微商就是能量涨落的平方。

$$\frac{\partial^2}{\partial\beta^2}\ln Q = \frac{1}{Q}\sum_j E_j^2 \mathrm{e}^{-\beta E_j} + \frac{1}{Q}\frac{\partial Q}{\partial\beta}\sum_j \frac{1}{Q}E_j \mathrm{e}^{-\beta E_j} = \sum_j P_j E_j^2 - \langle E \rangle^2 = \overline{(\Delta E)^2} \tag{2.3.58}$$

再由式(2.3.57)和式(2.3.58)可得

$$\overline{(\Delta E)^2} = -\frac{\partial \overline{E}}{\partial\beta} = kT^2\left(\frac{\partial E}{\partial T}\right)_V = kT^2 c_V \tag{2.3.59}$$

故能量的相对涨落为

$$\frac{\Delta E}{E} = \sqrt{\frac{kT^2 c_V}{E^2}} \sim o\left(\frac{1}{\sqrt{N}}\right) \tag{2.3.60}$$

由于 c_V 和 E 都与 N 成正比，因此只要 N 足够大，能量的相对涨落就趋于零。所谓 N 足够大，就是热交换项可以忽略，不一定要求 N 是非常大的数目。因此，这一结论对任何系统都是适用的。

综上所述，我们得到一个应用十分广泛的结论：对任何力学系统，只要知道这个系统的哈密顿量，并且该系统是与热库有热交换的，对系统也不做过苛的要求，即不一定包括 10^{23} 量级的粒子，唯一的要求是热交换能量比其本身的能量小得多，那么就按以下程序计算一切热力学函数。

(1)先写出系统的哈密顿量 H。

(2)计算算符 $\mathrm{e}^{-\frac{H}{kT}}$的迹，即求出配分函数

$$Q = \sum_j \mathrm{e}^{-\frac{E_j}{kT}} = \mathrm{tr}\,\mathrm{e}^{-\frac{H}{kT}}$$

(3)由 $F = -kT\ln Q$ 计算出系统的亥姆霍兹自由能。再对 F 进行各种变量的微商，即可得出各个热力学函数。

在这里对哈密顿量 H 的要求并无限制，它可能是很复杂的，但唯一的要求就是热交换项可被忽略。证明这个结论用到的唯一假设就是式(2.1.14)。

在证明过程中，关键是引入了“正则系综”的概念，它被想象成由 M 个系统组成的。这是做统计问题所必需的，但这并不是一个假设。这样计算概率 P_j，只有当系统数 $M\to\infty$ 才是正确的。用这种广泛处理问题的方法，可确定由热力学无法确定的绝对零度时的熵值。

不论系统的复杂程度如何，我们将对问题一并加以解决。如果首先对系统中的粒子进行讨论，并用自由粒子来展开，那会无法摆脱自由粒子的框框。所以这种广泛的处理问题的方法并不是复杂的，而是简单的。

§2.4　巨正则系综

迄今为止所讨论的对象都局限在粒子数不变的体系。但在许多实际情况下,体系的粒子数是可变的。例如,光的发射和吸收,体系的光子数是个不守恒的量。在粒子物理中,绝大部分粒子都是不稳定的,可以产生和湮没,从别的粒子转化而来并转化为别的粒子。在固体物理中,准粒子、元激发也可产生和淹没。例如,在化学反应中,氢和氧合成水,即

$$2H_2 + O_2 \rightarrow 2H_2O$$

反应前后体系的总粒子数也有变化。因此,必须将统计理论推广到粒子数可变的情况。

讨论和大热源及大粒子源接触的准封闭体系。体系可与大热源及大粒子源交换能量和粒子,因而体系的能量 E_S 和粒子数 N_S 都是可变的,但满足准封闭条件:

$$E_T = E_S + E_R \tag{2.4.1}$$

$$N_T = N_S + N_R \tag{2.4.2}$$

式(2.4.1)和式(2.4.2)中,E_R 和 N_R 分别表示大热源及大粒子源的能量和粒子数;E_T 和 N_T 分别表示体系的能量和粒子数;大热源及大粒子源满足如下条件

$$E_S \ll E_R, N_S \ll N_R \tag{2.4.3}$$

处在平衡态,且满足式(2.4.1)、式(2.4.2)和式(2.4.3),可与大热源及大粒子源交换能量和粒子,但处在不同微观状态的大量热力学体系的集合称为巨正则系综。现在来求巨正则系综的分布函数。

巨正则系综是推广了的正则系综,它是用来研究交换能量且交换粒子的系统的。例如,水与空气之间交换水分子,在这里水分子数是不固定的,如图 2.4.1 所示。吉布斯为了研究这类交换粒子的过程,把热力学公式推广为

$$dE = -pdV + TdS + \mu dN \tag{2.4.4}$$

式中,N 为粒子数;μ 为每个粒子的吉布斯热力势,或称这种粒子的化学势。

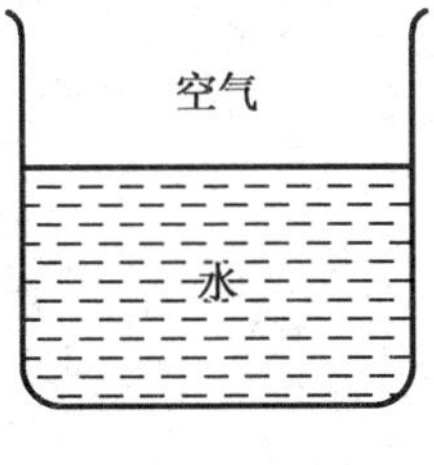

图 2.4.1

粒子的化学势定义为

$$\mu = \frac{G}{N} \tag{2.4.5}$$

式中,G 为吉布斯势(后面有详细定义)。

在这里我们引用了热力学公式(式(2.4.4)),但这并不表明统计力学依赖于热力学。统计力学本身完全可以自成体系,我们引用热力学公式是为了说明可以从巨正则系综导出这些热力学公式来。

假设由体积 V 相等的 M 个相同的系统组成的系综,每个系统的粒子都是同类的。系统虽相同,但处于不同的位置,所以是可以区分的。又设每个系统的粒子数是相当大的。图 2.4.2 表示 M 个系统所组成的系综。

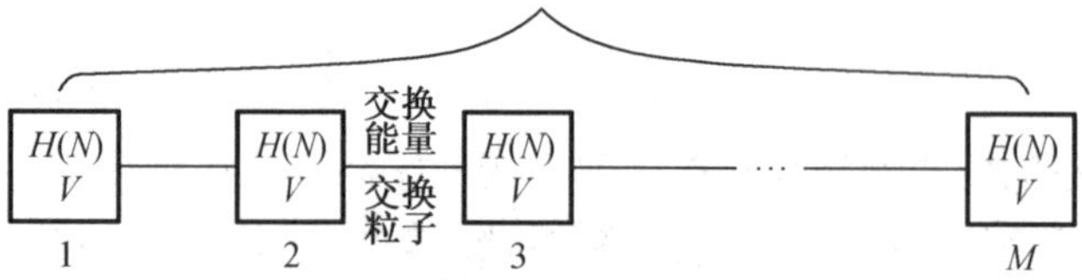

图 2.4.2

系综的总哈密顿量可以写成各个系统哈密顿量之和,再加上由于能量交换和粒子数交换的相互作用对哈密顿量的贡献,我们用“相互作用项”表示这部分贡献,即

$$\mathcal{H}(\text{系综}) = \sum_{M\text{个系统}} H + \text{“相互作用项”} \tag{2.4.6}$$

只要每个系统相当大,并不一定要系统无穷大,或者系统不太大,而交换机制非常微弱,相互作用项完全可以被忽略时,总的哈密顿量就可写成各个系统的哈密顿量之和,即

$$\mathcal{H}(\text{系综}) = \sum_{M\text{个系统}} H(\text{系统}) \tag{2.4.7}$$

系综的本征态可以写成各个系统本征态之积,即

$$\Psi(\text{系综}) = \prod_{M\text{个系统}} \psi(\text{系统}) \tag{2.4.8}$$

令 $H(N)$ 表示一个系统内有 N 个粒子的哈密顿量,则本征值方程为

$$H(N)\,|j(N)\rangle = E_j(N)\,|j(N)\rangle$$

式中,$|j(N)\rangle$ 表示系统中有 N 个粒子时,$H(N)$ 的第 j 个本征态;$E_j(N)$ 表示系统有 N 个粒子时,$H(N)$ 的第 j 个本征态的本征值。

由于在系统间粒子数和能量均可交换,所以每个系统的粒子数 N 和所处的态都是不确定的。

令 $M_{j(N)}$ 表示系综中具有粒子数 N 并处在 $|j(N)\rangle$ 态上的系统数目,显然

$$\sum_N \sum_{j(N)} M_{j(N)} = M \tag{2.4.9}$$

表示系综中系统的总数。

$$\sum_N \sum_{j(N)} M_{j(N)} \cdot N = M\overline{N} \tag{2.4.10}$$

表示粒子总数,其中 $\overline{N}$ 表示系综中每个系统中的平均粒子数。

$$\sum_N \sum_{j(N)} M_{j(N)} E_j(N) = ME \tag{2.4.11}$$

表示系综的总能量 ε,其中 E 表示系综中每个系统的平均能量。

虽然系统总数 M、平均粒子数 $\overline{N}$、平均能量 E 是固定的,但是各态上系统数 $M_{j(N)}$ 并不确定。那么,究竟哪一种分布 $\{M_{j(N)}\}$ 的概率最大?

回答此问题,利用基本假定式(2.1.14),找出与某一分布 $\{M_{j(N)}\}$ 相对应的系综的态数,它就是这个分布 $\{M_{j(N)}\}$ 的相对概率。

仿照正则系综求态的方法,有

$$\Omega = \frac{M!}{\prod_N \prod_{j(N)} M_{j(N)}!} \tag{2.4.12}$$

证明　$M!$ 是 M 个系统的所有可能排列方式的总数。但是处于同一态的 $M_{j(N)}$ 个系统之间的排列并不能给出新的状态。所以 $M!$ 就应被所有 $M_{j(N)}!$ 除，才是系综的不同态数。

和以前的办法相似，只要 $M \gg 1$，就可用斯特林公式把式(2.4.12)近似写成

$$\ln \Omega = M\ln M - M - \sum_N \sum_{j(N)} M_{j(N)} \ln M_{j(N)} + \sum_N \sum_{j(N)} M_{j(N)} \tag{2.4.13}$$

要求最大概率分布，就要在系统数、粒子数和能量的三个约束条件下求式(2.4.12)的极值。因此，要引入三个拉格朗日乘子 α、β 和 γ。极值的条件为

$$\frac{\partial}{\partial M_{j(N)}}\left[\ln \Omega - \sum_N \sum_{j(N)} M_{j(N)}(\alpha + \beta E_{j(N)} + \gamma N)\right] = 0 \tag{2.4.14}$$

同样采用固定 M 求微商的方法，得到与正则系综相似的结果，唯一不同的就是由于粒子数可变而引入一个新的常数 γ。

计算的结果是

$$\ln M_{j(N)} + \alpha + \beta E_{j(N)} + \gamma N = 0 \tag{2.4.15}$$

或

$$M_{j(N)} = \mathrm{e}^{-\alpha - \beta E_{j(N)} - \gamma N} \tag{2.4.16}$$

定义 2.4.1　巨配分函数

$$Q = \sum_N \sum_{j(N)} \mathrm{e}^{-\beta E_{j(N)} - \gamma N} \tag{2.4.17}$$

因此，发现系统处在 $|j(N)\rangle$ 态上的概率可写为

$$P_{j(N)} = \frac{M_{j(N)}}{M} = \frac{1}{Q}\mathrm{e}^{-\beta E_{j(N)} - \gamma N} \tag{2.4.18}$$

巨配分函数的每一项表示系统的粒子数为 N、状态为 $|j(N)\rangle$ 的相对概率 $\mathrm{e}^{-\beta E_{j(N)} - \gamma N}$。如果我们把巨配分函数的对数进行不同微分运算，就可得到不同热力学函数：

$$-\left(\frac{\partial}{\partial \beta}\ln Q\right)_{V,\gamma} = \frac{\sum_N \sum_{j(N)} E_{j(N)} \mathrm{e}^{-\beta E_{j(N)} - \gamma N}}{Q} = \langle E \rangle = \text{平均能量 } E \tag{2.4.19}$$

$$-\left(\frac{\partial}{\partial \gamma}\ln Q\right)_{V,\beta} = \frac{\sum_N \sum_{j(N)} N \mathrm{e}^{-\beta E_{j(N)} - \gamma N}}{Q} = \langle N \rangle = \text{平均粒子数 } \overline{N} \tag{2.4.20}$$

可以证明当 $M \to \infty$ 时，巨正则系综的分布涨落 $\sim \frac{1}{\sqrt{M}} \to 0$。为了从热力学的角度来识别常数 β、γ 的意义，以下我们引用了一些热力学公式进行对比。

β 的物理意义：如在系综中加入一黑体辐射热源，它与系综中的其他系统只交换能量，可以证明它们有一共同的 $\beta\left(\beta = \frac{1}{kT}\right)$，黑体的温度就是绝对温度 T。

γ 的物理意义：先从计算熵开始。设有一分布 $\{M_{j(N)}\}$，其系综的态数 Ω 为

$$\Omega = \frac{M!}{\prod_N \prod_{j(N)} M_{j(N)}!}$$

当 M 很大时，利用斯特林公式有

$$M^{-1}\ln\Omega = M^{-1}\left[M\ln M - M - \sum_{N}\sum_{j(N)} M_{j(N)}\ln M_{j(N)} + \sum_{N}\sum_{j(N)} M_{j(N)}\right] \tag{2.4.21}$$

$$= -\sum_{N}\sum_{j(N)} \frac{M_{j(N)}}{M}\ln\frac{M_{j(N)}}{M} \tag{2.4.22}$$

$$= -\sum_{N}\sum_{j(N)} P_{j(N)}\ln P_{j(N)} \tag{2.4.23}$$

$$= -\sum_{N}\sum_{j(N)} P_{j(N)}[-\ln Q - \beta E_{j(N)} - \gamma N]$$

$$= \ln Q + \beta E + \gamma\overline{N} \tag{2.4.24}$$

保持体积 V 不变,对式(2.4.24)微分,得

$$\mathrm{d}(M^{-1}\ln\Omega)_V = \mathrm{d}(\ln Q)_V + \beta\mathrm{d}E + E\mathrm{d}\beta + \gamma\mathrm{d}\overline{N} + \overline{N}\mathrm{d}\gamma \tag{2.4.25}$$

但由式(2.4.19)和式(2.4.20)知

$$\mathrm{d}(\ln Q)_V = -E\mathrm{d}\beta - \overline{N}\mathrm{d}\gamma \tag{2.4.26}$$

将式(2.4.26)代入式(2.4.25)可得

$$\mathrm{d}(M^{-1}\ln\Omega)_V = \beta\mathrm{d}E + \gamma\mathrm{d}\overline{N} \tag{2.4.27}$$

如果$\overline{N}$也保持不变,有

$$\mathrm{d}(M^{-1}\ln\Omega)_{V,\overline{N}} = \beta\mathrm{d}E = \frac{1}{kT}\mathrm{d}E \tag{2.4.28}$$

从热力学关系知

$$\mathrm{d}\left(\frac{S}{k}\right)_{V,\overline{N}} = \frac{1}{kT}\mathrm{d}E \tag{2.4.29}$$

由式(2.4.29)至式(2.4.28)得

$$\mathrm{d}(S - kM^{-1}\ln\Omega)_{V,\overline{N}} = 0 \tag{2.4.30}$$

或

$$S - kM^{-1}\ln\Omega = f(V,\overline{N}) \tag{2.4.31}$$

式(2.4.31)的左边只是 V、$\overline{N}$的函数。它不依赖于 E,因而与 T 无关。

当温度降到0 K时,系综的能量应降到系综的基态能量,即

$$\varepsilon(\text{系综})\to E_0(\text{系综基态})$$

设系综基态的态数为 Ω_0,而每个系统基态的简并度为 ω_0,系综是由 M 个系统组成的,故

$$\Omega_0 = \omega_0^M \tag{2.4.32}$$

是合理的。

对式(2.4.32)取对数并乘 k,则

$$kM^{-1}\ln\Omega_0 = k\ln\omega_0 \tag{2.4.33}$$

由于热力学本身无法确定绝对零度时熵的值,我们规定,当温度 $T\to 0$ 时,有

$$S\to kM^{-1}\ln\Omega_0 = k\ln\omega_0 \tag{2.4.34}$$

则式(2.4.31)中 $f(V,\overline{N})$ 应为零。因此,在任何温度下,有

$$S = kM^{-1}\ln\Omega \tag{2.4.35}$$

比较式(2.4.35)和式(2.4.24)得

$$k^{-1}S=\ln Q+\beta E+\gamma \overline{N} \tag{2.4.36}$$

在固定 V 的条件下对式(2.4.36)进行微分并代入式(2.4.26)得

$$\frac{1}{k}(\mathrm{d}S)_V=\beta\mathrm{d}E+\gamma\mathrm{d}\overline{N}$$

此式与热力学关系式(2.4.4)比较可以得到以下重要关系式，即

$$\gamma=-\frac{\mu}{kT} \tag{2.4.37}$$

式中，μ 是每个粒子的吉布斯热力势，$\mu=\frac{G}{N}$。

吉布斯函数的热力学定义为

$$G=E-TS+pV \tag{2.4.38}$$

由式(2.4.36)、式(2.4.37)和式(2.4.38)可以得到重要关系式，即

$$\ln Q=\frac{S}{k}-\frac{E}{kT}+\frac{\mu\overline{N}}{kT}=\frac{pV}{kT} \tag{2.4.39}$$

由式(2.4.39)，通过比较热力学公式和统计力学公式得到压强的公式。我们定义热力学压强为

$$p_{\mathrm{t}}=\frac{kT}{V}\ln Q$$

另外，由统计力学定义的压强为

$$p_{\mathrm{m}}=\left\langle -\frac{\partial E_{j(N)}}{\partial V}\right\rangle \tag{2.4.40}$$

可以证明，只有当 $V\to\infty$ 时，p_{t} 才和 p_{m} 等价。

为了便于运算，再引入逸度 z，定义如下。

定义 2.4.2

$$z=\mathrm{e}^{-\gamma} \tag{2.4.41}$$

如果将 γ 和 μ 的关系式(2.4.37)代入式(2.4.41)，则

$$z=\mathrm{e}^{\frac{\mu}{kT}} \tag{2.4.42}$$

于是，巨配分函数又可写为

$$Q=\sum_N\sum_{j(N)}z^N\mathrm{e}^{\frac{-E_{j(N)}}{kT}} \tag{2.4.43}$$

则平均粒子数又可写为

$$\frac{\partial}{\partial\ln z}\ln Q=\frac{1}{Q}\sum_N\sum_{j(N)}Nz^N\mathrm{e}^{\frac{-E_{j(N)}}{kT}}=\sum_N\sum_{j(N)}P_{j(N)}N=\overline{N} \tag{2.4.44}$$

记住下面的对数偏微商的方法是十分有用的，即

$$\frac{\partial}{\partial\ln z}=z\frac{\partial}{\partial z} \tag{2.4.45}$$

§2.5 自由粒子系统

我们应用以上各种系综的理论来分析自由粒子系统的热力学性质。用巨正则系综的巨配分函数很容易导出它们全部的热力学函数及其关系式。这种自由粒子系统的量子理论,对天体物理、低温和固体物理都有广泛的应用。

按粒子性质,自由粒子可分为费密子和玻色子两种。至于这些气体的详细力学性质,另有粒子物理去研究,我们只对这些已知的力学性质进行统计。

由量子力学知,一个自由粒子的状态可用它的动量 $\boldsymbol{P}=\hbar\boldsymbol{K}$ 和螺旋性 λ 来描写。其中,$\boldsymbol{K}$ 是波矢量。如果粒子自旋为 j,则 λ 可以取的值为

$$\lambda=-j,-j+1,\cdots,j-1,j$$

共有 $2j+1$ 个值。

由于粒子间没有相互作用,所以系统的总能量等于各个粒子的能量之和(至此,我们不再讨论系综,总能量就是指一系统的总能量),即

$$E=\sum_{\boldsymbol{K},\lambda}n_{\boldsymbol{K},\lambda}\varepsilon_{\boldsymbol{K},\lambda}=\sum_{\alpha}n_{\alpha}\varepsilon_{\alpha} \tag{2.5.1}$$

式中,对于不同的粒子 n_α 是不同的。动能是

$$\varepsilon_{\alpha}=c\sqrt{\hbar^2K^2+m^2c^2}-mc^2 \tag{2.5.2}$$

对于费密子,有

$$n_{\alpha}=0,1 \tag{2.5.3}$$

对于玻色子,有

$$n_{\alpha}=0,1,2,\cdots \tag{2.5.4}$$

由巨配分函数及逸度的定义得

$$Q=\sum_{\{n_\alpha\}}z^{\sum n_\alpha}\mathrm{e}^{-\frac{\sum n_\alpha\varepsilon_\alpha}{kT}} \tag{2.5.5}$$

在指数上的求和可以化成求积,然后,对换求和与求积的次序,得到

$$Q=\prod_{\alpha}\sum_{\{n_\alpha\}}z^{n_\alpha}\mathrm{e}^{-\frac{n_\alpha\varepsilon_\alpha}{kT}} \tag{2.5.6}$$

对于费密-狄拉克(F-D)统计,由于粒子受泡利不相容原理的限制,故 n_α 只能取 0 或 1。所以

$$Q_{\mathrm{F-D}}=\prod_{\alpha}(1+z\mathrm{e}^{-\frac{\varepsilon_\alpha}{kT}}) \tag{2.5.7}$$

对于玻色-爱因斯坦(B-E)统计,由于粒子不受泡利不相容原理的限制,故 n_α 可取 $0,1,2,\cdots$。所以

$$Q_{\mathrm{B-E}}=\prod_{\alpha}\frac{1}{(1-z\mathrm{e}^{-\frac{\varepsilon_\alpha}{kT}})} \tag{2.5.8}$$

由巨配分函数计算压强时,可取体积很大,以至可以略去界面与粒子间的作用。所以

$$\frac{pV}{kT}=\ln Q \tag{2.5.9}$$

$$=\sum_{\alpha}\pm\ln(1\pm ze^{-\frac{\varepsilon_\alpha}{kT}})\text{，其中}\begin{cases}\text{“ + ”为费密子}\\ \text{“ − ”为玻色子}\end{cases} \tag{2.5.10}$$

当 $V\to\infty$ 时，求和号可用积分号来代替。其关系式已在前面讨论过，即

$$\sum_{\alpha}\to\omega V\iiint\frac{\mathrm{d}^3K}{8\pi^3} \tag{2.5.11}$$

式中，ω 为简并度，$\omega=2j+1$。

我们先讨论粒子质量不为零的情形。质量为零的粒子其简并度不同，并且还与宇称是否守恒有关。如 $j=1$，无质量的光子 $\omega\neq3,\omega=2$。又如中微子(ν)宇称不守恒，$\omega\neq2,\omega=1$。对有质量的粒子，如电子、质子等，当 $j=\frac{1}{2}$ 时，$\omega=2$。于是

$$\frac{p}{kT}=\pm\omega\iiint\frac{\mathrm{d}^3K}{8\pi^3}\ln(1\pm ze^{-\frac{\varepsilon_\alpha}{kT}}) \tag{2.5.12}$$

只要将关系式 $\varepsilon_\alpha=c\sqrt{\hbar^2K^2+m^2c^2}-mc^2$ 代入式(2.5.12)进行积分，即可求出适应于非相对论或相对论的热力学函数。

由式(2.4.44)与式(2.5.9)得

$$\begin{aligned}\frac{\overline{N}}{V}&=z\frac{\partial}{\partial z}\left(\frac{p}{kT}\right)\\&=\omega\iiint\frac{\mathrm{d}^3K}{8\pi^3}\frac{ze^{-\frac{\varepsilon_\alpha}{kT}}}{1\pm ze^{-\frac{\varepsilon_\alpha}{kT}}}\\&=\omega\iiint\frac{\mathrm{d}^3K}{8\pi^3}\frac{1}{z^{-1}e^{\frac{\varepsilon_\alpha}{kT}}\pm1}\end{aligned} \tag{2.5.13}$$

由于巨配分函数 Q 中每一项 $z^{n_\alpha}e^{-\frac{n_\alpha\varepsilon_\alpha}{kT}}$ 表示某一特定模式 $\alpha(\boldsymbol{K},\lambda)$ 具有 n_α 粒子的相对概率，因此可以求 n_α 的平均值 $\langle n_\alpha\rangle$。

对费密子，n_α 只取 0 或 1，则

$$\langle n_\alpha\rangle=\frac{0+1\cdot ze^{\frac{-\varepsilon_\alpha}{kT}}}{1+ze^{\frac{-\varepsilon_\alpha}{kT}}}=\frac{ze^{\frac{-\varepsilon_\alpha}{kT}}}{1+ze^{\frac{-\varepsilon_\alpha}{kT}}} \tag{2.5.14}$$

对玻色子，n_α 可取 0,1,2,…，则

$$\langle n_\alpha\rangle=\frac{1\cdot x+2\cdot x^2+\cdots}{1+x+x^2+\cdots}=x\frac{\mathrm{d}}{\mathrm{d}x}\ln(1+x+x^2+\cdots)=x\frac{\mathrm{d}}{\mathrm{d}x}\ln\frac{1}{1-x}=\frac{ze^{\frac{-\varepsilon_\alpha}{kT}}}{1-ze^{\frac{-\varepsilon_\alpha}{kT}}} \tag{2.5.15}$$

式中，$x=ze^{\frac{-\varepsilon_\alpha}{kT}}$。

将 $z=e^{\frac{\mu}{kT}}$ 代入式(2.5.12)中乘 V，有

$$\frac{pV}{kT}=\pm\frac{\omega V}{8\pi^3}\iiint\mathrm{d}^3K\ln(1\pm e^{\frac{\mu-\varepsilon_\alpha}{kT}})\text{，其中}\begin{cases}\text{“ + ”为费密子}\\ \text{“ − ”为玻色子}\end{cases} \tag{2.5.16}$$

另外

$$\langle n_{\varepsilon}\rangle=\frac{1}{e^{\frac{\varepsilon_{\alpha}-\mu}{kT}}\pm1}, 其中\begin{cases}“+”为费密子\\“-”为玻色子\end{cases} \tag{2.5.17}$$

显然

$$\overline{N}=\sum_{\alpha}\langle n_{\alpha}\rangle=\frac{\omega V}{8\pi^{3}}\iiint d^{3}K\langle n_{\alpha}\rangle \tag{2.5.18}$$

$$=\frac{\omega V}{8\pi^{3}}\iiint\frac{d^{3}K}{e^{\frac{\varepsilon_{\alpha}-\mu}{kT}}\pm1} \tag{2.5.19}$$

$$E=\frac{\omega V}{8\pi^{3}}\iiint d^{3}K\langle n_{\alpha}\rangle\varepsilon_{\alpha} \tag{2.5.20}$$

有了这些公式,我们可以讨论有趣的物理问题(以下推导过程不考虑物理量的意义,动能用 ε 表示)。

我们知道,当粒子的静止质量比动能大得多时,即为非相对论情形,有动能

$$\varepsilon=\frac{\hbar^{2}K^{2}}{2m}$$

$$d^{3}K\propto\sqrt{\varepsilon}\,d\varepsilon \tag{2.5.21}$$

当粒子动能远比静止质量大时,即为相对论情形,有动能

$$\varepsilon=\hbar cK$$

$$d^{3}K\propto\varepsilon^{2}d\varepsilon \tag{2.5.22}$$

在分子运动论中,我们知道单原子理想气体的压强和能量间存在以下关系,即

$$pV=\frac{2}{3}E \tag{2.5.23}$$

在量子统计中,以上关系是否成立呢? 需要指出,在分子运动论中,两个相同的粒子(如电子)是完全可以区分的;在量子统计中,由于它们是全同粒子,故是完全不可区分的。对求解式(2.5.18)、式(2.5.20)的积分,往往用到下面类型的积分。因此,先来讨论下面类型的积分,对求解是有帮助的。

$$\pm\int\varepsilon^{n}d\varepsilon\ln(1\pm e^{\frac{\mu-\varepsilon}{kT}})=\pm\frac{\varepsilon^{n+1}}{n+1}\ln(1\pm e^{\frac{\mu-\varepsilon}{kT}})\Big|_{0}^{\infty}+\int_{0}^{\infty}\frac{\varepsilon^{n+1}}{n+1}\frac{e^{\frac{\mu-\varepsilon}{kT}}}{1\pm e^{\frac{\mu-\varepsilon}{kT}}}\frac{1}{kT}d\varepsilon \tag{2.5.24}$$

其中,有简单对应关系

$$\varepsilon^{n}d\varepsilon\to d^{3}K \tag{2.5.25}$$

对非相对论情形 $n=\frac{1}{2}$,对极端相对论情形 $n=2$。

将式(2.5.25)左、右两边同时乘 $\frac{\varepsilon}{n+1}$,即有对应关系

$$\frac{\varepsilon^{n+1}}{n+1}d\varepsilon\to d^{3}K\frac{\varepsilon}{n+1} \tag{2.5.26}$$

于是,由式(2.5.16)、式(2.5.20)和式(2.5.17)立即可以求得能量与压强的关系:在非相对论情形下

$$pV=\frac{2}{3}E \tag{2.5.27}$$

在极端相对论情形下

$$pV = \frac{1}{3}E \tag{2.5.28}$$

式(2.5.27)和式(2.5.28)对费密子和玻色子皆成立。

先来讨论低温情形下的费密子：由式(2.5.17)知，$T \to 0$ K，当 $\varepsilon > \mu$ 时，则 $n_\varepsilon = 0$，即每个模式中均无粒子；当 $\varepsilon \leqslant \mu$ 时，则 $n_\varepsilon = 1$，即每个模式中仅有一个粒子。每个模式中粒子情况如图 2.5.1 所示。

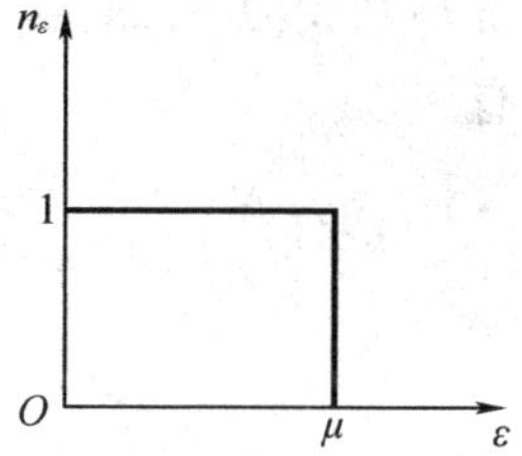

图 2.5.1

显然，在绝对零度时，费密子的分布是很简单的。

费密动量 $\boldsymbol{P}_F$ ($|\boldsymbol{P}_F| = P_F$) 和费密波矢量 $\boldsymbol{K}_F$ ($|\boldsymbol{K}_F| = K_F$) 与费密能量 ε_F 有以下普遍关系，即

$$\varepsilon_F = c\sqrt{\hbar^2 K_F^2 + m^2c^2} - mc^2 \tag{2.5.29}$$

$$= c\sqrt{P_F^2 + m^2c^2} - mc^2 \tag{2.5.30}$$

在非相对论情况下，有

$$\varepsilon_F = \frac{\hbar^2 K_F^2}{2m}$$

在极端相对论情况下，有

$$\varepsilon_F = \hbar c K_F$$

因为

$$\mathrm{d}^3K = 4\pi K^2 \mathrm{d}K$$

所以总粒子数

$$N = \frac{\omega V}{8\pi^3}\int_0^{K_F} \mathrm{d}^3K \cdot n_\varepsilon = \frac{\omega}{6\pi^2}VK_F^3 \tag{2.5.31}$$

在非相对论情形下，$T = 0$ K 时的平均能量为

$$\frac{E}{N} = \left\langle \frac{\hbar^2 K^2}{2m} \right\rangle$$

可以计算波数平方的平均值

$$\langle K^2 \rangle = \frac{3}{5}K_F^2$$

故平均能量

$$\frac{E}{N} = \frac{3}{5}\,\frac{\hbar^2 K_F^2}{2m} \tag{2.5.32}$$

同理，在极端相对论情形，$T = 0$ K 时的平均能量为

$$\frac{E}{N}=\langle \hbar Kc \rangle$$

波数的平均值

$$\langle K \rangle=\frac{3}{4}K_{\mathrm{F}}$$

故平均能量

$$\frac{E}{N}=\frac{3}{4}\hbar cK_{\mathrm{F}} \tag{2.5.33}$$

如将压强和能量的关系式(2.5.27)和式(2.5.28)表示为压强和密度的关系,可得到两个重要的结论:在非相对论情形下,有

$$p\propto\left(\frac{N}{V}\right)^{\frac{5}{3}} \tag{2.5.34}$$

在极端相对论情形下,有

$$p\propto\left(\frac{N}{V}\right)^{\frac{4}{3}} \tag{2.5.35}$$

现利用这些理论公式做一些物理的应用运算。

【例 2.5.1】 普通导体中,电子的热力学函数。

在普通导体中,原子排列是紧凑的。电子的动能约为数个电子伏,其大小为 10^{-8} cm。

假设地球表面温度为 300 K,热能就相当于$\frac{1}{40}$ eV。它比电子的动能小得多,故可认为导体中的电子是非常简并的。在普通固体中势能与动能相近,在非导体中的电子就不能任意地运动。在导体中,在布里渊区运动的电子可认为是自由的。在这里不去详细研究导体的具体性质,我们只对电子构成的费密子系统进行统计。

每个粒子的吉布斯热力势$\frac{G}{N}=\mu\approx\varepsilon_{\mathrm{F}}$(电子伏量级),而室温 $kT\sim\frac{1}{40}$ eV。显然

$$\mathrm{e}^{-\frac{\mu}{kT}}\approx\mathrm{e}^{-100}\ll 1 \quad (\text{可以认为是零}) \tag{2.5.36}$$

由 $n_\varepsilon=\frac{1}{\mathrm{e}^x+1}$,其中 $x=\frac{\varepsilon-\mu}{kT}$,知

$$T=0,\frac{\mu}{kT}\to\infty$$

故每一模式的平均电子数呈一阶跃函数:

$$n_\varepsilon=\begin{cases}1 & \text{当 } \varepsilon\leqslant\mu \text{ 时}\\ 0 & \text{当 } \varepsilon>\mu \text{ 时}\end{cases} \tag{2.5.37}$$

在低温时,n_ε 的微商是和 δ 函数差不多的(图 2.5.2),则有

$$-\frac{\partial n_\varepsilon}{\partial\varepsilon}=\delta(\varepsilon-\mu) \tag{2.5.38}$$

当计算 $T\neq 0$ K 时的热力学函数时,应该考虑 kT 的影响,不过 $\mathrm{e}^{-\frac{\mu}{kT}}$实在太小,可以略去。

当 $\varepsilon=0$ 时,$n_\varepsilon=1$,则

$$-\frac{\mathrm{d}n_\varepsilon}{\mathrm{d}\varepsilon}=\left(\frac{1}{\mathrm{e}^x+1}\right)^2\mathrm{e}^x\frac{1}{kT}=\frac{1}{kT}\frac{1}{(\mathrm{e}^x+1)}\frac{1}{(\mathrm{e}^{-x}+1)}=0 \tag{2.5.39}$$

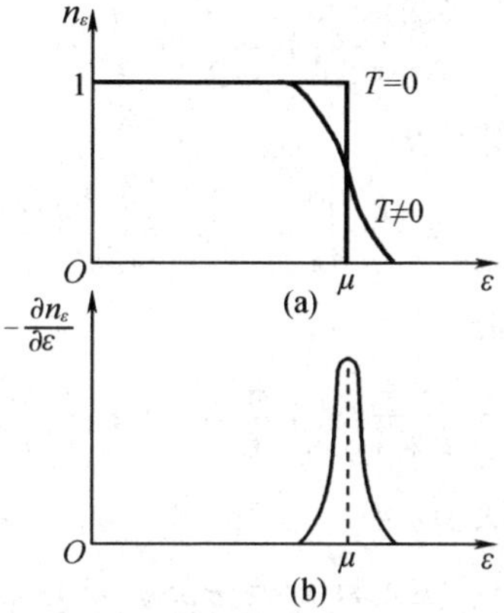

图 2.5.2

先熟悉以下积分对今后的运算是有益的，即

$$\int_0^\infty \varepsilon^l n_\varepsilon \mathrm{d}\varepsilon \quad (l>0) \tag{2.5.40}$$

求平均密度时，取 $l=\frac{1}{2}$；求平均能量时，取 $l=\frac{3}{2}$。

利用分部积分法，得

$$\int_0^\infty \varepsilon^l n_\varepsilon \mathrm{d}\varepsilon = \frac{\varepsilon^{l+1}}{l+1}n_\varepsilon\bigg|_0^\infty - \int_0^\infty \frac{\varepsilon^{l+1}}{l+1}\frac{\partial n_\varepsilon}{\partial\varepsilon}\mathrm{d}\varepsilon \tag{2.5.41}$$

式(2.5.41)的右边第一项显然是零。

令

$$\varepsilon=\mu+xkT \tag{2.5.42}$$

故式(2.5.41)可写为

$$\int_0^\infty \varepsilon^l n_\varepsilon \mathrm{d}\varepsilon = -\int_{\frac{-\mu}{kT}}^\infty \frac{(\mu+xkT)^{l+1}}{l+1}\left(\frac{\partial n_\varepsilon}{\partial\varepsilon}\right)kT\mathrm{d}x \tag{2.5.43}$$

当 $\varepsilon=0$ 时，$x=\frac{-\mu}{kT}$，且 $\varepsilon\leqslant0$ 时，$\frac{\partial n_\varepsilon}{\partial\varepsilon}$为零。故式(2.5.43)中积分下限$\frac{-\mu}{kT}$可用 $-\infty$ 代替。式(2.5.43)可写为

$$\int_0^\infty \varepsilon^l n_\varepsilon \mathrm{d}\varepsilon = -\int_{-\infty}^\infty \frac{(\mu+xkT)^{l+1}}{l+1}\left(\frac{\partial n_\varepsilon}{\partial\varepsilon}\right)kT\mathrm{d}x \tag{2.5.44}$$

将 $(\mu+xkT)^{l+1}$ 展开，逐项积分，并注意到奇函数积分为零：

$$\begin{aligned}\int_0^\infty \varepsilon^l n_\varepsilon \mathrm{d}\varepsilon &= \int_{-\infty}^\infty \frac{(\mu+xkT)^{l+1}}{l+1}\left(-\frac{\partial n_\varepsilon}{\partial\varepsilon}\right)kT\mathrm{d}x \\ &= \frac{\mu^{l+1}}{l+1}(-n_\varepsilon)\bigg|_{-\infty}^\infty + \frac{(l+1)l}{2(l+1)}\mu^{l-1}(kT)^2\times\int_{-\infty}^\infty \frac{x^2\mathrm{d}x}{(1+\mathrm{e}^x)(1+\mathrm{e}^{-x})}+\cdots\end{aligned} \tag{2.5.45}$$

式中

$$\int_{-\infty}^\infty \frac{x^2\mathrm{d}x}{(1+\mathrm{e}^x)(1+\mathrm{e}^{-x})} = 2\int_0^\infty x^2\mathrm{e}^{-x}\mathrm{d}x(1+\mathrm{e}^{-x})^{-2} \tag{2.5.46}$$

将式(2.5.46)中被积函数的 $(1+\mathrm{e}^{-x})^{-2}$ 按泰勒级数展开得

$$\int_{-\infty}^\infty \frac{x^2\mathrm{d}x}{(1+\mathrm{e}^x)(1+\mathrm{e}^{-x})} = 2\int_0^\infty x^2\mathrm{e}^{-x}\mathrm{d}x(1-2\mathrm{e}^{-x}+3\mathrm{e}^{-2x}-\cdots)$$

$$= 4\left(1 - \frac{1}{2^2} + \frac{1}{3^2} - \cdots\right) = \frac{\pi^2}{3} \tag{2.5.47}$$

在积分运算时,用了以下运算技巧:

$$\int_0^\infty x^2 e^{-nx} dx = \frac{\partial^2}{\partial n^2}\int_0^\infty e^{-nx} dx = \frac{\partial^2}{\partial n^2}\left(\frac{1}{n}\right) = \frac{2}{n^3} \tag{2.5.48}$$

将式(2.5.47)代入式(2.5.45)得

$$\int_0^\infty \varepsilon^l n_\varepsilon d\varepsilon = \frac{\mu^{l+1}}{l+1}\left[1 + \frac{\pi^2}{6}l(l+1)\left(\frac{kT}{\mu}\right)^2 + \cdots\right] \tag{2.5.49}$$

精确计算,可以计算更高次的偶次项。

现在我们用$\frac{kT}{\mu}$级数展开的积分法来计算系统的粒子数平均密度。

对于电子,自旋$j = \frac{1}{2}$,由于在导体内,因此是非相对论性的,动能

$$\varepsilon = \frac{\hbar^2 K^2}{2m_e}$$

式中,m_e 为电子质量。

实际上电子是与晶体间有相互作用的,因此应该用有效质量 m^* 来代替 m_e,在这里不做详细讨论,因为它涉及布里渊区的理论问题。

系统的平均粒子数

$$N = \frac{2j+1}{(2\pi)^3}V\iiint d^3K \cdot n_\varepsilon \tag{2.5.50}$$

式中

$$d^3K = 4\pi K^2 dK = 2\pi\left(\frac{2m_e}{\hbar^2}\right)^{\frac{3}{2}}\varepsilon^{\frac{1}{2}}d\varepsilon \tag{2.5.51}$$

将式(2.5.51)代入式(2.5.50)得

$$N = \frac{V}{2\pi^2}\left(\frac{2m_e}{\hbar^2}\right)^{\frac{3}{2}}\int\sqrt{\varepsilon}\,n_\varepsilon d\varepsilon \tag{2.5.52}$$

根据以前定义过的费密波数 K_F 和费密能量 ε_F,有

$$N = \frac{V}{3\pi^2}K_F^3$$

$$\varepsilon_F = \frac{\hbar^2 K_F^2}{2m_e}$$

所以有

$$N = \frac{V}{3\pi^2}\left(\frac{2m_e}{\hbar^2}\varepsilon_F\right)^{\frac{3}{2}} \tag{2.5.53}$$

取式(2.5.49)中 $l = \frac{1}{2}$代入式(2.5.52)得

$$N = \frac{V}{3\pi^2}\left(\frac{2m_e}{\hbar^2}\mu\right)^{\frac{3}{2}}\left[1 + \frac{1}{8}\pi^2\left(\frac{kT}{\mu}\right)^2 + \cdots\right] \tag{2.5.54}$$

比较式(2.5.54)和式(2.5.53)得

$$\varepsilon_{\mathrm{F}}^{\frac{3}{2}}=\mu^{\frac{3}{2}}\left[1+\frac{1}{8}\pi^{2}\left(\frac{kT}{\mu}\right)^{2}+\cdots\right] \tag{2.5.55}$$

两边开$\frac{3}{2}$次方得

$$\varepsilon_{\mathrm{F}}=\mu\left[1+\frac{1}{8}\cdot\frac{2}{3}\pi^{2}\left(\frac{kT}{\mu}\right)^{2}+\cdots\right] \tag{2.5.56}$$

将μ用ε_{F}表示，得

$$\mu=\varepsilon_{\mathrm{F}}\left[1-\frac{1}{12}\pi^{2}\left(\frac{kT}{\varepsilon_{\mathrm{F}}}\right)^{2}+\cdots\right] \tag{2.5.57}$$

因为ε_{F}仅为密度$\left(\frac{N}{V}\right)$的函数，所以由式(2.5.57)知

$$\mu=\mu(\rho,T)$$

即μ是密度和温度的函数。

【**例2.5.2**】　自由粒子系统的高温低密度展开。

例2.5.1讨论了低温情况下的费密子，现在讨论自由粒子在温度很高或密度很低情况下的热力学性质。先引入以下定义。

定义2.5.1　热波长

$$\lambda=\sqrt{\frac{2\pi}{mkT}}\hbar \tag{2.5.58}$$

这相当于动能为$\frac{\hbar^2}{m\lambda^2}\simeq kT$的波长。自由粒子的平均密度取决于粒子间的距离，令其间的平均值为d。

例2.5.1是相当于d很小的情况下($d\ll\lambda$)，动能$\gg kT$(热能)。例2.5.2与例2.5.1恰好相反($d\gg\lambda$)，即波包很小，d很大，相当于高温或低密度情形。从式(2.5.58)也可看出温度越高，λ越小。密度低表示$d\gg\lambda$。

显然系统的总密度小，每个模式内的粒子数就少。由

$$n_{\varepsilon}=\frac{1}{\mathrm{e}^{\frac{\varepsilon-\mu}{kT}}\pm1}，\text{其中}\begin{cases}\text{“+”为费密子}\\\text{“-”为玻色子}\end{cases}$$

知，$n_{\varepsilon}\ll1$，只要$\mathrm{e}^{-\frac{\mu}{kT}}\gg1$，即$\mu$为负值。故

$$z=\mathrm{e}^{\frac{\mu}{kT}}\ll1 \tag{2.5.59}$$

所以

$$n_{\varepsilon}=\frac{\mathrm{e}^{\frac{\mu-\varepsilon}{kT}}}{1\pm\mathrm{e}^{\frac{\mu-\varepsilon}{kT}}}=\frac{z\mathrm{e}^{-\beta\varepsilon}}{1\pm z\mathrm{e}^{-\beta\varepsilon}} \tag{2.5.60}$$

利用$z\ll1$的条件，将n_{ε}对z展开，即可得到高温低密度下的自由粒子系统的热力学函数：

$$N=\frac{(2j+1)}{8\pi^{3}}V\iiint\mathrm{d}^{3}Kz\mathrm{e}^{-\beta\varepsilon}(1\mp z\mathrm{e}^{-\beta\varepsilon}+z^{2}\mathrm{e}^{-2\beta\varepsilon}\mp\cdots) \tag{2.5.61}$$

将$\mathrm{d}^{3}K=4\pi K^{2}\mathrm{d}K=2\pi\left(\frac{2m}{\hbar^{2}}\right)^{\frac{3}{2}}\sqrt{\varepsilon}\mathrm{d}\varepsilon$代入式(2.5.61)，则

$$N=\frac{(2j+1)}{4\pi^{2}}\left(\frac{2m}{\hbar^{2}}\right)^{\frac{3}{2}}V\int_{0}^{\infty}\mathrm{d}\varepsilon\varepsilon^{\frac{1}{2}}z\mathrm{e}^{-\beta\varepsilon}(1\mp z\mathrm{e}^{-\beta\varepsilon}+z^{2}\mathrm{e}^{-2\beta\varepsilon}\mp\cdots)$$

$$E=\frac{(2j+1)}{4\pi^2}\left(\frac{2m}{\hbar^2}\right)^{\frac{3}{2}}V\int_0^\infty \mathrm{d}\varepsilon\varepsilon^{\frac{3}{2}}z\mathrm{e}^{-\beta\varepsilon}(1\mp z\mathrm{e}^{-\beta\varepsilon}+z^2\mathrm{e}^{-2\beta\varepsilon}\mp\cdots) \tag{2.5.62}$$

利用 $\alpha=l\beta=\frac{l}{kT}$,再令 $\varepsilon=y^2$,所以 $\mathrm{d}\varepsilon=2y\mathrm{d}y$,因此

$$\int\sqrt{\varepsilon}\mathrm{d}\varepsilon\mathrm{e}^{-\alpha\varepsilon}=2\int_0^\infty y^2\mathrm{d}y\mathrm{e}^{-\alpha y^2}=-2\frac{\partial}{\partial\alpha}\int_0^\infty \mathrm{e}^{-\alpha y^2}\mathrm{d}y=-\frac{\partial}{\partial\alpha}\left(\frac{\pi}{\alpha}\right)^{\frac{1}{2}}=\frac{1}{2}\frac{\sqrt{\pi}}{\alpha^{\frac{3}{2}}} \tag{2.5.63}$$

$$\int\varepsilon^{\frac{3}{2}}\mathrm{d}\varepsilon\mathrm{e}^{-\alpha\varepsilon}=\frac{3}{4}\frac{\sqrt{\pi}}{\alpha^{\frac{5}{2}}} \tag{2.5.64}$$

将式(2.5.63)、式(2.5.64)代入式(2.5.62)得

$$N=\frac{(2j+1)}{\lambda^3}V\sum_{l=1}^\infty(\mp)^{l+1}\frac{z^l}{l^{\frac{3}{2}}},\text{其中}\begin{cases}\text{“}-\text{”为费密子}\\ \text{“}+\text{”为玻色子}\end{cases} \tag{2.5.65}$$

$$E=\frac{3}{2}kT\frac{(2j+1)}{\lambda^3}V\sum_{l=1}^\infty(\mp)^{l+1}\frac{z^l}{l^{\frac{5}{2}}},\text{其中}\begin{cases}\text{“}-\text{”为费密子}\\ \text{“}+\text{”为玻色子}\end{cases} \tag{2.5.66}$$

将式(2.5.66)代入 $p=\frac{2}{3}\frac{E}{V}$ 得

$$p=\frac{kT(2j+1)}{\lambda^3}\sum_{l=1}^\infty(\mp)^{l+1}\frac{z^l}{l^{\frac{5}{2}}} \tag{2.5.67}$$

只要将压强写成温度和密度的函数,即得状态方程

$$p=p(T,\rho)$$

式中,$\rho=\frac{N}{V}$。所以

$$\frac{\rho\lambda^3}{2j+1}=z\mp\frac{z^2}{2^{\frac{3}{2}}}+\cdots \tag{2.5.68}$$

又可写成

$$z=\frac{\rho\lambda^3}{2j+1}\pm\frac{1}{2^{\frac{3}{2}}}\left(\frac{\rho\lambda^3}{2j+1}\right)^2-\cdots \tag{2.5.69}$$

将式(2.5.69)代入式(2.5.67)得

$$p=kT\rho\left(1\pm\frac{1}{2^{\frac{3}{2}}}\frac{\rho\lambda^3}{2j+1}+\cdots\right)\left(1\mp\frac{1}{2^{\frac{5}{2}}}\frac{\rho\lambda^3}{2j+1}+\cdots\right)$$

所以

$$p=kT\rho\left(1\pm\frac{1}{2^{\frac{5}{2}}}\frac{\rho\lambda^3}{2j+1}-\cdots\right) \tag{2.5.70}$$

式(2.5.70)的物理意义:当密度很低(或温度很高)时,如 $\rho\lambda^3$ 很小,可被忽略,则状态方程就成了理想气体的状态方程 $p=kT\rho$;当 $\rho\lambda^3$ 不能被忽略时,取其第二修正项,即应有 $\pm\frac{1}{2^{\frac{5}{2}}}\frac{\rho\lambda^3}{2j+1}$,其中“+”为费密子,“-”为玻色子。

如温度和密度固定,费密子的压强就较理想气体略大,而玻色子的压强就较理想气体略小。这一现象可做如下的理解:对于 $\lambda\ll d$ 的稀薄气体,尽管它是由无相互作用的粒子组成的,但由量子力学可知,每个粒子相当于一个波包,波包的平均大小为波长 λ,粒子间的平

均距离为 d，从这种观点看，势必有波包的重叠区。但由费密子性质知道，不能有两个粒子具有同一模式（即两个粒子不能处于同一状态），它的波函数是反对称的，这产生相斥的作用，而玻色子是由对称波函数来描写的，这产生相吸的作用。这表明，在相同密度和相同波长时，如果多计算压强的一项修正，则费密子的压强将比玻色子大，这是一种量子效应。因此，当温度固定，密度增加，就发现费密子的压强大于理想气体的压强，而玻色子则小于理想气体的压强。反之，密度固定，温度由高降低趋向零度也发现同样的现象。

先对费密子情况做如下总结：

1. 非简并区

当高温或低密度时，$\mu<0$，$z\ll 1$，$\rho\lambda^3\ll 1$，粒子间距离≫热波长。

2. 简并区

当低温或高密度时，$\mu>0$，$z\gg 1$，$\mu\approx\varepsilon_F\gg kT$，$\rho\lambda^3\gg 1$，粒子间距离≪热波长。

可用级数展开，计算到任何一级。

为了简便，将 $z=1$ 作为中间区。

3. 中间区

$z=1$，则

$$\rho=\frac{(2j+1)}{\lambda^3}\sum_{l=1}^{\infty}(-1)^{l+1}\frac{1}{l^{\frac{3}{2}}}=\frac{0.765(2j+1)}{\lambda^3}$$

所以

$$\mu=0(\text{在 }\rho\lambda^3=0.765(2j+1)\text{ 处}(z=1))\tag{2.5.71}$$

$$\mu<0(\text{在 }\rho\lambda^3<0.765(2j+1)\text{ 处}(z<1))\tag{2.5.72}$$

如费密气和玻色气的温度、密度固定，在 $\rho\lambda^3=0$ 的区域，这两种气体都和理想气体相同，这就是非简并区。

如果把温度固定使密度增加，或把密度固定使温度降低，这时费密子的 μ 逐渐增加，z 也随着增加，μ 可由负值经过零达到很大的数值。这就是简并区。在这个区域内，费密气与玻色气的差异将越来越大。但是玻色子的 μ 永远不会超过零，这是由于两种粒子遵循不同的统计规则所致，以后将谈到由于它而导致自由玻色子系统的玻色－爱因斯坦凝聚理论的建立。

【例 2.5.3】　自由玻色子系统。

首先来研究一下光子气。由玻色子的公式

$$n_\varepsilon=\frac{1}{e^{\frac{\varepsilon-\mu}{kT}}-1}\tag{2.5.73}$$

知，由于光子数不守恒，这样相当于引入拉格朗日乘子 $\gamma=0$，于是 $\mu=0$。式(2.5.73)就变为

$$n_\varepsilon=\frac{1}{e^{\frac{\varepsilon}{kT}}-1}\tag{2.5.74}$$

这也是我们能够在讲正则系综时可以讨论黑体辐射的原因。因为对于黑体辐射而言，正则系综就和巨正则系综一致了。

下面讨论总粒子数守恒的非相对论性的自由玻色子系统高温低密度时的情形，即当 $z\ll 1$时，有

$$\frac{p}{kT} = \frac{2j+1}{\lambda^3}\sum_{l=1}^{\infty}\frac{z^l}{l^{\frac{5}{2}}} \tag{2.5.75}$$

$$\rho = \frac{2j+1}{\lambda^3}\sum_{l=1}^{\infty}\frac{z^l}{l^{\frac{3}{2}}} \tag{2.5.76}$$

为简单起见，令自旋 $j=0$，如氦自旋就为零。因此，式(2.5.75)、式(2.5.76)就分别变为

$$\frac{p}{kT} = \frac{1}{\lambda^3}\sum_{l=1}^{\infty}\frac{z^l}{l^{\frac{5}{2}}} \tag{2.5.77}$$

$$\rho = \frac{1}{\lambda^3}\sum_{l=1}^{\infty}\frac{z^l}{l^{\frac{3}{2}}} \tag{2.5.78}$$

当温度逐渐降低(或密度逐渐增加)时，z 也随之增加。

由式(2.5.73)知，最低能态($\varepsilon=0$)的粒子数为

$$n_{\varepsilon=0} = n_0 = \frac{1}{\frac{1}{z}-1} \tag{2.5.79}$$

即

$$n_0 = \frac{z}{1-z} \tag{2.5.80}$$

当 $n_0 \geqslant 0$ 时，$z \leqslant 1$，表示高温低密度下 μ 为负值。当温度降低，μ 逐渐增加，但却永远不会大于零，否则粒子数成了负值。这是玻色子与费密子的主要不同之处。

由于玻色子的 μ 有这一限制，它就会表现出与费密子不同的物理现象。下面为了便于比较，画出了图 2.5.3 和图 2.5.4，它们分别说明了当温度 $T=0$，系统处在最低能态时，费密子与玻色子占据的能级情况。

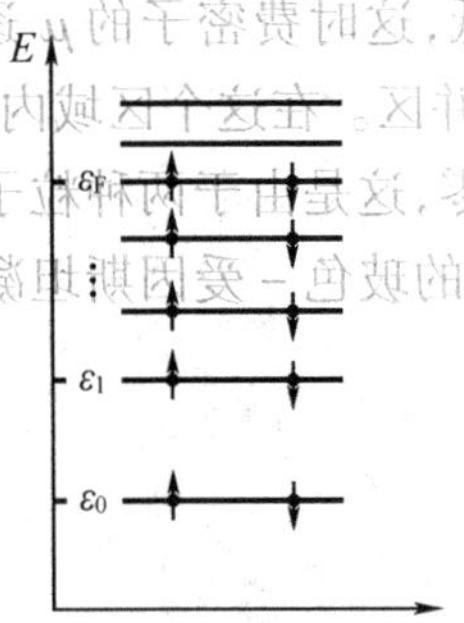

图 2.5.3

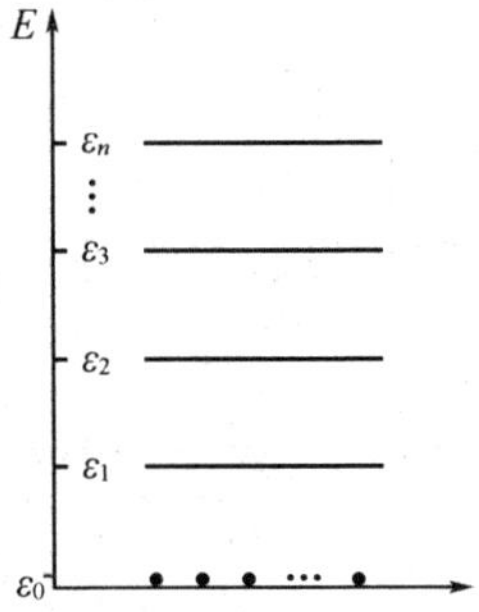

图 2.5.4

系统能量

$$E = \sum_i n_{\varepsilon_i}\varepsilon_i \quad (i = 0,1,2,\cdots) \tag{2.5.81}$$

图 2.5.3 表示一个自旋为半整数的费密子系统。如果是电子，$j=\frac{1}{2}$，每一能级上允许至多有自旋相反的两个电子占据。这样逐能级地排列到 ε_F 就构成费密子系统的基态。

图 2.5.4 表示一个玻色子系统，由于玻色子不受泡利不相容原理的影响，因此，当 $T=0$ K时，所有的玻色子均处于最低能级(即基态)。故系统的能量为

$$E = n_{\varepsilon=0} \cdot 0 = 0 \tag{2.5.82}$$

$$n_{\varepsilon=0} = n_0 = N(\text{总粒子数}) \tag{2.5.83}$$

由式(2.5.80)和式(2.5.83)知

$$(1-z)N = z$$

即

$$z = \frac{1}{1+\frac{1}{N}} \tag{2.5.84}$$

§2.6　经 典 统 计

在这里提到的经典统计是以量子力学为基础的，认为全同粒子是不可区分的。只不过在特定的物理条件下，即热波长远小于粒子的间距 d，$\lambda \ll d$，并且在热波长的范围内势能的变化可以忽略的情况下，对问题进行处理。因此这里提到的经典统计是和玻耳兹曼的经典统计不同的。

设有 N 个粒子的系统，其势能 U 仅与粒子间的距离有关，其哈密顿量可写成

$$H_N = \sum_{i=1}^{N} \frac{1}{2m} p_i^2 + U(\boldsymbol{r}_1, \boldsymbol{r}_2, \cdots, \boldsymbol{r}_N) \tag{2.6.1}$$

并假定它满足以下条件：

(1) $\lambda = \sqrt{\dfrac{2\pi}{mkT}}\hbar \ll d = \dfrac{1}{\rho^{\frac{1}{3}}}$　　(2.6.2)

式中，ρ 是粒子的密度。

(2) 势能 U 在波包范围内变化不大，可以认为是

$$U_{ij} \sim \frac{1}{r_{ij}^n} \quad (n > 3) \tag{2.6.3}$$

在通常条件下，条件(2)是满足的，一般原子情形取 $n = 6$。

因为 $\dfrac{\delta U}{U} \sim \dfrac{n\delta r_{ij}}{r_{ij}}$，如取 $\delta r_{ij} \sim$ 波包宽 λ，$r_{ij} \sim d$，则

$$\frac{\delta U}{U} \sim \frac{n\lambda}{d}$$

在高温情形，粒子波包较窄，波包没有重叠现象，如图 2.6.1 所示。

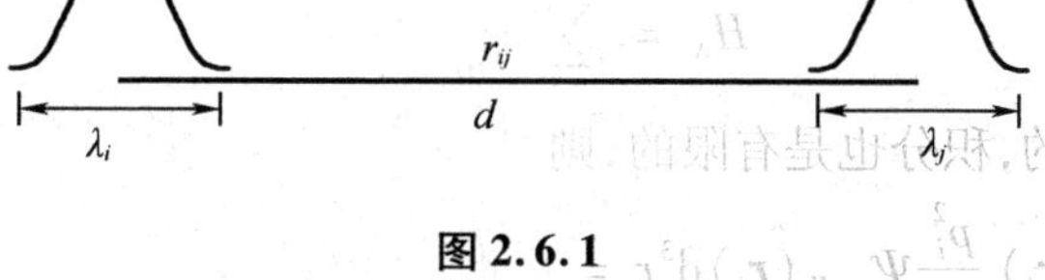

图 2.6.1

如以一大气压的压力为例：温度 $T = 300$ K，氦原子(He^4)质量 $m_{He} = 6.6 \times 10^{-24}$ g，$n = 2.5 \times 10^{19}/cm^3$。

故得 $\lambda\approx 0.14$ Å，$d\approx 33$ Å。

显然条件(1)是满足的。

如图 2.6.2 所示，现将一容器分隔成 M 个小格子，小格子的边长为 l，且 $\lambda\ll l\ll d$，所以每一小格的体积为 $\tau=l^3$。令每一小格的角标为 a_α，$\alpha=1,2,\cdots,M$。(也可以取小格的中心坐标为 a_α。)

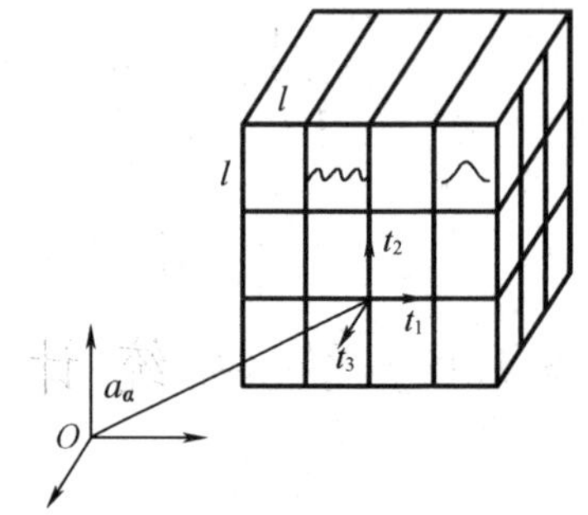

图 2.6.2

我们忽略每一个格内多于一个粒子的情形，即 a_α 的角标 α 都是不同的(相同的 α 表示有多于一个粒子在同一小格内)。因此就保证了大多数格子内可能无粒子，这正是高温低密度的情形。于是整个系统的波函数就可写为

$$\Psi_{\text{系统}}=\frac{1}{\sqrt{N!}}\sum_{\varphi}(\pm)^{\varphi}\varphi\prod_{j}\psi_{\alpha_j,\boldsymbol{K}_j}(\boldsymbol{r}_j)\tag{2.6.4}$$

式中，φ 表示 N 个粒子的排列，玻色子取"+"，费密子取"−"，且

$$\varphi=\begin{pmatrix}1 & 2 & 3 & \cdots & N\\ \varphi_1 & \varphi_2 & \varphi_3 & \cdots & \varphi_N\end{pmatrix}\tag{2.6.5}$$

$\boldsymbol{K}_j$ 表示第 j 个粒子的波矢量；$\Psi_{\alpha_j,\boldsymbol{K}_j}(\boldsymbol{r}_j)$ 表示单个粒子的波函数。由边界条件知

$$\Psi_{\alpha_j,\boldsymbol{K}_j}(\boldsymbol{r}_j)=\begin{cases}\dfrac{1}{\sqrt{\tau}}\prod\limits_{t=1}^{3}\sin[\boldsymbol{K}_j\cdot(\boldsymbol{r}_j-\boldsymbol{r}_\alpha)_t] & \boldsymbol{r}_j\text{ 在格 }\alpha\text{ 内},t\text{ 为空间坐标标号}\\ 0 & \boldsymbol{r}_j\text{ 在格 }\alpha\text{ 外}\end{cases}\tag{2.6.6}$$

当 α_j 遍及所有的小格时，其波函数是完备的。忽略两个粒子在同一小格内的可能。令 $\Psi_{\alpha_j,\boldsymbol{K}_j}(\boldsymbol{r}_j)$ 在小格内是归一的，因此 $\Psi_{\text{系统}}$ 也是归一的。

在波矢量 $\boldsymbol{K}_i\to\boldsymbol{K}_i+\mathrm{d}\boldsymbol{K}_i$ 间的态数为

$$\frac{\tau^N}{(2\pi)^{3N}}\prod_{i=1}^{N}\mathrm{d}^3K_i\tag{2.6.7}$$

对每个态，可认为哈密顿量 H_N 是对角的，即

$$H_N=\sum\frac{1}{2m}p_i^2+U$$

这是因为 $\nabla\Psi$ 是有限的，积分也是有限的，则

$$\iiint\Psi^{+}_{\alpha_i,\boldsymbol{K}_i}(\boldsymbol{r}_i)\frac{p_i^2}{2m}\Psi_{\alpha_i,\boldsymbol{K}_i}(\boldsymbol{r}_i)\mathrm{d}^3r=\hbar^2\iiint|\nabla\Psi_{\alpha_i,\boldsymbol{K}_i}(\boldsymbol{r}_i)|^2\frac{1}{2m}\mathrm{d}^3r=\frac{\hbar^2K^2}{2m}\tag{2.6.8}$$

又知，U 在小格的范围内变化很小，故可认为是常数，因此 H_N 是对角的，而式(2.6.6)就是 H_N 的本征函数。

由于粒子是全同的，是不可区分的，因此粒子交换并不增加新的态。但当 α_i 遍及整个空间时，积分就重复了 $N!$ 次，因此实际的态数应该除以 $N!$，即

$$\tau^N \to \frac{1}{N!}\prod_{i=1}^{N} d^3 r_i \tag{2.6.9}$$

故

$$Q_N = \frac{1}{N!}\iiint \frac{\prod_{i=1}^{N} d^3 r_i d^3 p_i}{(2\pi)^{3N}\hbar^{3N}} e^{-\frac{H_N}{kT}} \tag{2.6.10}$$

其中利用了 $d^3 K_i = \frac{d^3 p_i}{\hbar^3}$，则

$$Q_N = \text{tr}\, e^{-\frac{H_N}{kT}} = \frac{1}{N!}\iint\cdots\int \frac{\prod_{i=1}^{N} d^3 r_i d^3 p_i}{(2\pi)^{3N}\hbar^{3N}} e^{-\frac{\sum_{i=1}^{N} p_i^2}{2mkT}-\frac{U}{kT}} \tag{2.6.11}$$

因为

$$\frac{1}{\lambda^3} = \frac{1}{(2\pi)^3\hbar^3}\iiint d^3 P e^{-\frac{p^2}{2mkT}} \tag{2.6.12}$$

所以

$$Q_N = \frac{1}{N!\lambda^{3N}}\iiint \prod_{i=1}^{N} d^3 r_i e^{-\frac{U}{kT}} = e^{-\frac{F}{kT}} \tag{2.6.13}$$

式中，F 是亥姆霍兹自由能；Q_N 为配分函数。

如令式(2.6.13)中的

$$\iint\cdots\int \prod_{i=1}^{N} d^3 r_i e^{-\frac{U}{kT}} = Q_V(N)$$

则巨配分函数为

$$Q = \sum_{N=0}^{\infty} \frac{1}{N!} y^N Q_V(N) \tag{2.6.14}$$

式中，$y = \frac{z}{\lambda^3}$ 称为经典逸度，而 $z = e^{\frac{\mu}{kT}}$。

当粒子存在内部自由度时，例如，原子的转动、振动和电子处于激发态，这样原子就具有本身的动能 u，它仅与本原子有关，与其他原子无关，在普通情形下，其哈密顿量为

$$H_N = \sum_{i=1}^{N}\left(\frac{p_i^2}{2m} + u_i\right) + U \tag{2.6.15}$$

令

$$q(T) = \sum_{\text{内部自由度}} e^{-\frac{u_i}{kT}} \tag{2.6.16}$$

为内部自由度配分函数，则

$$Q_N = \frac{q^N}{N!\lambda^{3N}}\iint\cdots\int \prod_{i=1}^{N} d^3 r_i e^{-\frac{U}{kT}} \tag{2.6.17}$$

如果有内部自由度时，经典逸度

$$y = \frac{qz}{\lambda^3} \tag{2.6.18}$$

巨配分函数就可表示为

$$Q = \sum_{N=0}^{\infty} \frac{1}{N!} y^N Q_V(N) \tag{2.6.19}$$

如果是多原子分子的理想气体情形,$U=0$,故

$$Q_V(N) = V^N \tag{2.6.20}$$

将式(2.6.20)代入式(2.6.19)得

$$Q = \sum_{N=0}^{\infty} \frac{y^N}{N!} Q_V(N) = \sum_{N=0}^{\infty} \frac{y^N}{N!} V^N = \mathrm{e}^{yV} \tag{2.6.21}$$

由$\frac{PV}{kT} = \ln Q$知

$$\frac{P}{kT} = \frac{1}{V} \ln Q = y$$

而

$$\rho = \frac{N}{V} = \frac{\partial}{\partial \ln y}\left(\frac{P}{kT}\right) = y \tag{2.6.22}$$

所以

$$\frac{P}{kT} = \rho \tag{2.6.23}$$

显然,式(2.6.23)是理想气体的状态方程。因为在无相互作用 $U=0$,波长很短的情况,不论玻色气或费密气,都趋向理想气体状态方程。

另由 $\lambda = \sqrt{\frac{2\pi}{mkT}}\hbar$ 和 $y = \frac{qz}{\lambda^3}$可求出

$$z = \left(\frac{2\pi}{mkT}\right)^{\frac{3}{2}} \hbar^3 \frac{y}{q}$$

而

$$\ln z = \frac{\mu}{kT}$$

故

$$\mu = kT\ln z = kT\left[\ln p - \frac{5}{2}\ln kT - \ln q + \frac{3}{2}\ln\left(\frac{2\pi\hbar^2}{m}\right)\right]$$

这样吉布斯函数为

$$G = N\mu = NkT\ln p - \frac{5}{2}NkT\ln kT - NkT\ln q + \frac{3}{2}NkT\ln\left(\frac{2\pi\hbar^2}{m}\right) \tag{2.6.24}$$

于是可以计算热力学函数:

$$S = -\left(\frac{\partial G}{\partial T}\right)_p = -\frac{G}{T} + \frac{5}{2}Nk + \frac{NkT}{q}\frac{\mathrm{d}q}{\mathrm{d}T} \tag{2.6.25}$$

因为 $q = \sum\limits_{\substack{\text{粒子全部}\\\text{内部自由度}}} \mathrm{e}^{-\frac{u_i}{kT}}$, 故

$$\frac{NkT}{q}\frac{\mathrm{d}q}{\mathrm{d}T} = \frac{\sum\limits_{\substack{\text{粒子全部}\\\text{内部自由度}}} NkT\frac{u_i}{kT^2}\mathrm{e}^{-\frac{u_i}{kT}}}{q} = \frac{N}{T}\frac{\sum\limits_{\substack{\text{粒子全部}\\\text{内部自由度}}} u_i \mathrm{e}^{-\frac{u_i}{kT}}}{q} = \frac{N\langle u\rangle}{T} \tag{2.6.26}$$

将式(2.6.26)代入式(2.6.25)得

$$S = -Nk\ln p + Nk\ln kT + Nk\ln\left(\frac{q}{\lambda^3}\right) + \frac{5}{2}Nk + \frac{N\langle u\rangle}{T}$$

$$= Nk\ln\left(\frac{V}{N}\right) + \frac{5}{2}Nk + Nk\ln\left(\frac{q}{\lambda^3}\right) + \frac{N\langle u\rangle}{T} \qquad (2.6.27)$$

$$H = E + PV = G + TS = \frac{5}{2}NkT + N\langle u\rangle \qquad (2.6.28)$$

$$E = H - PV = \frac{3}{2}NkT + N\langle u\rangle \qquad (2.6.29)$$

应该指出，在分子运动论中，或经典统计力学里，只能计算无相互作用下，$U=0$ 时的状态方程 $pV=NkT$ 和能量 $E=\frac{3}{2}NkT$，却得不出与 $\hbar$ 有关的常数项。

若气体间无相互作用，式(2.6.27)又可写为

$$S = Nk\ln\left(\frac{V}{N}\right) + N\cdot(T\text{ 的函数}) \qquad (2.6.30)$$

让我们用式(2.6.30)来讨论吉布斯佯谬问题。

两种不同的气体分子 A 和 B，设每种分子具有相同的内部自由度，即 u 相同；又假设分子间，不论 $A-A$、$A-B$ 或 $B-B$ 之间都无相互作用，并且质量相同，即 $m_A=m_B=m$。

(1)如图 2.6.3 所示，将一容积 V 用薄膜隔成 V_A 和 V_B 两容积，其中分别有 N_A 和 N_B 个分子。由于薄膜可以交换热量，因此温度也相同。由 $\frac{N_A}{V_A}=\frac{N_B}{V_B}$ 知两容积的压强也相同。

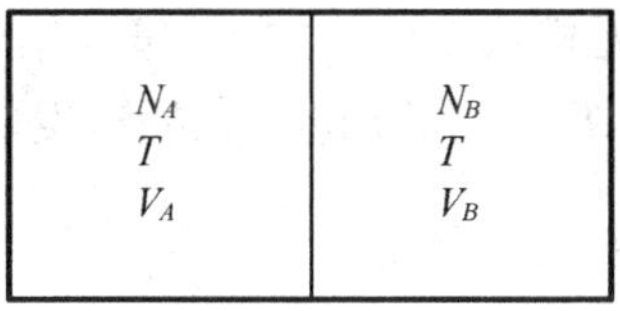

图 2.6.3

现在问，当中间的薄膜取走后，A、B 分子混合，其熵有何变化？

当中间的薄膜取走后，容积变成 V，故混合之前的熵 S_1 为

$$S_1 = S_A(N_A, V_A, T) + S_B(N_B, V_B, T) \qquad (2.6.31)$$

混合后的熵 S_2 为

$$S_2 = S_A(N_A, V, T) + S_B(N_B, V, T) \qquad (2.6.32)$$

哈密顿量 $H = H_A + H_B$，则

$$(\mathrm{tr}\ \mathrm{e}^{-\frac{H}{kT}})_V = (\mathrm{tr}\ \mathrm{e}^{-\frac{H_A}{kT}})_V(\mathrm{tr}\ \mathrm{e}^{-\frac{H_B}{kT}})_V \qquad (2.6.33)$$

自由能为

$$F_{\text{混合后}} = F_A(V) + F_B(V) \qquad (2.6.34)$$

于是

$$S_2 = S_1 + N_Ak\ln\frac{V}{V_A} + N_Bk\ln\frac{V}{V_B} > S_1 \qquad (2.6.35)$$

这是显然的，因为当分子混合后是不会再恢复到未混合前的分布的，熵是必然增加的。

(2)如果 A、B 分子是全同的，此时取走薄膜前后是无区别的，熵就不应增加。利用式(2.6.30)计算的结果也是一致的。

$$S_2 - S_1 = Nk\ln\frac{V_A + V_B}{N_A + N_B} - N_A k\ln\frac{V_A}{N_A} - N_B k\ln\frac{V_B}{N_B} = 0 \tag{2.6.36}$$

这就彻底解决了吉布斯佯谬的问题。所谓吉布斯佯谬是当时吉布斯在计算情况(1)和(2)的熵值,都得到熵增加的结果。显然,对情况(2),出现熵增加是不可理解的。之所以出现这种佯谬是由吉布斯的古典想法所带来的。他认为所有的粒子都已编上了号码,如1,2,…,n,任何粒子都有相应的标号。因此,不论相同粒子或不同粒子,只是不同的标号名称罢了,没有根本的差异,是完全可以分辨的。

对于量子力学来说,相同粒子与不同粒子却有根本的差异。相同粒子是完全不可分辨的,两个相同粒子对换并不增加微观状态数,所以在导出表达式时自然包含$\frac{1}{\sqrt{N!}}$因子,根本不出现佯谬问题。而吉布斯在当时的力学基础上,不能正确反映相同粒子与不同粒子为何有这样的差异。他不能理解为什么相同粒子是不可分辨的。为了解决这一矛盾,他也不得不在表达式中硬性加入了$\frac{1}{\sqrt{N!}}$因子,借助他无法理解的$\frac{1}{\sqrt{N!}}$因子来凑出合理的结果。

由此可见,20世纪以量子力学为基础建立的统计力学,确实比19世纪以经典力学为基础建立的统计力学更为准确。

现在我们再来计算几种简单原子分子的内部自由度的配分函数,进而计算它们的热力学函数。试看以下两种气体。

(1)单原子分子气体

设这种气体有内部动能,但无相互作用。如氦、氖等惰性气体。令ω_0为原子基态简并度,ω_i为第i激发态的简并度,u_i为原子第i激发态的激发能,如图2.6.4所示。因此

$$q = \sum_{i=0}^{\infty}\omega_i e^{-\frac{u_i}{kT}} = \omega_0 + \omega_1 e^{-\frac{u_1}{kT}} + \omega_2 e^{-\frac{u_2}{kT}} + \cdots + \omega_n e^{-\frac{u_n}{kT}} \tag{2.6.37}$$

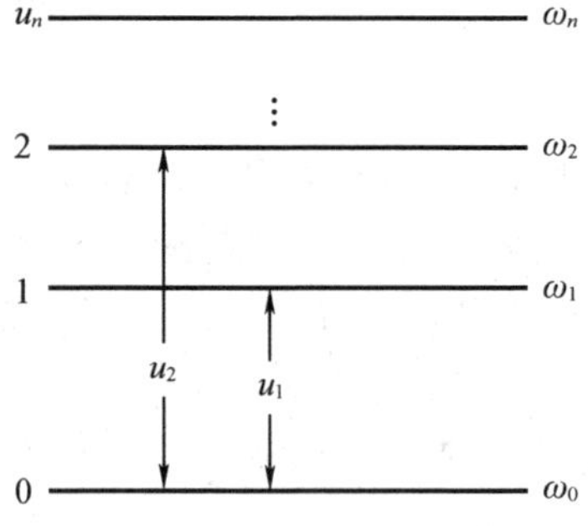

图2.6.4

对于普通原子u_1~电子伏量级,而1 eV~10^4 K,故

$$e^{-\frac{u}{kT}} \ll 1 \tag{2.6.38}$$

这样似乎可以略去第一项以后各项,实际上这种想法并不正确。如果取

$$q \doteq \omega_0 \tag{2.6.39}$$

则条件$e^{-\frac{u}{kT}} \ll 1$是式(2.6.39)的必要条件,但并不是充分条件。由于随着原子的激发态的增加,其简并度越来越大。当激发能接近电离能u_{I}时,其简并度$\omega \to \infty$,而$e^{-\frac{u_n}{kT}} > e^{-\frac{u_1}{kT}}$是有限的。显然

$$q = \sum_{i=0}^{\infty} \omega_i e^{-\frac{u_i}{kT}} \to \infty$$

因此,第一项以后的各项是不容忽略的,这正是在星际空间所有原子都是电离的原因所在。所以要使式(2.6.39)成立,除了 $e^{-\frac{u}{kT}} \ll 1$,还应满足

$$\sum_{i=1}^{\infty} \omega_i e^{-\frac{u_i}{kT}} \ll 1 \tag{2.6.40}$$

如以类氢原子为例,有

$$E_n = \frac{-R_\infty}{n^2} \tag{2.6.41}$$

其中,n 为主量子数;R_∞ 是里德伯常量。第 n 阶与第 1 阶之间的能量差为

$$u_n = R_\infty \left(1 - \frac{1}{n^2}\right) \tag{2.6.42}$$

其简并度为

$$\omega_n = 2n^2 \tag{2.6.43}$$

如果只保存第一项,就要有

$$2\sum_{n=2}^{n_0} n^2 e^{-\frac{R_\infty}{kT} + \frac{R_\infty}{n^2 kT}} \ll 1 \tag{2.6.44}$$

即

$$n_0^2 e^{-\frac{u_1}{kT}} \ll 1 \tag{2.6.45}$$

n_0 的边界条件取决于原子间的距离 d,即原子的最大间距不能超过 d,通常采用

$$n_0^2 r_B \sim d = \rho^{-\frac{1}{3}} \tag{2.6.46}$$

式中,r_B 是氢原子玻尔半径。虽然间距超过 r_B 就要考虑原子间的相互作用,但是实际上是存在大轨道电子的。实验表明,即使包括类氢原子以外的其他原子,以上公式仍可应用。这可看作电子在一种介质中运行,只不过引起介质折射系数的改变而已。

于是,我们得到这样的结论,在平衡状态下可以通过以下途径使原子游离。

①提高温度,增加玻耳兹曼因子。

②降低压力,增大熵因子。

(2)双原子分子气体

如 H_2、HCl 双原子分子。它们的内部自由度除了单原子分子的电子态激发外,还有转动和振动自由度的激发。其内能可以写为

$$u \cong u_{电} + u_{转} + u_{振} \tag{2.6.47}$$

实际上式(2.6.47)中的三种自由度是有相互联系的。如转动能大就会影响振动频率,它们之间并不呈线性关系。不过在较低温下,式(2.6.47)还是一个很好的近似。故内部配分函数可写为

$$q = \sum_{全部内部自由度} e^{-\frac{u}{kT}} = \sum_{全部电子态} e^{-\frac{u_{电}}{kT}} \sum_{全部转动态} e^{-\frac{u_{转}}{kT}} \sum_{全部振动态} e^{-\frac{u_{振}}{kT}} = q_{电}\, q_{转}\, q_{振} \tag{2.6.48}$$

如果密度不太低(即不是星际空间的密度),那么

$$q_{电} = \sum_{全部电子态} e^{-\frac{u_{电}}{kT}} \cong \omega_0 \tag{2.6.49}$$

在正常室温下,式(2.6.49)是满足的。另由量子力学,我们知道

$$u_{转} = \frac{j(j+1)}{2I}\hbar^2 \tag{2.6.50}$$

式中，I 是转动惯量；$j=0,1,2,\cdots$是角动量量子数。

$$u_{振} = n\hbar\omega \quad (n=0,1,2,\cdots) \tag{2.6.51}$$

因此

$$q = \omega_0 q_{转}\ q_{振} \tag{2.6.52}$$

$$q_{振} = \sum_{全部振动态} e^{-\frac{n\hbar\omega}{kT}} = \frac{1}{1-e^{-\frac{\hbar\omega}{kT}}} \tag{2.6.53}$$

在这里我们可以对转动能与振动能进行估算。如果能量用绝对温度表示，那么转动激发能与振动激发能情况见表 2.6.1。

表 2.6.1　转动激发能与振动激发能情况

分子	转动$\frac{\hbar^2}{2Ik}$/K	振动$\frac{\hbar\omega}{k}$/K
H_2	84.97	5 958
HCl	14.95	4 131

由此可见，转动激发能比振动激发能低得多。对于氢原子，电子基态能 ~ $\frac{\hbar^2}{2m_e r^2}$（约 10 eV），而转动能 ~ $\frac{\hbar^2}{2m_H r^2}$。由于氢原子比电子重 2 000 倍，故转动能相当于电子激发能的 10^{-3}，恰与以上数量级符合。

对于振动能的情况考虑比较复杂。因为振动影响电子的轨道，所以会带来$\frac{\hbar^2}{2m_e r^2}$的变化。详细地计算发现振动能比电子激发能低。

§2.7　非理想气体

实际气体总是有相互作用的，显然用理想气体的方法来处理实际气体是不够的，尽管有时这种理想气体处理方法对某种实际气体是相当精确的。本节将讨论非理想气体的状态方程。所谓非理想气体，是指气体分子之间存在相互作用，而且不可忽略，但又不能在分子之间形成束缚态或者凝聚态的情况。一般在物质比较稀薄，但又不是极端稀薄的条件下，比如在常温但压力比较大的情况下的气体，可以视为非理想气体。如第 1 章所述，非理想气体的状态方程可用位力方程描述。如果只算到第二位力系数，略去其他高次项，也可以用范德瓦尔斯方程描述。

由于分子之间相互作用的势能比较复杂，要严格计算配分函数比较困难，往往需要引入各种近似。从统计物理推导非理想气体状态方程的方法有许多，如梅逸的集团展式理论、位力法等。下面将在高温条件下，对实际气体采用位力展开的办法进行计算。用到以

上经典统计的基本公式有

$$\frac{p}{kT}=\frac{1}{V}\ln Q \tag{2.7.1}$$

$$Q=\sum_{N=0}^{\infty}\frac{1}{N!}y^N Q_V(N) \tag{2.7.2}$$

而

$$Q_V(N)=\iiint\prod_{i=1}^{N}\mathrm{d}^3 r_i \mathrm{e}^{-\frac{U_N}{kT}} \tag{2.7.3}$$

$$\rho=\frac{\partial}{\partial\ln y}\left(\frac{p}{kT}\right) \tag{2.7.4}$$

$$y=\frac{q}{\lambda^3}\mathrm{e}^{\frac{\mu}{kT}} \tag{2.7.5}$$

式中

$$\lambda\equiv\sqrt{\frac{2\pi}{mkT}}\hbar \tag{2.7.6}$$

令

$$U_N=\sum_{N\geqslant i\geqslant j\geqslant 1}u_{ij}$$

式中，$u_{ij}=u(r_{ij})$表示粒子间的势能。

粒子间的势能 u_{ij}仅是 r_{ij}的函数，唯一的要求是势能衰减得比$\frac{1}{r^3}$快。在这里我们不去讨论万有引力 ~ $\frac{1}{r}$形式。尽管库仑作用也是$\frac{1}{r}$形式，不过它由于电荷正负所产生效应相互抵消，因此表现出总的效果在原子、分子间呈$\frac{1}{r^6}$形式衰减的关系。

从式(2.7.1)可以看出，压强是体积的函数。我们希望将体积趋向无穷大，让压强变成仅是密度和温度的函数，即 $p=p(\rho,T)$。

1. 范德瓦尔斯方程

要求出非理想气体状态方程，关键在于研究 $U\neq 0$ 的情况，特别是在 U 是分子之间的相互作用势的条件下，求出 $Q_V(N)$。采用力心点模型，假设第 i 个分子和第 j 个分子之间的两体相互作用仅是两个分子间距离 r_{ij}的函数，体系的位能为

$$U=\sum_{i<j}u(r_{ij}) \tag{2.7.7}$$

$u(r_{ij})$如图 2.7.1 所示。式(2.7.7)中的求和限于在 $i<j$ 的条件下进行，是为了保证求和中不重复计算同一对分子间的相互作用。

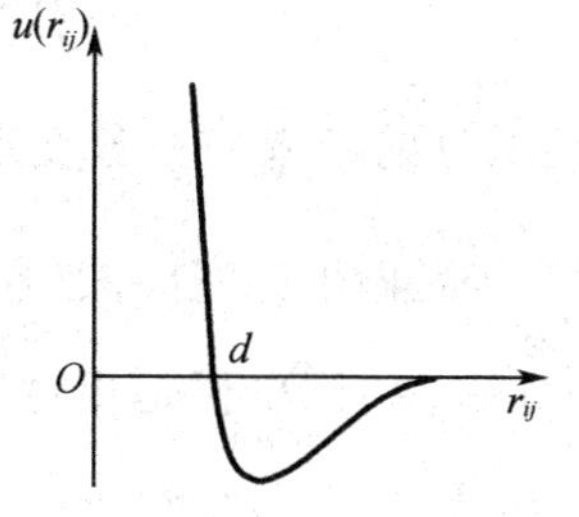

图 2.7.1

将式(2.7.7)代入式(2.7.3)得

$$Q_V(N) = \iiint e^{-\beta\sum\limits_{i<j}u(r_{ij})}d\tau_1 d\tau_2\cdots d\tau_N = \iint\cdots\int\prod_{i<j}e^{-\beta u(r_{ij})}d\tau_1 d\tau_2\cdots d\tau_N \tag{2.7.8}$$

式(2.7.8)中,已将对广义坐标的积分改写为对体积元($\tau_1,\tau_2,\cdots,\tau_N$)的积分。注意到对于气体来说,分子之间的相互作用实际上并不太强,因为它不足以形成束缚态。特别是当r_{ij}大于分子作用力程的范围时,$u(r_{ij})$实际上近似为零。而分子之间的作用力程一般很短。引入

$$f_{ij} = e^{-\beta u(r_{ij})} - 1 \tag{2.7.9}$$

当$r_{ij}\to\infty$,$u(r_{ij})\to 0$,$e^{-\frac{u(r_{ij})}{kT}}$很快趋近于1,所以$f_{ij}=e^{-\beta u(r_{ij})}-1\to 0$,即$f_{ij}$在实际计算中可近似认为是小量(图2.7.2)。

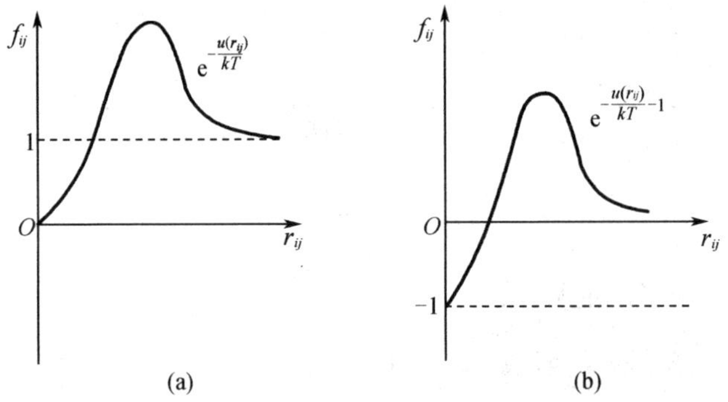

图2.7.2

由式(2.7.8)、式(2.7.9)得

$$Q_V(N) = \iint\cdots\int\prod_{i<j}(1+f_{ij})d\tau_1 d\tau_2\cdots d\tau_N = \iint\cdots\int(1+\sum_{i<j}f_{ij}+\sum_{\substack{i<j\\ i'<j'}}f_{ij}f_{i'j'}+\cdots)d\tau_1 d\tau_2\cdots d\tau_N \tag{2.7.10}$$

为计算式(2.7.10),引入假设(一):假设 $\sum\limits_{\substack{i<j\\ i'<j'}}f_{ij}f_{i'j'}$ 及以后各项均可略去,使式(2.7.10)化简为

$$\begin{aligned} Q_V(N) &\approx \iint\cdots\int(1+\sum_{i<j}f_{ij})d\tau_1 d\tau_2\cdots d\tau_N \\ &= V^N + \frac{N(N-1)}{2}V^{N-2}\iint f_{12}d\tau_1 d\tau_2 \\ &= V^N + \frac{N(N-1)}{2}V^{N-1}\int f_{12}(r)d\tau \end{aligned} \tag{2.7.11}$$

式(2.7.11)的第二步是考虑到积分的结果与积分变量无关而得出的,$\frac{N(N-1)}{2}$表示$\sum\limits_{i<j}$中的项数。式(2.7.11)的最后一步是做坐标变换,把1,2两个分子的坐标$\boldsymbol{r}_1$和$\boldsymbol{r}_2$换成两个分子之间的质心坐标和相对坐标后,由于f_{12}仅是相对坐标的函数,对质心坐标积分将得出V。由于$N\gg1$,$\frac{N(N-1)}{2}\approx\frac{N^2}{2}$,由式(2.7.11)得

$$\ln Q_V = \ln\left(V^N + \frac{N^2 V^{N-1}}{2}\int f_{12}\mathrm{d}\tau\right) = \ln\left[V^N\left(1 + \frac{N^2}{2V}\int f_{12}\mathrm{d}\tau\right)\right] \tag{2.7.12}$$

再引入假设(二):设 $\frac{N^2}{2V}\int f_{12}\mathrm{d}\tau \ll 1$,则

$$\ln\left(1 + \frac{N^2}{2V}\int f_{12}\mathrm{d}\tau\right) \approx \frac{N^2}{2V}\int f_{12}\mathrm{d}\tau \tag{2.7.13}$$

因此

$$\ln Q_V \approx N\ln V + \frac{N^2}{2V}\int f_{12}\mathrm{d}\tau \tag{2.7.14}$$

将式(2.7.14)代入 $\frac{p}{kT} = \frac{\partial \ln Q_V}{\partial V}$ 后得

$$\frac{p}{kT} = \frac{N}{V} - \frac{N^2}{2V^2}\int f_{12}\mathrm{d}\tau \tag{2.7.15}$$

亦可写为

$$pV = NkT\left(1 - \frac{N}{2V}\int f_{12}\mathrm{d}\tau\right) = NkT\left(1 + \frac{B}{V}\right) \tag{2.7.16}$$

式中

$$\begin{aligned} B &= -\frac{N}{2}\int f_{12}\mathrm{d}\tau = \frac{N}{2}\iiint\left[1 - \mathrm{e}^{-\beta u(r)}\right]r^2\mathrm{d}r\sin\theta\mathrm{d}\theta\mathrm{d}\varphi \\ &= \frac{N}{2}\cdot 4\pi\left[\int_0^{2r_0}(1 - \mathrm{e}^{-u/kT})r^2\mathrm{d}r + \int_{2r_0}^{\infty}(1 - \mathrm{e}^{-u/kT})r^2\mathrm{d}r\right] \end{aligned} \tag{2.7.17}$$

式(2.7.17)中右端第一项易于算出,因为由图 2.7.1 可知,当 $r < 2r_0$ 时,$u(r)$ 很大,$\mathrm{e}^{-u(r)/kT} \to 0$,则

$$\frac{N}{2}\cdot 4\pi\int_0^{2r_0}(1 - \mathrm{e}^{-u/kT})r^2\mathrm{d}r \approx \frac{N}{2}\cdot 4\pi\frac{(2r_0)^3}{3} = 4N\cdot\frac{4\pi}{3}r_0^3 = b \tag{2.7.18}$$

右端第二项必须具体给出 $u(r)$ 在 $r > 2r_0$ 的形式才能算出。

令

$$\frac{N}{2}\cdot 4\pi\int_{2r_0}^{\infty}\left[1 - \mathrm{e}^{-u(r)/kT}\right]r^2\mathrm{d}r = -\frac{a}{RT} \tag{2.7.19}$$

以定义 a,则式(2.7.17)可写为

$$B = b - \frac{a}{RT} \tag{2.7.20}$$

由式(2.7.16)、式(2.7.20),若 N 为阿伏加德罗常数和 $R = Nk$,则

$$PV = RT\left(1 + \frac{b - \frac{a}{RT}}{V}\right) = RT\left(1 + \frac{b}{V}\right) - \frac{a}{V} \approx \frac{RT}{1 - \frac{b}{V}} - \frac{a}{V}$$

即

$$p = \frac{RT}{V - b} - \frac{a}{V^2} \tag{2.7.21}$$

这正是范德瓦尔斯方程。由式(2.7.18)可见,b 是分子总体积的 4 倍。对于气体,显然有 $b \ll V$。为计算 a,假定分子间势能在 $r > 2r_0$ 时满足

$$u(r) = -\mu r^{-n} \quad (r > 2r_0) \tag{2.7.22}$$

式中,μ 和 n 为常数。由式(2.7.19)得

$$\frac{a}{RT} = 2\pi N\int_{2r_0}^{\infty}\left(e^{\mu r^{-n}/kT}-1\right)r^2\mathrm{d}r = 2\pi N\sum_{\nu=1}^{\infty}\frac{1}{\nu!}\left(\frac{\mu}{kT}\right)^{\nu}\int_{2r_0}^{\infty}r^{2-n\nu}\mathrm{d}r$$

$$= 2\pi N\sum_{\nu=1}^{\infty}\frac{(2r_0)^3}{\nu!(n\nu-3)}\left[\frac{\mu}{kT(2r_0)^n}\right]^{\nu} \tag{2.7.23}$$

式(2.7.23)最后一步曾假定 $n>2$,以保证积分收敛。一般情况下,可取 $n=6$。式(2.7.23)中的 $2r_0$ 近似地认为是分子的直径。

但是,必须指出,上述对范德瓦尔斯方程的推导是不严谨的。这表现在:

(1)f_{ij}虽然可看成是小量,但 $\sum\limits_{i<j}f_{ij}$ 求和项数有$\dfrac{N(N-1)}{2}$项,N 是个很大的数字,因此求和后的数值 $\sum\limits_{i<j}f_{ij}$ 不一定比 1 小。同理,$\sum\limits_{\substack{i<j\\i'<j'}}f_{ij}f_{i'j'}$ 的数值也不一定比 $\sum\limits_{i<j}f_{ij}$ 小。假设(一)略去 $\sum\limits_{\substack{i<j\\i'<j'}}f_{ij}f_{i'j'}$ 及以后的各项实际上是很粗糙的。

(2)式(2.7.13)成立的条件是 $\dfrac{N^2}{2V}\int f_{12}\mathrm{d}\tau \ll 1$,一般地,在热力学极限下,$N$ 很大,V 很大,N/V 是个常数,f_{12}虽然是小量,但乘 N 后,实际上并不一定是小量。假设(二)同样也是依据不足的。

2. 梅逸集团展式

为了克服这些困难,梅逸提出了集团展式理论。现在的关键问题是如何合理地计算式(2.7.10)的梅逸集团展式,即

$$Q(V,T) = \iint\cdots\int\mathrm{d}\tau_1\mathrm{d}\tau_2\cdots\mathrm{d}\tau_N[1+(f_{12}+f_{13}+\cdots)+(f_{12}f_{13}+f_{12}f_{14}+\cdots)+\cdots] \tag{2.7.10$'$}$$

一种方便的计算展式(2.7.10)$'$中所有项的方案是把每一项和一个图形对应起来。

定义 2.7.1(N 粒子图) N 粒子图是一个以 1,2,…,N 标记的 N 个不同的小圆圈的集合,集合中不同的两个小圆圈之间可用任一线相连。若称由线连接的两个不同的小圆圈为一“对”,并以 $\alpha,\beta,\cdots,\lambda$ 等标记这些“对”,则这个 N 粒子图表示展式(2.7.10)$'$中的项

$$\iint\cdots\int\mathrm{d}\tau_1\mathrm{d}\tau_2\cdots\mathrm{d}\tau_N f_\alpha f_\beta\cdots f_\lambda$$

在一个给定的图中把由线连接的不同的对列$\{\alpha,\beta,\cdots,\lambda\}$换成$\{\alpha',\beta',\cdots,\lambda'\}$,且若$\{\alpha',\beta',\cdots,\lambda'\}$不全同于$\{\alpha,\beta,\cdots,\lambda\}$,则表示两个不同的图。例如,对 $N=3$,虽然下述两个图对应的积分具有相同的数值,但两图是不同的图。

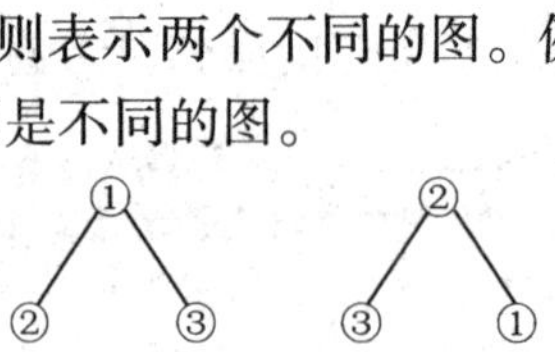

而下述图形是相同的图。

对于式(2.7.10)$'$的展开项,采用图形表示是方便的。小圆圈内的数字表示某粒子,于是不同的粒子就由不同的标号圈来表示。小圆圈之间连一直线者表示 f_{ij}因子,无直线相连的,因子就是 1。所以只要有若干直线就对应有若干 f_{ij}因子之积。

举例:如两粒子的系统,可以表示为

$$e^{-\frac{u_2}{kT}} = 1 + f_{12}$$

如三个粒子系统，可以表示为

$$e^{-\frac{u_3}{kT}} = (1+f_{12})(1+f_{13})(1+f_{23})$$
$$= 1 + (f_{12} + f_{13} + f_{23}) + (f_{12}f_{13} + f_{12}f_{23} + f_{13}f_{23}) + f_{12}f_{13}f_{23}$$

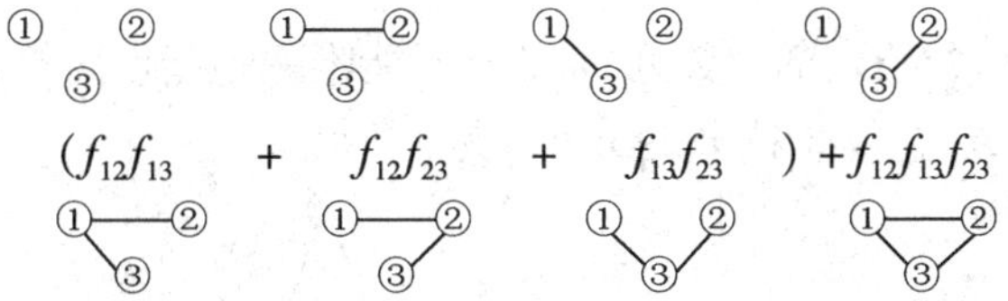

经过把每项积分与一个图形相对应后，式(2.7.10)中的所有项对应于所有各种可能的图形。配分函数 $Q(V,T)$ 等于所有不同的 N 粒子图之和。于是，问题就归结为如何由图写积分，或由积分写图，并计算各种不同图形的贡献。例如，对 $N=10$，下一图形与积分的对应关系是

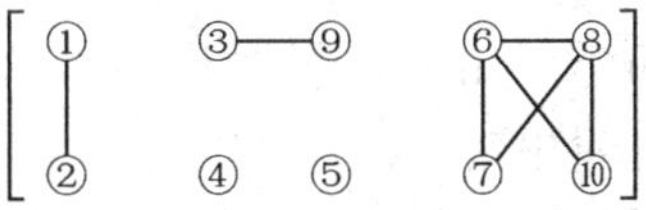

$$= \iint\cdots\int f_{12}f_{39}f_{67}f_{68}f_{810}f_{610}f_{78}\,\mathrm{d}\tau_1\mathrm{d}\tau_2\cdots\mathrm{d}\tau_{10} \tag{2.7.24}$$

一般来说，图形可分解为更小的单元，例如，所以式(2.7.24)左端的图形可分解为 5 个因子的连乘，即

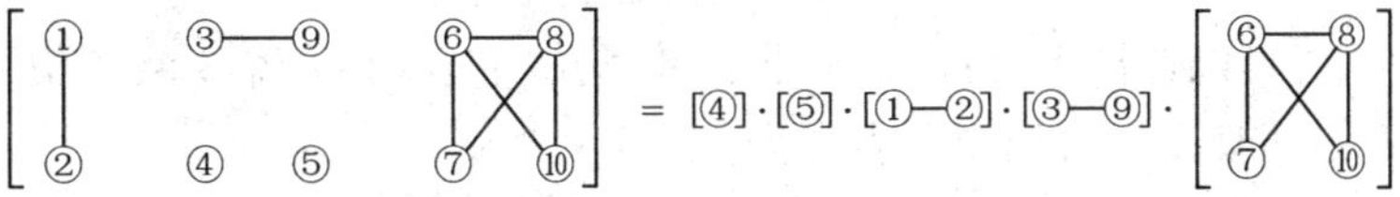

$$= [④]\cdot[⑤]\cdot[①—②]\cdot[③—⑨]\cdot[\cdots] \tag{2.7.25}$$

定义 2.7.2（l 粒子集团）　通常把每一个不能再分解的单元称为一个相连集团，简称集团。一个 l 粒子集团是一个 l 粒子图，图中每一个小圆圈最少有一根线和别的小圆圈相连接，因而每一个小圆圈都直接地或间接地和其他 $l-1$ 个小圆圈相连接。例如，下面是一个 6 粒子集团

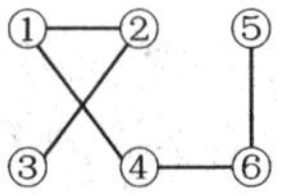

$$= \iint\cdots\int f_{12}f_{23}f_{14}f_{46}f_{56}\,\mathrm{d}\tau_1\mathrm{d}\tau_2\cdots\mathrm{d}\tau_6 \tag{2.7.26}$$

显然，一个相连集团对应的积分不能再分解为互相独立的因子的连乘积。

定义 2.7.3　l 粒子集团积分 $b_l(V,T)$ 为

$$b_l(V,T) = \frac{1}{l!\ V}\cdot(\text{所有可能的 } l \text{ 粒子集团之和}) \tag{2.7.27}$$

最初几个集团积分是

$$b_1 = \frac{1}{V}[①] = \frac{1}{V}\int \mathrm{d}\tau_1 = 1 \tag{2.7.28}$$

$$b_2 = \frac{1}{2!V}[①—②] = \frac{1}{2V}\iint f_{12}\,\mathrm{d}\tau_1\mathrm{d}\tau_2 = \frac{1}{2}\iint f_{12}\,\mathrm{d}\tau_{12} \tag{2.7.29}$$

$$b_3 = \frac{1}{3!V}(\cdots)$$

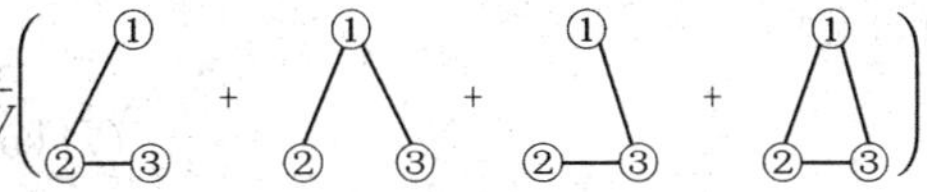

$$= \frac{1}{3!V}\iiint[f_{12}f_{23} + f_{12}f_{13} + f_{13}f_{23} + f_{12}f_{23}f_{13}]\,\mathrm{d}\tau_1\mathrm{d}\tau_2\mathrm{d}\tau_3 \tag{2.7.30}$$

显然,任何 N 粒子图都是一系列集团积分的乘积。设一个 N 粒子图可分解为 m_1 个 1 粒子的集团积分,m_2 个 2 粒子的集团积分,$\cdots$,m_l 个 l 粒子的集团积分,$\cdots$,即有

$$(Vb_1)^{m_1}(2!\,Vb_2)^{m_2}\cdots(l!\,Vb_l)^{m_l}\cdots$$

而且满足

$$\sum_{l=1}^{N} lm_l = N \tag{2.7.31}$$

然而,满足式(2.7.31)的给定的整数列 $\{m_l\}$ 并不能唯一地指明一个图。这是因为:一是形成 l 集团可以有许多方式,如 3 粒子集团可以是

二是一般地可以有许多不同的方式来标记属于同一个集团中的粒子,如

因此,一个整数列 $\{m_l\}$ 实际上表征一列图的集合。记所有相应于整数列 $\{m_l\}$ 的图形之和为 $S\{m_l\}$,则由图和积分的对应关系及式(2.7.10)不难看出

$$Q_V = \sum_{\{m_l\}} S\{m_l\} \tag{2.7.32}$$

式中的求和是对所有满足式(2.7.31)的任意整数列 $\{m_l\}$ 进行的。

按定义,$S\{m_l\}$ 可以这样求得:首先写下 N 粒子图,它含有 m_1 个 1 粒子集团,m_2 个 2 粒子集团,m_3 个 3 粒子集团,$\cdots$,用图形表示为

$$\underbrace{\{[\bigcirc]\cdots[\bigcirc]\}}_{m_1 \text{个}}\ \underbrace{\{[\bigcirc\!-\!\bigcirc]\cdots[\bigcirc\!-\!\bigcirc]\}}_{m_2 \text{个}}\ \underbrace{\left\{\left[\triangle\right]\left[\triangle\right]\cdots\left[\triangle\right]\right\}}_{m_3 \text{个}}\cdots \tag{2.7.33}$$

在式(2.7.33)中有 N 个小圆圈可以用数 $1,2,\cdots,N$ 以任意方式填充。这样,可以画出许多类似式(2.7.33)的图形,或者说,可以改变 3 粒子集团中的某些图形或多粒子集团中的某些图形,以及互换式(2.7.33)中标记每个圈的数字,以得出不同的图形。对所有的可能求和后,即得 $S\{m_l\}$。

由于积分的数值与积分变量无关,在图形中看来,每个图贡献的积分的结果应与图中的小圆圈用什么数字标记无关,因此 $S\{m_l\}$ 应对应很多项。而项数应为

$$\frac{N!}{\prod_l \left[(l!)^{m_l}\cdot m_l!\right]} \tag{2.7.34}$$

式中,分子表示 N 个分子的总排列数,即把 N 个小圆圈的数字互相对调的总次数;分母中因子 $m_l!$ 表示把 m_l 个 l 粒子集团彼此互换,不对项数带来新的贡献;分母中因子 $(l!)^{m_l}$ 表示把 l 集团中 l 个圈互调不带来新的贡献,因而必须从总的互调数 $N!$ 中扣去。综上所述,由式(2.7.10)、式(2.7.32)、式(2.7.34)得

$$Q_V = \sum_{\{m_l\}} \frac{N!}{\prod_l \left[(l!)^{m_l}\cdot m_l!\right]} \prod_l (l!\,Vb_l)^{m_l} \tag{2.7.35}$$

即

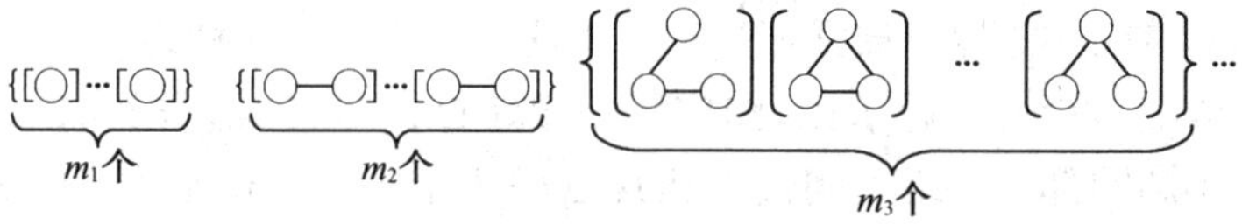

$$\frac{Q_V}{N!}=\sum_{\{m_l\}}\prod_l\frac{(Vb_l)^{m_l}}{m_l!} \tag{2.7.36}$$

式中的求和是对所有满足条件式(2.7.31)的任意数列$\{m_l\}$进行的。

式(2.7.36)提供了一种计算Q_V的方法。只要算出所有集团积分$b_l(l=1,2,\cdots,N)$,原则上可由式(2.7.1)、式(2.7.2)及式(2.7.36)推出非理想气体的状态方程。梅逸集团展式是推导非理想气体状态方程的较切实可行的方法之一。

定理 2.7.1

$$\left(\frac{p}{kT}\right)_V=\sum_{l=1}^{\infty}b_l(V,T)y^l \tag{2.7.37}$$

$$\rho=\sum_{l=1}^{\infty}b_l(V,T)ly^l \tag{2.7.38}$$

这是梅逸第一定理。

证明　由于$\sum_{l=1}^{N}lm_l=N$,式(2.7.36)中的m_l是受到这个约束的,但是巨配分函数中N是趋向无穷大的,这样就解除了m_l的约束。

由式(2.7.2)及式(2.7.36)得

$$Q=\sum_{N=0}^{\infty}\frac{1}{N!}y^NQ_V(N)=\sum_{\{m_l\}}\prod_l\frac{y^{m_ll}}{m_l!}(b_lV)^{m_l} \tag{2.7.39}$$

式中,m_l可以独立地取0,1,2,…。

由于m_l可独立地变化,故求和号与连乘号可对调,则

$$Q=\prod_l\sum_{\{m_l\}}\frac{1}{m_l!}(b_lVy^l)^{m_l}=\prod_l e^{b_lVy^l}=e^{\sum_l b_lVy^l} \tag{2.7.40}$$

所以

$$\frac{p}{kT}=\frac{1}{V}\ln Q=\frac{1}{V}\ln(e^{\sum_l b_lVy^l})=\sum_l b_ly^l \tag{2.7.41}$$

而

$$\rho=\frac{\partial}{\partial\ln y}\left(\frac{p}{kT}\right)=y\cdot\frac{\partial}{\partial y}\left(\frac{p}{kT}\right)=y\cdot\frac{\partial}{\partial y}\left(\sum_{l=1}^{\infty}b_ly^l\right)=\sum_{l=1}^{\infty}lb_ly^l \tag{2.7.42}$$

梅逸第一定理得证。

【例 2.7.1】　设对自由粒子情形,即$u_{ij}=0$,故$f_{ij}=0$。由定义可知,$b_1=1,b_2=b_3=\cdots=0$,并且$l>1$的b_l项均为零,故有

$$\frac{p}{kT}=y=\rho$$

这就是熟知的理想气体的状态方程。

【例 2.7.2】　如果粒子间有相互作用,那么$u_{ij}\neq0$。

将式(2.7.37)展开得

$$\frac{p}{kT}=y+b_2y^2+\cdots \tag{2.7.43}$$

为了求得压力与密度、温度的关系$p=p(\rho,T)$,只需将式(2.7.37)和式(2.7.38)中的y消去即可。

由式(2.7.38)可知

$$\rho = y + 2b_2 y^2 + \cdots \tag{2.7.44}$$

所以

$$y = \rho - 2b_2\rho^2 + \cdots \tag{2.7.45}$$

将式(2.7.45)代入式(2.7.43)得

$$\frac{p}{kT} = \rho - b_2\rho^2 + o(\rho^3) \tag{2.7.46}$$

式(2.7.46)就是压力按ρ级数的展开式,又称位力展开。对二级位力展开的情形,有

$$b_2(V) = \frac{1}{2!V}\iint\cdots\int f_{12}\,\mathrm{d}^3r_1\,\mathrm{d}^3r_2$$

令

$$u_{12} = u(r_{12})$$

所以

$$f_{12} = f(r_{12}) = \mathrm{e}^{-\frac{u(r_{12})}{kT}} - 1 \tag{2.7.47}$$

当r很小时,原子表现有相斥作用,r大时表现相吸作用,为便于讨论,取硬球势为

$$u(r) = \begin{cases} \infty & r \leqslant d \\ \text{有限} & r > d \end{cases} \quad (d\text{ 为硬球直径}) \tag{2.7.48}$$

高温时,$r > d$,有

$$\left|\frac{u(r)}{kT}\right| \ll 1 \tag{2.7.49}$$

所以

$$f(r) = \begin{cases} -1 & r \leqslant d \\ -\dfrac{u(r)}{kT} & r > d \end{cases} \tag{2.7.50}$$

因为$u(r)$在r很小时为∞,所以$f(r)$在r很小时为-1;当$r > d$时,$f(r) = -\dfrac{u(r)}{kT}$,b_2的积分形式为

$$b_2(\infty) = -\frac{1}{2}\,\frac{4\pi}{3}d^3 - \frac{1}{2kT}\int_{r>d} u(r)\,\mathrm{d}^3r \tag{2.7.51}$$

在这里我们用二级位力展开式和范德瓦尔斯方程进行比较,并讨论其中的参数的物理意义。

已知范德瓦尔斯方程为

$$\left(p + \frac{N^2}{V^2}a\right)(V - Nb) = NkT \tag{2.7.52}$$

式(2.7.52)是从实验总结出来的半经验公式。实际气体分子是有一定大小的,它们之间存在着吸力,故对理想气体的状态方程,应做以下修正:

$$p^* V^* = NkT \tag{2.7.53}$$

式中,p^*和V^*分别代表有效压力和体积。如果将范德瓦尔斯方程写成$\frac{p}{kT}$是密度ρ的函数,则有

$$(p + \rho^2 a)(1 - \rho b) = \rho kT \tag{2.7.54}$$

所以

$$\frac{p}{kT}=\frac{\rho}{1-\rho b}-\rho^2 a\frac{1}{kT}=\rho+\rho^2\left(b-\frac{a}{kT}\right)+o(\rho^3) \tag{2.7.55}$$

将式(2.7.46)与式(2.7.55)进行比较,得

$$-b_2=b-\frac{a}{kT} \tag{2.7.56}$$

再将式(2.7.51)与式(2.7.56)进行比较,得

$$b=\frac{1}{2}\frac{4\pi}{3}d^3 \tag{2.7.57}$$

$$a=-\frac{1}{2}\iint\cdots\int_{r>d}u\mathrm{d}^3r$$

显然,如 $a=0,b=0$,就还原到理想气体情形。

从 a、b 的物理意义不难看出。如果不考虑分子间的吸引力,将分子视为硬球,那么这些分子硬球不能占据任何其他硬球所占的空间。如以球心为圆心,以硬球直径为半径做成的球体,是邻近球体中心所不能进入的范围。这就是式(2.7.57)中的 b 具有$\frac{1}{2}$因子的原因。另外,由于分子间的吸引力存在,使实际的压强比理想气体的压强大。

应该指出,在这里我们将压强仅对密度做二级位力展开,得到非理想气体的修正就优于范德瓦尔斯方程。如果需要的话,我们可以进行更高级的位力展开,其结果将进一步改善。但是范德瓦尔斯方程高于三级的位力展开将是完全错误的。

三级位力展开如下:

为了写出压强和密度的函数关系,把 y 消去即可。由梅逸第一定理知

$$\rho=y+2b_2y^2+3b_3y^3+\cdots \tag{2.7.58}$$

而

$$\begin{aligned}y&=\rho-2b_2(\rho-2b_2\rho^2)^2-3b_3\rho^3+o(\rho^4)\\&=\rho-2b_2\rho^2+(8b_2^2-3b_3)\rho^3+o(\rho^4)\end{aligned} \tag{2.7.59}$$

由式(2.7.37)得

$$\begin{aligned}\frac{p}{kT}&=y+b_2y^2+b_3y^3=\rho-b_2y^2-2b_3y^3=\rho-b_2(\rho-2b_2\rho^2)^2-2b_3\rho^3\\&=\rho-b_2\rho^2+(4b_2^2-2b_3)\rho^3+o(\rho^4)\end{aligned} \tag{2.7.60}$$

由 b_l 定义知

$$\begin{aligned}b_3&=\frac{1}{V}\frac{1}{3!}\iint\cdots\int(f_{12}f_{13}+f_{12}f_{23}+f_{23}f_{13}+f_{12}f_{23}f_{13})\mathrm{d}^3r_1\mathrm{d}^3r_2\mathrm{d}^3r_3\\&=\frac{1}{V}\frac{1}{3!}\left(3\iint\cdots\int f_{12}f_{13}\mathrm{d}^3r_1\mathrm{d}^3r_2\mathrm{d}^3r_3+\iint\cdots\int f_{12}f_{23}f_{13}\mathrm{d}^3r_1\mathrm{d}^3r_2\mathrm{d}^3r_3\right)\end{aligned} \tag{2.7.61}$$

将 $b_2(V)$的表示式代入上式,当 $V\to\infty$ 时得到

$$b_3(\infty)=\frac{1}{2}(2b_2)^2+\frac{1}{3!V}\iint\cdots\int f_{12}f_{23}f_{13}\prod_{i=1}^{3}\mathrm{d}^3r_i \tag{2.7.62}$$

移项,当 $V\to\infty$ 时,有

$$4b_2^2-2b_3=-\frac{1}{3V}\iint\cdots\int f_{12}f_{23}f_{13}\prod_{i=1}^{3}\mathrm{d}^3r_i \tag{2.7.63}$$

式(2.7.63)的左端是压强展开式三级位力系数。它恰好把其他各项都抵消,剩下式(2.7.63)右端的集团积分,这是位力展开所具有的特性。

为了简化集团积分 b_l 的计算，下面我们再引进新的定义。

定义 2.7.4（可约化集团与不可约化集团） 如一个集团去掉其中某一条连线，可分成两个不相连的部分，这样的集团称为“可约化集团”，反之就称为“不可约化集团”。

例如：

左图为可约化集团。去掉①与②间的连线，即把集团分成①与②—③两个不连接部分。

右图为不可约化集团。如去掉其中任一连线，仍不能把集团分成两个不连接部分。

定义 2.7.5

$$\beta_K = \frac{1}{K!V}\iint\cdots\int \sum_{\text{所有不可约化}K+1\text{点的集团}} \prod_{\substack{i,j=1 \\ i\neq j}}^{K+1} \mathrm{d}^3 r_i \prod f_{ij} \tag{2.7.64}$$

在这里可看到，不可约化集团积分仅包括不可约的集团，而前面所定义的 b_l 是包括了所有可约化与不可约化的集团。

二体不可约化集团积分为

$$\beta_1 = \frac{1}{V}\iint\cdots\int f_{12}\,\mathrm{d}^3 r_1 \mathrm{d}^3 r_2 \tag{2.7.65}$$

三体不可约化集团积分为

$$\beta_2 = \frac{1}{2V}\iint\cdots\int f_{12} f_{23} f_{13} \prod_{i=1}^{3} \mathrm{d}^3 r_i \tag{2.7.66}$$

$$\beta_1 = 2b_2 \tag{2.7.67}$$

$$b_3 = \frac{1}{2}\beta_1^2 + \frac{1}{3}\beta_2 \tag{2.7.68}$$

定理 2.7.2 梅逸第二定理

$$\frac{p}{kT} = \rho\left(1 - \sum_{K=1}^{\infty} \frac{K}{K+1}\beta_K \rho^K\right) \tag{2.7.69}$$

式(2.7.69)中，可约化集团相消，仅有与不可约化集团的关系。

第3章　相变理论

§3.1　平衡判据和平衡条件

在第1章中所引进的平衡态概念,毕竟只是唯象的,是大量实验事实的总结。这是十分重要的,因为实验是一切理论的基础和检验它们正确与否的唯一标准。但是,从另一个角度看,当然还希望能从理论上给出严格判别体系是否处在平衡态的判据以及体系处在平衡态时,各种态参量所必须满足的条件,并用这些条件去研究体系的各种特性。本章将首先讨论这些问题,重点研究相平衡条件及由此而建立起来的各种相变理论。

先讨论平衡判据。

要寻找热力学平衡的判据,应当从由非平衡态自发向平衡态过渡的普遍规律入手。这个规律受热力学第二定律,即熵增加原理所支配:对绝热隔离体系或孤立体系,自发过程总是朝着熵增加的方向进行。在整个过程中,恒满足 $\Delta S>0$,直到达到平衡态时为止。因此,孤立体系达到平衡态时熵达到最大值。

因此可以把内部热均匀的孤立体系的熵达到极大值看成是这个体系处在平衡态的充分必要条件。从而得出熵的判据:一个体系在总能量保持不变时,对于各种可能的变动来说,平衡态的熵最大。

分析一下熵判据的条件:若体系除温度 T 外,只有体积 V 一个参量,总能量不变的意思是指体系的内能和体积不变,即不做功,内能的变化为零,也不交换热量。总能量不变的条件相当于体系是孤立体系。而所谓“各种可能的变动”,是指平衡态附近的一切虚变动。从统计物理的角度来看,平衡态只是宏观态,由于涨落等因素的存在,体系不仅有趋向平衡的变动,也有离开平衡的变动。当然,后一变动从热力学的角度来看是不存在的,从宏观上看,体系只有自发地从非平衡趋向平衡的变动。这些在宏观上看来不存在,但微观上看来又是可能的变动和经典力学中的虚位移相当,可用变分来表示。熵判据的数学表述是

$$\Delta S=0,\delta^2 S<0 \tag{3.1.1}$$

由于总体系是孤立系,如果把体系和外界合在一起看成总体系,则总可以用熵判据。因而,当体系处在不同的外界条件下时,就像过去从微正则分布导出正则分布、巨正则分布那样,总可从总体系满足的熵判据找出体系达到平衡态时所满足的判据。下面将在各种不同的外界条件下讨论这个问题:

1. 自由能判据

考虑体系和大热源接触的情况,假定体系的体积不变,不对外做功,这时体系所处的宏观条件是温度 T、体积 V 不变,以 S 表示体系的熵,S_R 表示热源的熵,总体系是孤立系,它满

足的平衡判据是

$$\delta(S+S_R)=0 \tag{3.1.2}$$

$$\delta^2(S+S_R)<0 \tag{3.1.3}$$

以 δQ 表示体系从热源吸收的热量,由热力学第二定律有

$$\delta S_R=-\frac{\delta Q}{T} \tag{3.1.4}$$

由于体系体积 V 不变,故 $\delta W=0$,$\delta Q=\delta U$,由式(3.1.2)得

$$\delta(S+S_R)=\delta S-\frac{\delta Q}{T}=\delta S-\frac{\delta U}{T}=\frac{1}{T}\delta(TS-U)=-\frac{1}{T}\delta F=0 \tag{3.1.5}$$

由式(3.1.3)得

$$\delta^2(S+S_R)=\delta^2 S+\delta^2 S_R=\delta^2 S-\frac{\delta^2 Q}{T}=\delta^2 S-\frac{\delta^2 U}{T}=\frac{1}{T}\delta^2(TS-U)=-\frac{1}{T}\delta^2 F<0 \tag{3.1.6}$$

由于 $T>0$,于是得出自由能判据:在 T、V 不变的条件下,对于一切可能的变动来说,平衡态的自由能最小,满足

$$\delta F=0,\delta^2 F>0 \tag{3.1.7}$$

式(3.1.7)的物理意义是当体系和大热源接触以保持恒温且不对外做功时,过程只能朝自由能减小的方向进行,达到平衡态时,自由能 F 最小。

2. 吉布斯函数判据

考虑体系在恒温恒压条件下的情况。现在证明在 T、p 不变的条件下,对于各种可能的变动来说,平衡态的吉布斯函数最小。这个判据称为吉布斯函数判据。这时有

$$\delta S_R=-\frac{\delta Q}{T}=-\frac{\delta U+p\delta V}{T} \tag{3.1.8}$$

$$\delta(S+S_R)=\delta S-\frac{\delta U+p\delta V}{T}=-\frac{1}{T}\delta(U+pV-TS)=-\frac{1}{T}\delta G=0 \tag{3.1.9}$$

$$\delta^2(S+S_R)=-\frac{1}{T}\delta^2 G<0 \tag{3.1.10}$$

即

$$\delta G=0,\delta^2 G>0 \tag{3.1.11}$$

这就证明了吉布斯函数判据。

3. 焓判据

在压强 p 和熵 S 不变的条件下,可以证明,对于一切可能的变动来说,平衡态的焓 H 最小,这个结论称为焓判据。

因为 S 不变,$\delta S=0$,而对总体系,有

$$\delta(S+S_R)=\delta S_R=-\frac{\delta Q}{T}=-\frac{\delta U+p\delta V}{T}=-\frac{\delta(U+pV)}{T}=-\frac{\delta H}{T}=0 \tag{3.1.12}$$

$$\delta^2(S+S_R)=-\frac{\delta^2 H}{T}<0$$

即

$$\delta H=0,\delta^2 H>0 \tag{3.1.13}$$

4. 内能判据

在体积 V 和熵 S 不变的条件下,对于一切可能的变动来说,平衡态的内能 U 最小。这个结论称为内能判据。这种情况在力学上相当于保守系,力学上的保守系要达到稳定平衡,应当要求体系的能量最小。

证明方法与前面的类似。由于 S 不变,$\delta S=0$,因此对总体系

$$\delta(S+S_R)=\delta S_R=-\frac{\delta Q}{T}=-\frac{\delta U}{T}=0$$

$$\delta^2(S+S_R)=-\frac{\delta^2 U}{T}<0$$

即

$$\delta U=0,\delta^2 U>0 \tag{3.1.14}$$

在利用这些平衡判据导出平衡条件之前,先对这些不同的判据做如下分析:

首先,从上面的推导可以看出,所有这些判据中最根本的是熵判据,其他判据都可由熵判据导出。而熵判据是根据热力学第二定律给出的。因此,所有这些判据都来源于热力学第二定律,即关于自发过程进行的方向性的规律。这是非常合理的。

其次,在热力学里,根据马休定理,在选定一定的独立变数后,如果选择相应的特性函数,若这个特性函数已知,则体系的热力学性质可以唯一地由这个特性函数决定。仔细观察上述平衡判据、自由能判据、吉布斯函数判据、焓判据、内能判据后不难发现,判据适用的条件和判据本身正是独立变数与特性函数关系的反映。例如,T、V 不变时,平衡判据是自由能判据,而 $F=F(T,V)$ 正是特性函数。换言之,在 T、V 不变时,F 唯一地决定了体系的性质,当然也包括唯一地决定了体系是否处在平衡态。因此,平衡判据和特性函数一致是很自然的。

再次,不同的平衡判据的适用条件不同,因而它们所能给出的平衡条件也不同。利用熵判据,原则上可以给出所有的平衡条件。但利用自由能判据,则由于它所适用的条件本身已经要求体系和热源达到相同的温度,因而它只能给出除热学平衡条件以外的其他平衡条件。同理,吉布斯函数判据也只能给出除热学、力学平衡条件以外的其他平衡条件。

最后,在所有这些判据中,实际上都用了非平衡态时的熵、自由能、吉布斯函数、焓、内能等概念。在判据中,实际上总是把平衡态时的 S、F、G、H、U 等的值同具有相同的外参量值,但有不同的内参量值时的非平衡态下的 S、F、G、H、U 等的值相比较,才分别得出平衡态时 S 最大,或相应地,F、G、H、U 取最小值的结论。对非平衡态下的 S、F、G、H、U 等热力学函数,是根据这些量具有可相加性,是广延量而来的。

综合上述,平衡判据见表3.1.1。

表3.1.1 平衡判据

独立变量	特性函数	平衡判据	适用条件
(U,V)	S	$\delta S=0,\delta^2 S<0$	孤立系
(T,V)	F	$\delta F=0,\delta^2 F>0$	已达热学平衡的等温等容体系
(T,p)	G	$\delta G=0,\delta^2 G>0$	已达热学、力学平衡的等温等压体系
(S,p)	H	$\delta H=0,\delta^2 H>0$	定压下的绝热隔离体系
(S,V)	U	$\delta U=0,\delta^2 U>0$	保守系

下面利用平衡判据来求平衡态必须满足的条件：

(1)热学平衡条件

设将一孤立系分成两部分，两部分之间用可传递热量的导热板隔开，两部分的内能分别为 U_1 和 U_2，温度分别为 T_1 和 T_2，在各部分体积不变的条件下，我们来利用熵判据求两部分达到热学平衡时的平衡条件。体系两部分的总内能 U 为

$$U = U_1 + U_2 = \text{常数}$$

$$\delta U = \delta U_1 + \delta U_2 = 0 \tag{3.1.15}$$

$$\delta S = \delta S_1 + \delta S_2 = \frac{\delta Q_1}{T_1} + \frac{\delta Q_2}{T_2} = \frac{\delta U_1}{T_1} + \frac{\delta U_2}{T_2} \tag{3.1.16}$$

将式(3.1.15)代入式(3.1.16)得

$$\delta U = \delta U_1\left(\frac{1}{T_1} - \frac{1}{T_2}\right) = 0 \tag{3.1.17}$$

又因 $\delta U_1 \neq 0$，因此得热学平衡条件是

$$T_1 = T_2 \tag{3.1.18}$$

式(3.1.18)其实就是热力学第零定律。它说明体系达到平衡态时必须各部分温度相同。

由熵判据还可以看出热传导过程的方向性。假定两部分并未达到热平衡，它们之间将发生热传导，这是个不可逆过程。总是使得 $\Delta S > 0$，即总是朝着熵增加的方向进行。不失普遍性，设 $T_1 > T_2$，由式(3.1.17)得 $\frac{1}{T_1} - \frac{1}{T_2} < 0$，$\delta U_1 < 0$，$\delta U_2 = -\delta U_1 > 0$，即温度为 T_1 的那部分内能减小，温度为 T_2 的那部分内能增加，热量自发地由温度为 T_1 的高温部分流向温度为 T_2 的低温部分。

(2)力学平衡条件

设体系和热源已达到热平衡，$T_1 = T_2 = T$。它们的体积分别为 V_1 和 V_2，压强分别为 p_1 和 p_2，在无外力场，也不考虑表面张力等条件下，由于总体系的体积不变，因此

$$V = V_1 + V_2 = \text{常数}$$

$$\delta V = \delta V_1 + \delta V_2 = 0 \tag{3.1.19}$$

用自由能判据，有

$$\begin{aligned}\delta F &= \delta F_1 + \delta F_2 = \delta(U_1 - TS_1) + \delta(U_2 - TS_2)\\ &= \delta U_1 - T\delta S_1 + \delta U_2 - T\delta S_2\\ &= -p_1\delta V_1 - p_2\delta V_2\\ &= \delta V_1(p_2 - p_1) = 0\end{aligned} \tag{3.1.20}$$

式(3.1.20)的最后一步用了约束条件式(3.1.19)。由式(3.1.20)得

$$p_1 = p_2 \tag{3.1.21}$$

式(3.1.21)表示，在无外力场时，力学平衡条件是体系各部分的压强相等。

同样，如果体系未达到力学平衡，$p_1 \neq p_2$，比方假定 $p_2 > p_1$，过程不平衡，它必然向着自由能减小的方向进行，即 $\delta F < 0$。由式(3.1.20)，有 $\delta V_1(p_2 - p_1) < 0$，又因 $p_2 - p_1 > 0$，于是得到 $\delta V_1 < 0$，$\delta V_2 > 0$。高压部分体积膨胀，低压部分体积减小，这是个很自然的结果。

(3)相平衡条件

一般地，在无外力场的情况下，当体系各部分温度、压强相同时，整个体系将达到平衡态。但这仅仅是对化学纯，即只有一个组元、一种化学成分的体系，而且体系各部分完全一

律时是这样。当各部分不完全一律，比方水和水蒸气共存时，就不是这样。这时，整个体系并不是完全均匀的，而是分离成各自均匀但处在不同状态的两部分：水和水蒸气。这两部分称为物质两个不同的相。它们相互接触且存在明确的分界面。这里，"元"是按化学成分分类，"相"是按物理性质分类。所谓"相"，是指体系中物理性质均匀的部分，它和其他部分有一定的界限隔开。当体系的两个相达到平衡时必须再满足一些新的平衡条件，称为相平衡条件。

考虑在 T、p 不变的条件下，由两相之间交换粒子而带来的后果。由于体系的总粒子数 N 不变，设两相的粒子数分别为 N_1、N_2，则

$$N = N_1 + N_2 = 常数$$

$$\delta N = \delta N_1 + \delta N_2 = 0 \tag{3.1.22}$$

用吉布斯函数判据，由于 $G = N\mu(T,p)$，故

$$\delta G = \delta G_1 + \delta G_2 = \mu_1 \delta N_1 + \mu_2 \delta N_2 = \delta N_1(\mu_1 - \mu_2) = 0 \tag{3.1.23}$$

式(3.1.23)中最后一步用了约束条件式(3.1.22)。由式(3.1.23)得

$$\mu_1 = \mu_2 \tag{3.1.24}$$

式(3.1.24)称为相平衡条件。体系达到相平衡的充要条件是两相的化学势相等。

如果过程不平衡，比方说 $\mu_1 > \mu_2$，由于过程进行的方向必然使得吉布斯函数减小，即 $\delta G < 0$。由式(3.1.23)，有 $\delta N_1(\mu_1 - \mu_2) < 0$，又因为 $\mu_1 > \mu_2$，于是得出 $\delta N_1 < 0$。即物质由第一相转入第二相。由此可见，在相不平衡的过程中，物质总是从化学势高的相转入化学势低的相。就好像电流，总是从电势高的地方流向电势低的地方一样。另外，化学反应通常总在等温等压，如室温和标准大气压下进行，满足 T、p 不变的条件。μ 在相变过程和化学反应过程中，起着和"电势"相同的作用。正因为这样，才把 μ 称为化学势。

上面分别利用熵、自由能、吉布斯函数三个判据，给出了热学、力学、相平衡三个平衡条件。现在问，能否只由一个判据，同时统一地给出这三个平衡条件？答案是肯定的。从最根本的熵判据出发，适当地处理体系的所有约束，可以同时给出所有平衡条件。

令 p_1、V_1、U_1、N_1、T_1 和 p_2、V_2、U_2、N_2、T_2 分别表示总体系中分体系 1 和分体系 2 的各相应的压强、体积、内能、粒子数和温度等热力学量，由于总体系是孤立系，所以约束条件式(3.1.19)、式(3.1.22)、式(3.1.15)同时成立，由 $S = S(V_1, V_2, N_1, N_2, U_1, U_2)$ 及平衡判据得

$$\delta S = \frac{\delta S}{\delta V_1}\delta V_1 + \frac{\delta S}{\delta V_2}\delta V_2 + \frac{\delta S}{\delta N_1}\delta N_1 + \frac{\delta S}{\delta N_2}\delta N_2 + \frac{\delta S}{\delta U_1}\delta U_1 + \frac{\delta S}{\delta U_2}\delta U_2 = 0 \tag{3.1.25}$$

用拉格朗日不定乘子法处理这三个约束。以不定乘子 λ_1、λ_2、λ_3 分别乘式(3.1.19)、式(3.1.22)和式(3.1.15)，并与式(3.1.25)相加后得

$$\left(\frac{\delta S}{\delta V_1} + \lambda_1\right)\delta V_1 + \left(\frac{\delta S}{\delta V_2} + \lambda_1\right)\delta V_2 + \left(\frac{\delta S}{\delta N_1} + \lambda_2\right)\delta N_1 + \left(\frac{\delta S}{\delta N_2} + \lambda_2\right)\delta N_2 + \left(\frac{\delta S}{\delta U_1} + \lambda_3\right)\delta U_1 + \left(\frac{\delta S}{\delta U_2} + \lambda_3\right)\delta U_2 = 0 \tag{3.1.26}$$

由热力学基本方程 $T\mathrm{d}S = \mathrm{d}U + p\mathrm{d}V - \mu\mathrm{d}N$ 得

$$\frac{\delta S}{\delta V} = \frac{P}{T},\quad \frac{\delta S}{\delta U} = \frac{1}{T},\quad \frac{\delta S}{\delta N} = -\frac{\mu}{T} \tag{3.1.27}$$

将式(3.1.27)代入式(3.1.26)中，利用式(3.1.26)左端的每个括号内均为零，给出

$$T_1 = T_2 = -\frac{1}{\lambda_3}$$
$$p_1 = -\lambda_1 T_1 = -\lambda_2 T_2 = p_2 \tag{3.1.28}$$
$$\mu_1 = \lambda_1 T_1 = \lambda_2 T_2 = \mu_2$$

式(3.1.28)正是热学、力学和相平衡条件。

§3.2 单元系复相平衡及克劳修斯-克拉伯龙方程

本节利用相平衡条件讨论单元系的复相平衡。这里的所谓“元”，指的是化学组元，单元系指只有一种化学成分的体系；复相指体系存在两个和两个以上的相。

通常相变过程是在等温等压下进行的。比方水和水蒸气，可以在标准大气压，100℃的情况下发生相变。因此常选(T,p)为独立变量来描述相变过程。由相平衡条件知，第一相和第二相达到平衡时，它们的化学势μ_1和μ_2必须彼此相等，即

$$\mu_1(T,p) = \mu_2(T,p) \tag{3.2.1}$$

在$p-T$图上，式(3.2.1)给出一条相变曲线，相变曲线一般可以由实验测得。图3.2.1表示水的相图，图中P_t是水、水蒸气、冰三相共存的三相点。P_tC是水和水蒸气二相共存的曲线，称为汽化曲线；P_tA是冰和水蒸气共存的曲线，称为升华曲线；P_tB是水和冰共存的曲线，称为熔解曲线。它们把相图分成水、冰、水蒸气三个区域。

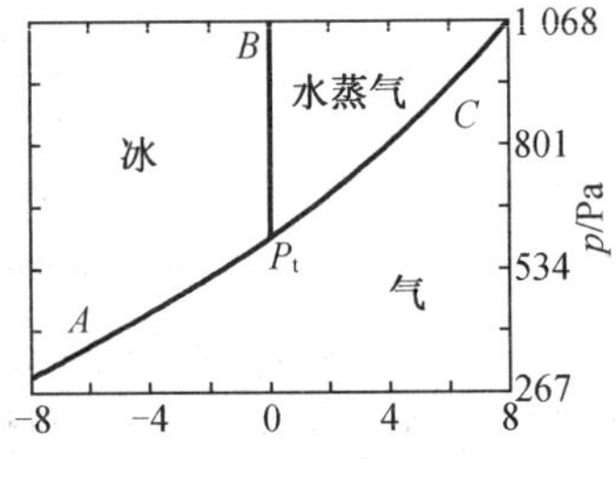

图3.2.1

当然，相变曲线也能从理论上给出。按照统计物理学的一般理论，只要给出能谱，原则上总可以通过求配分函数求得所有热力学量。这当然也包括求出化学势μ。只要分别算出第一相和第二相的化学势μ_1和μ_2，由式(3.2.1)自然可以得出相变曲线来。

但是实际上这样做往往并不容易。比如，对于液体，分子间的相互作用力较强，势能部分不能忽略，算配分函数相当困难。这就促使我们考虑，能否用别的方案来确定这些相变曲线。

在几何学里，要确定一条曲线，除了直接写出该曲线所满足的方程外，也可以通过别的方法。如果能给出曲线上每一点所满足的切线方程，再加上给出曲线中的某一点，也可以确定这条曲线。按照这种思路，对于相变曲线，也可以通过确定相变曲线的斜率，再加上三相点，而被唯一地确定。

现在来求相平衡曲线的切线方程，并希望能将相变曲线每一点的斜率和可观测的热力学量联系起来。为此，对式(3.2.1)两边求微商后得

$$\left(\frac{\partial\mu_1}{\partial T}\right)_p+\left(\frac{\partial\mu_1}{\partial p}\right)_T\frac{\mathrm{d}p}{\mathrm{d}T}=\left(\frac{\partial\mu_2}{\partial T}\right)_p+\left(\frac{\partial\mu_2}{\partial p}\right)_T\frac{\mathrm{d}p}{\mathrm{d}T} \tag{3.2.2}$$

又因为

$$\left(\frac{\partial\mu}{\partial T}\right)_p=-s,\left(\frac{\partial\mu}{\partial p}\right)_T=v \tag{3.2.3}$$

由式(3.2.2)及式(3.2.3)得

$$\frac{\mathrm{d}p}{\mathrm{d}T}=\frac{s_2-s_1}{v_2-v_1}=\frac{T(s_2-s_1)}{T(v_2-v_1)}=\frac{L}{T(v_2-v_1)} \tag{3.2.4}$$

式中，$L=T(s_2-s_1)$表示当温度为T发生相变时，1 mol 物质从第一相变为第二相时所吸收的热量，称为相变潜热。v_2、v_1分别表示第一相和第二相的摩尔体积。式(3.2.4)称为克劳修斯－克拉伯龙(Clausius－Clapeyron)方程。相变潜热也可以用摩尔焓来表示，在等温等压过程中，有

$$\mu_1=u_1+pv_1-Ts_1=\mu_2=u_2+pv_2-Ts_2 \tag{3.2.5}$$

即

$$s_2-s_1=\frac{(u_2+pv_2)-(u_1+pv_1)}{T}=\frac{h_2-h_1}{T} \tag{3.2.6}$$

则式(3.2.4)可改写为

$$\frac{\mathrm{d}p}{\mathrm{d}T}=\frac{h_2-h_1}{T(v_2-v_1)} \tag{3.2.7}$$

在可逆等压过程中体系所吸收的热量等于焓的改变($L=h_2-h_1$)，式(3.2.7)是显然的。

对于汽化曲线，由液态变为气态需吸收相变潜热，则有$L>0$，气相的摩尔体积v_2大于液相的摩尔体积v_1，因此，由式(3.2.4)得$\frac{\mathrm{d}p}{\mathrm{d}T}>0$，曲线的斜率为正。对于升华曲线，同样也有$L>0$，气相的摩尔体积$v_2$大于固相的摩尔体积$v_1$，因此，$\frac{\mathrm{d}p}{\mathrm{d}T}>0$。对于熔解曲线，一般地也有$L>0$，液相的摩尔体积$v_2$大于固相的摩尔体积$v_1$，因此，$\frac{\mathrm{d}p}{\mathrm{d}T}>0$。但对某些物质如水，则情况有所不同，水在4℃时体积最小，冰的摩尔体积比水的摩尔体积大，因此，$\frac{\mathrm{d}p}{\mathrm{d}T}<0$，曲线的斜率为负。

用克劳修斯－克拉伯龙方程可以求得相变潜热和温度的关系。由$L=h_2-h_1$得

$$\frac{\mathrm{d}L}{\mathrm{d}T}=\frac{\mathrm{d}h_2}{\mathrm{d}T}-\frac{\mathrm{d}h_1}{\mathrm{d}T}=\left[\left(\frac{\partial h_2}{\partial T}\right)_p+\left(\frac{\partial h_2}{\partial p}\right)_T\frac{\mathrm{d}p}{\mathrm{d}T}\right]-\left[\left(\frac{\partial h_1}{\partial T}\right)_p+\left(\frac{\partial h_1}{\partial p}\right)_T\frac{\mathrm{d}p}{\mathrm{d}T}\right] \tag{3.2.8}$$

又因为

$$\left(\frac{\partial h}{\partial p}\right)_T=v-T\left(\frac{\partial v}{\partial T}\right)_p \tag{3.2.9}$$

再由$C_{p,\mathrm{m}}=\left(\frac{\partial h}{\partial T}\right)_p$、式(3.2.9)及式(3.2.4)，得

$$\begin{aligned}\frac{\mathrm{d}L}{\mathrm{d}T}&=C_{p_2,\mathrm{m}}-C_{p_1,\mathrm{m}}+(v_2-v_1)\frac{\mathrm{d}p}{\mathrm{d}T}-\left[\left(\frac{\partial v_2}{\partial T}\right)_p-\left(\frac{\partial v_1}{\partial T}\right)_p\right]T\frac{\mathrm{d}p}{\mathrm{d}T}\\&=C_{p_2,\mathrm{m}}-C_{p_1,\mathrm{m}}+\frac{L}{T}-\left[\left(\frac{\partial v_2}{\partial T}\right)_p-\left(\frac{\partial v_1}{\partial T}\right)_p\right]\frac{L}{v_2-v_1}\end{aligned} \tag{3.2.10}$$

式(3.2.10)的右端是 $C_{p,\mathrm{m}}$和状态方程可观测量,利用它,原则上可求得相变潜热随温度的变化。

为简化式(3.2.10),可引入两相平衡比热容。令两相平衡比热容 $C_1^{(2)}$ 为在保持两相平衡状态不被破坏的条件下,温度升高 1℃时,1 mol 第一相物质所吸收的热量。也就是说,两相平衡比热容是使过程沿相平衡曲线进行时的比热容:

$$C_1^{(2)}=T\frac{\mathrm{d}s_1}{\mathrm{d}T}=T\left[\left(\frac{\partial s_1}{\partial T}\right)_p+\left(\frac{\partial s_1}{\partial p}\right)_T\frac{\mathrm{d}p}{\mathrm{d}T}\right]=C_{p_1,\mathrm{m}}-T\left(\frac{\partial v_1}{\partial T}\right)_p\frac{\mathrm{d}p}{\mathrm{d}T}=C_{p_1,\mathrm{m}}-\left(\frac{\partial v_1}{\partial T}\right)_p\frac{L}{v_2-v_1}\tag{3.2.11}$$

式中,$C_{p_1,\mathrm{m}}$是第一相物质的摩尔定压热容。

同理,第二相的两相平衡比热容 $C_2^{(1)}$ 为

$$C_2^{(1)}=T\frac{\mathrm{d}s_2}{\mathrm{d}T}=C_{p_2,\mathrm{m}}-\left(\frac{\partial v_1}{\partial T}\right)_p\frac{L}{v_2-v_1}\tag{3.2.12}$$

式中,$C_{p_2,\mathrm{m}}$是第二相物质的摩尔定压热容。

利用式(3.2.11)及式(3.2.12),可将式(3.2.10)简化为

$$\frac{\mathrm{d}L}{\mathrm{d}T}=C_2^{(1)}-C_1^{(2)}+\frac{L}{T}\tag{3.2.13}$$

式(3.2.13)给出了相变潜热 L 和 T 的关系。如果讨论的是固液相变,在定压下,v 随 T 变化不大,$\left(\frac{\partial v}{\partial T}\right)_p\to 0$,由式(3.2.11)和式(3.2.12)可得

$$C_2^{(1)}-C_1^{(2)}\approx C_{p_2,\mathrm{m}}-C_{p_1,\mathrm{m}}$$

但对于气液相变,气相的相平衡比热容可以和摩尔定压热容相差很大。对于饱和蒸汽,$C_2^{(1)}=-4.579\ \mathrm{J/g\cdot K}$,甚至是负值。当饱和蒸汽做绝热膨胀时,它的温度降低,并且由于饱和蒸汽的比热容为负,要维持饱和必须吸收热量。这就要求它在做绝热膨胀后,继续做等温膨胀吸收热量以维持饱和状态。因此,绝热膨胀后的压强比饱和蒸汽压高,出现过饱和状态。利用这种现象可设计“云室”,当微尘或微粒经过时,水蒸气可以以它为凝结核而成雾。

利用克劳修斯-克拉伯龙方程还可以给出饱和蒸汽压所满足的方程式。用克拉伯龙方程来讨论气液相变。由于 v_2(气相的摩尔体积)$\gg v_1$(液相的摩尔体积),因此,式(3.2.4)化为

$$\frac{\mathrm{d}p}{\mathrm{d}T}=\frac{L}{Tv_2}\tag{3.2.14}$$

再注意到$\left(\frac{\partial v_2}{\partial T}\right)_p\gg\left(\frac{\partial v_1}{\partial T}\right)_p$,式(3.2.10)化为

$$\frac{\mathrm{d}L}{\mathrm{d}T}=C_{p_2,\mathrm{m}}-C_{p_1,\mathrm{m}}+\frac{L}{T}-\left(\frac{\partial v_2}{\partial T}\right)_p\frac{L}{v_2}\tag{3.2.15}$$

如果认为蒸汽可近似视为理想气体,满足 $pv_2=RT$,则式(3.2.14)及式(3.2.15)可化为

$$\frac{\mathrm{d}p}{\mathrm{d}T}=\frac{L}{RT^2}p\tag{3.2.16}$$

$$\frac{\mathrm{d}L}{\mathrm{d}T}=C_{p_2,\mathrm{m}}-C_{p_1,\mathrm{m}}\tag{3.2.17}$$

假定在感兴趣的温区中 $C_{p_2,\mathrm{m}}$和 $C_{p_1,\mathrm{m}}$可近似视为常数,式(3.2.17)积分后得

$$L = L_0 + (C_{p_2,\mathrm{m}} - C_{p_1,\mathrm{m}}) = T \tag{3.2.18}$$

将式(3.2.18)代入式(3.2.16)并做积分得

$$\ln p = -\frac{L_0}{RT} + \frac{C_{p_2,\mathrm{m}} - C_{p_1,\mathrm{m}}}{R}\ln T + 常数 \tag{3.2.19}$$

式(3.2.19)称为饱和蒸汽压方程,是基尔霍夫(Kirchhoff)首先从实验上给出的,因此称为基尔霍夫方程。

在式(3.2.19)中存在积分常数,它不能由克劳修斯-克拉伯龙方程给出,因为该方程只是相变曲线的切线方程。要确定这些积分常数,只有从相平衡条件式(3.2.1)出发,通过计算理想气体的化学势 μ_2 和凝聚相的化学势 μ_1 给出。

对于理想气体的化学势 μ_2,由式(1.12.12)及式(1.12.13)可得

$$\mu_2 = RT(\varphi + \ln p) \tag{3.2.20}$$

$$\varphi = \frac{1}{RT}\int C_{p_2,\mathrm{m}}\mathrm{d}T - \frac{1}{R}\int C_{p_2,\mathrm{m}}\frac{\mathrm{d}T}{T} + \frac{h_2^0}{RT} - \frac{s_2^0}{R} \tag{3.2.21}$$

在式(3.2.21)中,为避免在积分下限选为0时,积分看起来似乎发散的麻烦,下面把它做一些改写。令 $C_{p_2,\mathrm{m}}^0 = \lim\limits_{T\to 0} C_{p_2,\mathrm{m}}$,式(3.2.21)可改写为

$$\begin{aligned}\varphi &= \frac{h_2^0}{RT} + \frac{C_{p_2,\mathrm{m}}^0}{R} + \frac{1}{RT}\int (C_{p_2,\mathrm{m}} - C_{p_2,\mathrm{m}}^0)\mathrm{d}T - \frac{C_{p_2,\mathrm{m}}^0\ln T}{R} - \frac{1}{R}\int (C_{p_2,\mathrm{m}} - C_{p_2,\mathrm{m}}^0)\frac{\mathrm{d}T}{T} - \frac{s_2^0}{R} \\ &= \frac{h_2^0}{RT} - \frac{C_{p_2,\mathrm{m}}^0\ln T}{R} - \int_0^T \frac{\mathrm{d}T}{RT^2}\int_0^T (C_{p_2,\mathrm{m}} - C_{p_2,\mathrm{m}}^0)\mathrm{d}T + \frac{C_{p_2,\mathrm{m}}^0 - s_2^0}{R}\end{aligned} \tag{3.2.22}$$

而对于凝聚相的 μ_1,由公式 $\mu_1 = h_1 - Ts_1$,及

$$h_1 = \int C_{p_1,\mathrm{m}}\mathrm{d}T + h_1^0 = C_{p_1,\mathrm{m}}^0 T + \int (C_{p_1,\mathrm{m}} - C_{p_1,\mathrm{m}}^0)\mathrm{d}T + h_1^0 \tag{3.2.23}$$

$$s_1 = \int C_{p_1,\mathrm{m}}\frac{\mathrm{d}T}{T} + s_1^0 = C_{p_1,\mathrm{m}}^0\ln T + \int (C_{p_1,\mathrm{m}} - C_{p_1,\mathrm{m}}^0)\frac{\mathrm{d}T}{T} + s_1^0 \tag{3.2.24}$$

得

$$\mu_1 = C_{p_1,\mathrm{m}}^0 T(1 - \ln T) - T\int_0^T \frac{\mathrm{d}T}{T^2}\int_0^T (C_{p_1,\mathrm{m}} - C_{p_1,\mathrm{m}}^0)\mathrm{d}T + h_1^0 - Ts_1^0 \tag{3.2.25}$$

将式(3.2.20)、式(3.2.22)及式(3.2.25)代入式(3.2.1),经过整理后

$$\ln p = -\frac{h_2^0 - h_1^0}{RT} + \frac{C_{p_2,\mathrm{m}}^0 - C_{p_1,\mathrm{m}}^0}{R}\ln T + \int_0^T \frac{\mathrm{d}T}{RT^2}\int_0^T (C_{p_2,\mathrm{m}} - C_{p_1,\mathrm{m}} - C_{p_2,\mathrm{m}}^0 + C_{p_1,\mathrm{m}}^0)\mathrm{d}T + i \tag{3.2.26}$$

其中

$$i = \frac{s_2^0 - s_1^0 - C_{p_2,\mathrm{m}}^0 + C_{p_1,\mathrm{m}}^0}{R} \tag{3.2.27}$$

式中,i 称为蒸汽压常数。

在温度变化范围不太大、比热容可看成常数时,式(3.2.26)可化为式(3.2.19)。显然,若在式(3.2.26)中令 $C_{p_2,\mathrm{m}} = C_{p_2,\mathrm{m}}^0$,$C_{p_1,\mathrm{m}} = C_{p_1,\mathrm{m}}^0$,则式(3.2.26)化为

$$\ln p = A - \frac{B}{T} + C\ln T \tag{3.2.28}$$

形式,其中若取

$$A=i,B=\frac{h_2^0-h_1^0}{R},C=\frac{C_{p_2,\mathrm{m}}^0-C_{p_1,\mathrm{m}}^0}{R} \tag{3.2.29}$$

式(3.2.28)就是式(3.2.19)。

利用热力学第三定律及量子统计理论,可得出凝聚态的摩尔定压热容 $C_{p_1,\mathrm{m}}$在 $T\to0$ 时为0,即有 $C_{p_1,\mathrm{m}}=0$ 及 $s_1^0=0$。在温区比较大时,常在式(3.2.27)中,将 $C_{p,\mathrm{m}}$展开为 T 的幂级数后进行讨论。

最后,还要强调指出,克劳修斯-克拉伯龙方程的适用条件为

$$s_2\neq s_1,\text{即}\left(\frac{\partial\mu_2}{\partial T}\right)_p\neq\left(\frac{\partial\mu_1}{\partial T}\right)_p$$

$$v_2\neq v_1,\text{即}\left(\frac{\partial\mu_2}{\partial p}\right)_T\neq\left(\frac{\partial\mu_1}{\partial p}\right)_T \tag{3.2.30}$$

否则,克劳修斯-克拉伯龙方程将成为0/0不定式。在相变理论中,我们常把化学势连续($\mu_1=\mu_2$),但化学势的一级微商不连续($s_2\neq s_1,v_2\neq v_1$)的相变称为一级相变。这种相变要吸收相变潜热,$L\neq0$。克劳修斯-克拉伯龙方程只适用于一级相变。单元系的气液相变是一级相变,但并非气液相变都是一级相变。对多元系,例如,对含有质子和中子两种组元的核物质,在质子数和中子数不相等时,可能出现二级相变。

到现在为止,已对图3.2.1的相变曲线做了比较详细的讨论。但在相图中还有一点 P_t,即三相点,需要做些简单的说明。三相点必须满足

$$\mu_1(p,T)=\mu_2(p,T)=\mu_3(p,T) \tag{3.2.31}$$

这里有两个独立的方程,可由它唯一地确定三相点的温度和压强的数值。三相点是三根曲线 $\mu_1=\mu_2,\mu_2=\mu_3$ 及 $\mu_1=\mu_3$ 的交点。每一条曲线都有一个相应的克劳修斯-克拉伯龙方程,都有相应的相变潜热。因此三相点有三种相变潜热,分别记为

$$L_{21}=h_2-h_1,L_{13}=h_1-h_3,L_{23}=h_2-h_3 \tag{3.2.32}$$

显然有

$$L_{23}=L_{21}+L_{13} \tag{3.2.33}$$

这说明,三种潜热中只有两种独立,第三种可由其他两种求出。例如,对水,实验测得汽化潜热 $L_{\text{汽,水}}=2\ 509.1\ \mathrm{J/g}$,熔解潜热 $L_{\text{水,冰}}=334.8\ \mathrm{J/g}$,由式(3.2.33)可得升华潜热

$$L_{\text{汽,冰}}=(2\ 509.1+334.8)\mathrm{J/g}=2\ 843.9\ \mathrm{J/g}$$

§3.3 二级相变和朗道有序相变理论

克劳修斯-克拉伯龙方程只适用于一级相变。如果相变过程中不仅化学势连续($\mu_1=\mu_2$),而且化学势的一级微商也连续($s_1=s_2,v_1=v_2$),这时,克劳修斯-克拉伯龙方程的分子、分母均为零,其变成不定式。现在来讨论这种相变过程。

在统计物理里,把在相变过程中,化学势连续,化学势对 T、p 的一级微商连续,但化学势对 T、p 的二级微商不连续的过程称为二级相变过程。同理,在相变点化学势连续,化学势一级、二级微商连续,但三级微商不连续的相变,称为三级相变。依次类推。自然界中,铁磁体随着温度升高,在居里点时从铁磁体到顺磁体的相变;在无外磁场的条件下,在转变

温度 $T=T_c$ 时超导体到正常导体的相变;某些合金中的有序 - 无序相变等都属于二级相变。现在建立二级相变的一般理论。

1. 厄任费斯脱方程

按定义,二级相变满足

$$\mu_1=\mu_2$$

$$\left(\frac{\partial\mu_1}{\partial p}\right)_T=\left(\frac{\partial\mu_2}{\partial p}\right)_T,\text{即 } v_1=v_2$$

$$\left(\frac{\partial\mu_1}{\partial T}\right)_p=\left(\frac{\partial\mu_2}{\partial T}\right)_p,\text{即 } s_1=s_2$$

但

$$\left(\frac{\partial^2\mu_1}{\partial p^2}\right)_T\neq\left(\frac{\partial^2\mu_2}{\partial p^2}\right)_T,\text{即}\left(\frac{\partial v_1}{\partial p}\right)_T\neq\left(\frac{\partial v_2}{\partial p}\right)_T \tag{3.3.1}$$

$$\left(\frac{\partial^2\mu_1}{\partial T^2}\right)_p\neq\left(\frac{\partial^2\mu_2}{\partial T^2}\right)_p,\text{即}\left(\frac{\partial s_1}{\partial T}\right)_p\neq\left(\frac{\partial s_2}{\partial T}\right)_p \tag{3.3.2}$$

$$\frac{\partial^2\mu_1}{\partial T\partial p}\neq\frac{\partial^2\mu_2}{\partial T\partial p},\text{即}\left(\frac{\partial v_1}{\partial T}\right)_p\neq\left(\frac{\partial v_2}{\partial T}\right)_p \tag{3.3.3}$$

回忆等温压缩率 κ_T、摩尔定压热容 $C_{p,\mathrm{m}}$ 和体膨胀系数 α_V 的定义

$$\kappa_T=-\frac{1}{V}\left(\frac{\partial V}{\partial p}\right)_T,C_{p,\mathrm{m}}=T\left(\frac{\partial s}{\partial T}\right)_p,\alpha_V=\frac{1}{V}\left(\frac{\partial V}{\partial T}\right)_p \tag{3.3.4}$$

可见式(3.3.1)、式(3.3.2)和式(3.3.3)在物理上表示为

$$\kappa_{T1}\neq\kappa_{T2},\quad C_{p_1,\mathrm{m}}\neq C_{p_2,\mathrm{m}},\quad \alpha_{V1}\neq\alpha_{V2} \tag{3.3.5}$$

即对于二级相变,在相变点 κ_T、$C_{p,\mathrm{m}}$ 和 α_V 都不连续。

为求和一级相变的克劳修斯 - 克拉伯龙方程相当但适用于二级相变的方程式,注意到在二级相变时,克劳修斯 - 克拉伯龙方程式变为0/0 不定式。在数学上,为求这种不定式的极限,可以分别对分子、分母再求微商。因此,为求在二级相变时,相图中的曲线所满足的切线方程,可对体积 v 和熵 s 分别求微商。由 $v_1=v_2$,得

$$\mathrm{d}v_1=\mathrm{d}v_2 \tag{3.3.6}$$

又因为

$$\mathrm{d}v_1=\left(\frac{\partial v_1}{\partial T}\right)_p\mathrm{d}T+\left(\frac{\partial v_1}{\partial p}\right)_T\mathrm{d}p=\alpha_{V1}v_1\mathrm{d}T-\kappa_{T1}v_1\mathrm{d}p \tag{3.3.7}$$

同理

$$\mathrm{d}v_2=\alpha_{V2}v_2\mathrm{d}T-\kappa_{T2}v_2\mathrm{d}p \tag{3.3.8}$$

把式(3.3.7)和式(3.3.8)代入式(3.3.6),得

$$\frac{\mathrm{d}p}{\mathrm{d}T}=\frac{\alpha_{V2}-\alpha_{V1}}{\kappa_{T2}-\kappa_{T1}}=\frac{\Delta\alpha_V}{\Delta\kappa_T} \tag{3.3.9}$$

同时,由 $s_1=s_2$,又可得

$$\mathrm{d}s_1=\mathrm{d}s_2 \tag{3.3.10}$$

$$\mathrm{d}s_1=\left(\frac{\partial s_1}{\partial T}\right)_p\mathrm{d}T+\left(\frac{\partial s_1}{\partial p}\right)_T\mathrm{d}p=\frac{C_{p_1,\mathrm{m}}}{T}\mathrm{d}T-\left(\frac{\partial v_1}{\partial T}\right)_p\mathrm{d}p=\frac{C_{p_1,\mathrm{m}}}{T}\mathrm{d}T-\alpha_{V1}v_1\mathrm{d}p \tag{3.3.11}$$

上面推导应用了麦克斯韦关系和式(3.3.4)。同理,还有

$$ds_2 = \frac{C_{p_2,\mathrm{m}}}{T}dT - \alpha_{V2}v_2 dp \tag{3.3.12}$$

将式(3.3.11)和式(3.3.12)代入式(3.3.10),得

$$\frac{dp}{dT} = \frac{C_{p_2,\mathrm{m}} - C_{p_1,\mathrm{m}}}{Tv(\alpha_{V2} - \alpha_{V1})} = \frac{\Delta C_{p,\mathrm{m}}}{Tv(\Delta\alpha_V)} \tag{3.3.13}$$

式(3.3.9)和式(3.3.13)称为厄任费斯脱(Ehrenfest)方程。它在二级相变中起着和一级相变中的克劳修斯-克拉伯龙方程同样的作用。

厄任费斯脱方程也可写成另外的形式,联立式(3.3.9)和式(3.3.13),消去$\frac{dp}{dT}$,得

$$\Delta C_{p,\mathrm{m}} = \frac{Tv(\Delta\alpha_V)^2}{\Delta\kappa_T} \tag{3.3.14}$$

式(3.3.14)表示在二级相变时,在相变点处比定压热容的跳跃$\Delta C_{p,\mathrm{m}}$与体膨胀系数的跳跃$\Delta\alpha_V$以及等温压缩率的跳跃$\Delta\kappa_T$之间的关系。

厄任费斯脱方程和实验结果符合得很好。以液氦从正常相 He I 到超流相 He II 的相变为例。在 $T=2.18$ K,$p=5\ 153$ Pa 时,可以发生液氦从正常相 He I 到超流相 He II 的相变。这时的实验值是 $v=6.84\ \mathrm{cm^3/g}$,$C_{p_1,\mathrm{m}}=5.0$ J/K,$C_{p_2,\mathrm{m}}=12$ J/K,$\alpha_{V1}=-0.02\ \mathrm{K^{-1}}$,$\alpha_{V2}=-0.04\ \mathrm{K^{-1}}$,把这些数值代入式(3.3.13)后得$\frac{dp}{dT}=-7.9\times10^5$ Pa/K,与实验值$\frac{dp}{dT}=-8.2\times10^5$ Pa/K 基本符合。

2. 冯·劳埃的批评

厄任费斯脱方程是在实验上得到验证,在理论上经过严格的推导而得,但这是否说明,它的理论基础就无可动摇,完全正确呢?在历史上,冯·劳埃(Von Lane)就曾对厄任费斯脱方程提出过尖锐的批评。

确实,按照上面的理论推导,如果真存在二级相变,它就应该满足厄任费斯脱方程。但是,从理论上看来,二级相变是否真有可能存在呢?或者说,存在二级相变的理论论断,是否和现有的统计物理学的理论原理都不违背呢?

要讨论这个问题,不能只靠 $p-T$ 图,$\mu=\mu(T,p)$ 应在(μ,T,p)三维空间中讨论。假定在(μ,T,p)三维空间中固定 $p=p_0$,在 $p=p_0$ 曲面上,存在一条 $\mu-T$ 曲线。现在对第一相的 $\mu-T$ 曲线和第二相的 $\mu-T$ 曲线一起进行讨论。如果二级相变存在,则在相变点必然满足

$$\mu_1=\mu_2 \text{ 及} \left(\frac{\partial\mu_1}{\partial T}\right)_{p_0} = \left(\frac{\partial\mu_2}{\partial T}\right)_{p_0}$$

由于 $\mu_1=\mu_2$,在相变点处 μ_1-T 曲线必和 μ_2-T 曲线相交;由于$\left(\frac{\partial\mu_1}{\partial T}\right)_{p_0} = \left(\frac{\partial\mu_2}{\partial T}\right)_{p_0}$,在相变点处 μ_1-T 曲线必和 μ_2-T 曲线相切。因此,两曲线的示意图只能如图 3.3.1 所示。

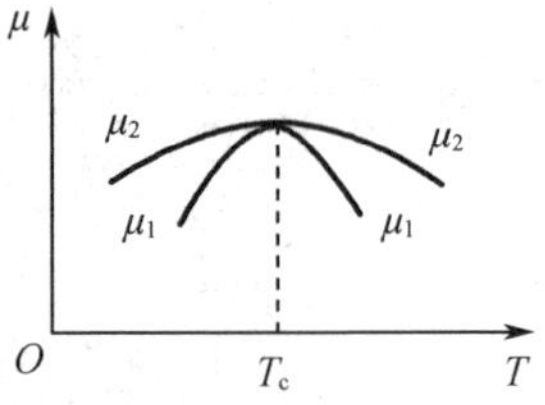

图 3.3.1

进一步分析图 3.3.1：为使两曲线既相交又相切，$\mu_1 - T$ 曲线全部位于 $\mu_2 - T$ 曲线以下。在相变点 $T = T_c$ 的两边，都是 $\mu_1 < \mu_2$。因此，当 $T < T_c$，即相变前，由于第一相的化学势比第二相的化学势小，而在 T、p 相同的条件下，化学势越小的相越稳定，故相变前第一相稳定，第二相不稳定，体系处在第一相中。在 $T > T_c$，即相变后，仍然是 $\mu_1 < \mu_2$，就是说，仍然是第一相稳定，第二相不稳定，体系还是处在第一相。因此，在整个温度升高的过程中，体系永远处在第一相里，根本不存在从第一相变到第二相的可能性，相变根本不能发生。总之，如果 $\mu - T$ 曲线确如图 3.3.1 所示的话，则存在二级相变的结论是和在 T、p 不变下，化学势越小越稳定的平衡判据相违背的。

根据上述分析，冯·劳埃认为，二级相变根本不可能存在。厄任费斯脱方程描述的是个本身根本不存在的相变。

为定量地从数学上说明这个问题，冯·劳埃在相变点(T_c, p_c)附近将两相的化学势之差 $\Delta\mu$ 对 T、p 做泰勒展开：

$$\Delta\mu(T_c + dT, p_c + dp) = \Delta\mu(T_c, p_c) + \left(\frac{\partial(\Delta\mu)}{\partial p}\right)_{T_c} dp + \left(\frac{\partial(\Delta\mu)}{\partial T}\right)_{p_c} dT + \frac{1}{2}\left[\left(\frac{\partial^2(\Delta\mu)}{\partial T^2}\right)_{p_c}(dT)^2 + \left(\frac{\partial^2(\Delta\mu)}{\partial p^2}\right)_{T_c}(dp)^2 + 2\frac{\partial^2(\Delta\mu)}{\partial p \partial T} dT dp\right] + \cdots \tag{3.3.15}$$

式(3.3.15)中所有偏微商均在相变点(T_c, p_c)取值。对于二级相变，有

$$\Delta\mu = 0, \left(\frac{\partial(\Delta\mu)}{\partial p}\right)_{T_c} = 0, \left(\frac{\partial(\Delta\mu)}{\partial T}\right)_{p_c} = 0$$

利用式(3.3.4)，可将式(3.3.15)写为

$$\Delta\mu(T_c + dT, p_c + dp) = \frac{1}{2}\left[-\frac{\Delta C_{p,m}}{T}(dT)^2 - v\Delta\kappa(dp)^2 + 2v\Delta\alpha dT dp\right] + \cdots \tag{3.3.16}$$

假定二级相变的厄任费斯脱方程成立，由式(3.3.14)，准确到 dT、dp 的二级无穷小量，可将 $\Delta\mu(T_c + dT, p_c + dp)$写为

$$\begin{aligned}\Delta\mu(T_c + dT, p_c + dp) &= \frac{1}{2}\left[\frac{-v(\Delta\alpha_V)^2}{\Delta\kappa_T}(dT)^2 + 2v\Delta\alpha_V dT dp - v(\Delta\kappa_T)(dp)^2\right] \\ &= -\frac{v}{2\Delta\kappa_T}[(\Delta\alpha_V)(dT) - (\Delta\kappa_T)(dp)]^2\end{aligned} \tag{3.3.17}$$

从式(3.3.17)看出，由于体积 v 恒正，无论 dT、dp 取正值还是负值，即无论在相变点的哪一边，$\Delta\mu$ 总是和 $\Delta\kappa_T$ 异号。在相变点的两边，两相的化学势之差永远保持同样的符号。如果 $T < T_c$ 时 $\mu_2 > \mu_1$，而 $T > T_c$ 后仍然 $\mu_2 > \mu_1$。这正是图 3.3.1 的图像。于是就从数学上给出了图 3.3.1。

冯·劳埃揭露了一个根本矛盾：一方面，自然界确实存在二级相变，而且厄任费斯脱方程得到实验验证；另一方面，二级相变的存在表面上又似乎和吉布斯函数的平衡判据相矛盾。怎样解决冯·劳埃对二级相变提出的批评呢？

3. 朗道的有序相变理论

正确解决冯·劳埃的批评，将厄任费斯脱方程建立在一个可靠的理论基础上的是朗道(Landau)。他提出的有序相变理论，到现在仍然是连续相变理论中极重要、极成功的唯象理论。

先来定性地想象一下这个问题。想象如果能将图 3.3.1 中的 $\mu-T$ 曲线变成图 3.3.2 中的 $\mu-T$ 曲线。即若在 $T>T_c$ 时,第一相不存在的话,那么从第一相到第二相的相变就能顺利发生。因为在 $T<T_c$ 时,$\mu_1<\mu_2$,第一相稳定;在 $T=T_c$ 时,μ_1-T 曲线和 μ_2-T 曲线不仅相交,而且相切;在 $T>T_c$ 时,由于第一相不存在,只存在第二相。因此,总能发生从第一相到第二相的相变,而且这种相变是二级的。

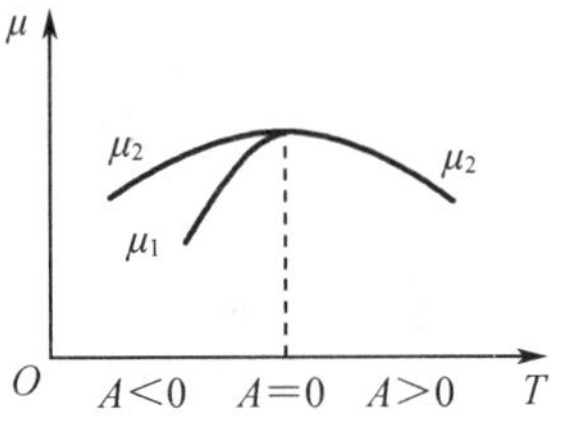

图 3.3.2

但是,靠什么来禁戒在 $T>T_c$ 时的第一相的曲线,使它在这个区域不存在呢?显然,按照过去的讨论,μ 仅是 T、p 的函数,而这个函数是可以通过热力学算得的。没有什么因素能妨碍函数 $\mu_1(p,T)$ 使在 $T>T_c$ 时,函数 $\mu_1(p,T)$ 不存在。除非再引入一个新的参数 η,使 $\mu=\mu(p,T,\eta)$,靠 η 的不同取值来使 μ_1-T 曲线在 $T>T_c$ 时不存在。显然,这样引入的参数 η 既要不同于以往的热力学参量,又要具有物理内涵。

为了引入参数 η,先研究一下相变的物理机制。一般地,若物质有两个相,比如液相和固相,它们在结构上有显著差别。固相原子的排列比较有序,液相原子的排列比较无序,二者的对称性有很大差别。因此物质从第一相变到第二相时需要能量,这种相变是一级相变。但是还有另外的相变,比如在晶体中,两种不同的结晶状态通常有两种不同的对称性。若两种晶体的对称性相差无限小时,它们的结构参数相差是个无穷小量,可近似地认为它们差不多是相同的凝聚态。当 T、p 变化时,结构参数之差可连续地从零变到有限量。在相变点,物体的状态是以连续的方式变化的,但对称性的变化是突变的。由于状态连续变化,因此体系的体积和熵也是连续变化的。这种相变属于二级相变。而且由于状态变化连续,也常把这种相变称为连续相变。

为了描述相变和对称性,或者说有序程度之间的关系,可以引入一个参数 η。令 $\eta=0$ 代表一种比较无序的态;$\eta\neq0$ 代表一种比较有序的态。η 称为有序度或有序参数(order parameter)。如果当温度升高时,有序度 η 以跃变的方式从某一有限值变为 0,则这种相变是一级相变。若有序度 η 以连续的方式变为 0,则这种连续相变是二级相变。

对于不同的体系,有序度 η 可代表不同的物理量。比如铁磁体,当 $T<T_c$ 时,原子磁矩朝某一方向取向,有自发磁化,较有序;当 $T\to T_c$ 时,自发磁化率连续地变为 0,进入顺磁态,较无序。因此,可以把自发磁化作为有序程度的量度。而把 η 取为自发磁化向量。又如对无外磁场时从正常态到超导态的相变。由于电子－声子相互作用,因此出现“超导电子”,在绝对零度时,全部电子变为超导电子;当 $T=T_c$ 时,超导电子数为 0。因而超导电子数密度就扮演着有序度 η 的角色。

考虑化学势是 p、T、η 的函数 $\mu=\mu(p,T,\eta)$,在 $\eta=0$ 附近做展开得

$$\mu=\mu_0+A(T,p)\eta^2+\frac{1}{2}C(T,p)\eta^4+\cdots \qquad (3.3.18)$$

在展开式(3.3.18)中,实际上只把 μ 作为 η 的偶函数展开。这是因为如前所述,$\eta=0$ 是一

个可能的无序的稳定相,因此必有$\left(\frac{\partial\mu}{\partial\eta}\right)_{\eta=0}=0$以满足稳定平衡条件。故而展开式(3.3.18)中$\eta$的一次幂的系数必为0。至于$\eta$的三次幂的系数,也可以由对称性证明为0。

由式(3.3.18)准确到η的四次幂,有

$$\frac{\partial\mu}{\partial\eta}=2A\eta+2C\eta^3=2\eta(A+C\eta^2)=0 \tag{3.3.19}$$

式(3.3.19)的最后一步是因为在平衡时,μ应取极小值。式(3.3.19)有两个根,即

$$\eta=0 \tag{3.3.20}$$

$$\eta^2=-\frac{A}{C}\text{或}\eta=\sqrt{-\frac{A}{C}} \tag{3.3.21}$$

为判别这两个根所对应的相是稳定相还是非稳定相,应计算$\frac{\partial^2\mu}{\partial\eta^2}$,由相应于不同的$\eta$取值时,$\mu$是极大值还是极小值来判别是否稳定平衡。由式(3.3.19),得

$$\frac{\partial^2\mu}{\partial\eta^2}=2A+6C\eta^2 \tag{3.3.22}$$

先讨论相应于$\eta=0$的解。当$A>0$时,$\left.\frac{\partial^2\mu}{\partial\eta^2}\right|_{\eta=0}<0$,$\mu|_{\eta=0}$是极小值,对应的相为稳定平衡相;当$A<0$时,$\left.\frac{\partial^2\mu}{\partial\eta^2}\right|_{\eta=0}<0$,$\mu|_{\eta=0}$是极大值,对应的相不稳定。因此,条件

$$A=0 \tag{3.3.23}$$

将体系状态分为两个不同的区域。在$A<0$的区域内,$\eta=0$这组解是不稳定的;在$A>0$的区域内,$\eta=0$这组解对应稳定平衡态。这表示$A=0$其实就是发生相变时的相变点。在这一点上,$\left.\frac{\partial^2\mu}{\partial\eta^2}\right|_{\eta=0}=0$。

再讨论$\eta\neq0$的解。注意到在相变点的邻域A近似为零。由式(3.3.22),要得到$\left.\frac{\partial^2\mu}{\partial\eta^2}\right|_{\eta=0}>0$的稳定平衡解,必须$C>0$。因此,一般地,可在$C>0$的条件下研究式(3.3.21)所表示的第二组解。由式(3.3.22),有

$$\left.\frac{\partial^2\mu}{\partial\eta^2}\right|_{\eta^2=-A/C}=-4A \tag{3.3.24}$$

由式(3.3.24)可见,对于有序态$\eta^2=-A/C$,当$A<0$时,$\left.\frac{\partial^2\mu}{\partial\eta^2}\right|_{\eta^2=-A/C}>0$,$\eta=\sqrt{-\frac{A}{C}}$有实数解,这组解对应的相为稳定平衡相。当$A>0$时,$\left.\frac{\partial^2\mu}{\partial\eta^2}\right|_{\eta^2=-A/C}<0$,$\eta$取虚数,有序度$\eta$取虚数无物理意义,因此在这个区域中有序相不存在,被禁戒。

综上所述,记$\eta\neq0,\eta^2=-A/C$的有序相为第一相,记$\eta=0$的无序相为第二相,则在$A<0$的区域,$\mu_1(\eta^2=-A/C)$取极小值,第一相稳定平衡;$\mu_2(\eta=0)$取极大值,第二相不稳定。在$A>0$的区域,$\mu_2(\eta=0)$取极小值,第二相稳定平衡;$\mu_1(\eta^2=-A/C)$取极大值,第二相不稳定,且由于η取虚数,一般说来,这种相无物理意义,或者说,不存在这种相。$A=0$表示相变点。随着$A\to0$,有序相的序参数η连续地趋于0。这种相变是连续相变。而且随着温度升高,A逐渐增大,体系从有序相($\eta\neq0$)经过相变点($A=0$)后变成无序相($\eta=0$)。

$\mu-T$ 图的曲线如图 3.3.2 所示。这说明，朗道在引入了序参数 η 后，比较圆满地解决了冯·劳埃的批评。

现在证明，连续相变确实是二级相变。不仅如此，利用朗道的有序相变理论，还可以成功地导出厄任费斯脱方程。由式(3.3.18)，对应于 $\eta=0$ 的无序相，有

$$\mu_2=\mu_0 \tag{3.3.25}$$

对应于 $\eta=\sqrt{-\frac{A}{C}}$ 的有序相，有

$$\mu_1=\mu_0-\frac{A^2}{C}+\frac{1}{2}C\frac{A^2}{C^2}=\mu_2-\frac{A^2}{2C} \tag{3.3.26}$$

由式(3.3.26)可见，在相变点，$A=0$，$\mu_1=\mu_2$，确实满足相平衡条件。将式(3.3.26)两端同时对 T 求偏微商后得

$$\frac{\partial\mu_1}{\partial T}=\frac{\partial\mu_2}{\partial T}-\frac{A}{C}\frac{\partial A}{\partial T}+\frac{A^2}{2C^2}\frac{\partial C}{\partial T} \tag{3.3.27}$$

同时对 p 求偏微商后得

$$\frac{\partial\mu_1}{\partial p}=\frac{\partial\mu_2}{\partial p}-\frac{A}{C}\frac{\partial A}{\partial p}+\frac{A^2}{2C^2}\frac{\partial C}{\partial p} \tag{3.3.28}$$

由式(3.3.27)、式(3.3.28)可见，在相变点处，由于 $A=0$，μ 的一级微商连续，因此它必然不是一级相变。但这还不足以说明连续相变一定是二级相变。因为还需要证实，μ 对 T、p 的二级微商在相变点 $A=0$ 处确实不连续。为此，将式(3.3.27)、式(3.3.28)两边再对 T、p 求微商，在相变点 $A=0$ 处，有

$$\frac{\partial^2\mu_1}{\partial T^2}=\frac{\partial^2\mu_2}{\partial T^2}-\frac{1}{C}\left(\frac{\partial A}{\partial T}\right)^2 \tag{3.3.29}$$

$$\frac{\partial^2\mu_1}{\partial p^2}=\frac{\partial^2\mu_2}{\partial p^2}-\frac{1}{C}\left(\frac{\partial A}{\partial p}\right)^2 \tag{3.3.30}$$

$$\frac{\partial^2\mu_1}{\partial T\partial p}=\frac{\partial^2\mu_2}{\partial T\partial p}-\frac{1}{C}\frac{\partial A}{\partial T}\cdot\frac{\partial A}{\partial p} \tag{3.3.31}$$

式(3.3.29)至式(3.3.31)表明，μ 对 T、p 的二级微商在相变点 $A=0$ 处不连续。因此，连续相变的确是二级相变。

进一步，还可以证实这种相变确实满足厄任费斯脱方程。利用式(3.3.4)，可将式(3.3.29)至式(3.3.31)分别改写为

$$\Delta C_{p,\mathrm{m}}=-\frac{T}{C}\left(\frac{\partial A}{\partial T}\right)^2\neq 0 \tag{3.3.32}$$

$$v\Delta\kappa_T=-\frac{1}{C}\left(\frac{\partial A}{\partial p}\right)^2\neq 0 \tag{3.3.33}$$

$$v\Delta\alpha_V=-\frac{1}{C}\left(\frac{\partial A}{\partial T}\right)_p\left(\frac{\partial A}{\partial p}\right)_T \tag{3.3.34}$$

利用微商关系

$$\left(\frac{\partial A}{\partial T}\right)_p\left(\frac{\partial T}{\partial p}\right)_A\left(\frac{\partial p}{\partial A}\right)_T=-1$$

由式(3.3.34)得

$$v\Delta\alpha_V=-\frac{1}{C}\left(\frac{\partial A}{\partial T}\right)^2\frac{\mathrm{d}T}{\mathrm{d}p}=-\frac{1}{C}\left(\frac{\partial A}{\partial p}\right)^2\frac{\mathrm{d}p}{\mathrm{d}T} \tag{3.3.35}$$

联立式(3.3.32)和式(3.3.35),消去$\frac{1}{C}\left(\frac{\partial A}{\partial T}\right)^2$,得

$$\frac{\mathrm{d}p}{\mathrm{d}T}=\frac{\Delta C_{p,m}}{Tv(\Delta\alpha_V)}$$

联立式(3.3.33)和式(3.3.35),消去$\frac{1}{C}\left(\frac{\partial A}{\partial p}\right)^2$,得

$$\frac{\mathrm{d}p}{\mathrm{d}T}=\frac{\Delta\alpha_V}{\Delta\kappa}$$

这正是厄任费斯脱方程式(3.3.13)和式(3.3.9)。

朗道的二级相变理论虽然是个唯象的理论,但也是个普适的理论。对于不同的二级相变,η有不同的含义。微观理论的任务,就是要从微观粒子的相互作用中找出这些序参数来。前面曾指出,在铁磁性和顺磁性的相变中,η是自发磁化向量;在超导态到正常态的相变中,η是超导电子数密度即库珀电子对数。在He I到He II的相变中,η是零动量态即最低能态的玻色子占有数N_0……还应指出,朗道有序相变理论不仅在固体物理中有广泛的应用,而且也可用于研究天体物理,例如,黑洞的相变。

§3.4　玻色气体的相变

在前面的系综理论中,巨配分函数的一般形式如下:

$$Q(T,V,\mu)=\sum_{n_0=0}^{\infty}\cdots\sum_{n_j=0}^{\infty}\cdots\sum_{n_\infty=0}^{\infty}S(N,n_0,n_1,n_2,\cdots,n_\infty)\exp\{-\beta[\sum_{i=0}^{\infty}n_i(\varepsilon_i-\mu)]\}$$

式中,$\varepsilon_i=\frac{\hbar^2k_i^2}{2m}$是粒子处在动量态$p_i=\hbar k_i$上的动能;$\sum\limits_{i=0}^{\infty}$表示对所有可能动量态求和,第$i$个动量态上有$n_i$个粒子。若我们已知全部动量态上的粒子占有数,则$E=\sum\limits_{i=0}^{\infty}n_i\varepsilon_i$。$S(N,n_0,n_1,n_2,\cdots,n_\infty)$前的求和是对所有可能的组合求和,$S(N,n_0,n_1,n_2,\cdots,n_\infty)$是一个统计因子,对费密粒子可分辨情况$S(N,n_0,n_1,n_2,\cdots,n_\infty)=\frac{N!}{n_0!n_1!n_2!\cdots n_\infty!}$,对玻色粒子不可分辨情况$S(N,n_0,n_1,n_2,\cdots,n_\infty)=1$。

玻色-爱因斯坦气体的巨配分函数为

$$\begin{aligned}Q(T,V,\mu)&=\sum_{n_0=0}^{\infty}\cdots\sum_{n_j=0}^{\infty}\cdots\sum_{n_\infty=0}^{\infty}\exp\{-\beta[\sum_{i=0}^{\infty}n_i(\varepsilon_i-\mu)]\}\\&=\prod_{i=0}^{\infty}\{\sum_{i=0}^{\infty}\exp[-\beta n_i(\varepsilon_i-\mu)]\}\\&=\prod_{i=0}^{\infty}\left[\frac{1}{1-\mathrm{e}^{-\beta n_i(\varepsilon_i-\mu)}}\right]\end{aligned}\tag{3.4.1}$$

巨吉布斯势为

$$\Omega(T,V,\mu)=-kT\ln Q(T,V,\mu)=kT\sum_{i=0}^{\infty}\ln[1-\mathrm{e}^{-\beta(\varepsilon_i-\mu)}]\tag{3.4.2}$$

因为 $\Omega(T,V,\mu)=U-TS-\mu N$，所以

$$\langle N\rangle=-\left(\frac{\partial\Omega}{\partial\mu}\right)_{T,V}=-kT\sum_{i=0}^{\infty}\frac{\partial}{\partial\mu}\{\ln[1-e^{-\beta(\varepsilon_i-\mu)}]\}=\sum_{i=0}^{\infty}\left[\frac{1}{e^{\beta(\varepsilon_i-\mu)}-1}\right]=\sum_{i=0}^{\infty}\langle n_{p_i}\rangle \tag{3.4.3}$$

这里

$$\varepsilon_i=\frac{\hbar^2k_i^2}{2m}=\frac{p_i^2}{2m}$$

$$\langle n_{p_i}\rangle=\frac{1}{e^{\beta(\varepsilon_i-\mu)}-1}=\frac{1}{e^{\beta\varepsilon_i}z^{-1}-1} \tag{3.4.4}$$

其中，$z=e^{\beta\mu}$称为逸度；$\langle n_{p_i}\rangle$为在动量态 p_i 上的平均粒子数。由于 $e^{\beta\varepsilon_i}$的数值范围可以从 1 到∞，要保证$\langle n_{p_i}\rangle$为正，必须 $0<z<1$，而 $z=e^{\beta\mu}$，因此 $\mu<0$，特别应注意

$$\langle n_0\rangle=\frac{1}{z^{-1}-1}=\frac{z}{1-z}\xrightarrow{z\to1}\infty$$

即当 $z\to1$ 时，零动量态将被大量粒子占有，粒子集聚，这恰好是相变发生的过程。

为了便于讨论相变，我们将热力学公式中一切属于零动量项分离出来。当 V、$N\to\infty$，而 $\dfrac{V}{N}$为常数时，求和用积分代替，即

$$\sum_{i=0}^{\infty}\to\frac{V}{(2\pi)^3}\int d\boldsymbol{K}=\frac{V}{h^3}\int d\boldsymbol{P}$$

$$\begin{aligned}\Omega(T,V,\mu)&=kT\sum_{i=0}^{\infty}\ln[1-e^{-\beta(\varepsilon_i-\mu)}]=kT\ln(1-e^{\beta\mu})+kT\sum_{i=1}^{\infty}\ln[1-e^{-\beta(\varepsilon_i-\mu)}]\\&=kT\ln(1-z)+kT\frac{V}{h^3}\int d\boldsymbol{P}\ln(1-ze^{-\beta\frac{p^2}{2m}})\\&=kT\ln(1-z)+kTV\frac{4\pi(2mkT)^{3/2}}{h^3}\int dx x^2\ln(1-ze^{-x^2})\end{aligned}$$

式中，$x^2=\dfrac{\beta P^2}{2m}$。令 $\lambda=\sqrt{\dfrac{2\pi}{mkT}}\hbar=\dfrac{h}{(2\pi mkT)^{1/2}}$为热波长，所以

$$\Omega(T,V,\mu)=kT\ln(1-z)-kTV\frac{1}{\lambda^3}g_{5/2}(z)$$

式中

$$g_{5/2}(z)=-\frac{4}{\sqrt{\pi}}\int_0^{\infty}dx x^2\ln(1-ze^{-x^2})$$

单位体积的巨吉布斯势为

$$\frac{\Omega}{V}=\frac{kT}{V}\ln(1-z)-\frac{kT}{\lambda^3}g_{5/2}(z) \tag{3.4.5}$$

数密度为

$$\begin{aligned}\frac{\langle N\rangle}{V}&=-\frac{1}{V}\left(\frac{\partial\Omega}{\partial\mu}\right)_{T,V}=-\frac{1}{V}\frac{\partial}{\partial\mu}\left[kT\ln(1-z)-\frac{kTV}{\lambda^3}g_{5/2}(z)\right]\\&=\frac{1}{V}\cdot\frac{z}{1-z}+\frac{kT}{\lambda^3}\cdot\frac{\partial g_{5/2}(z)}{\partial\mu}=\frac{\langle n_0\rangle}{V}+\frac{1}{\lambda^3}g_{3/2}(z)\end{aligned} \tag{3.4.6}$$

令

$$\beta g_{3/2}(z)=\frac{\partial}{\partial\mu}g_{5/2}(z)=\beta z\frac{\partial}{\partial z}g_{5/2}(z)$$

函数 $g_{5/2}(z)$ 及 $g_{3/2}(z)$ 的定义分别是

$$g_{5/2}(z)=-\frac{4}{\sqrt{\pi}}\int_0^\infty \mathrm{d}x x^2\ln(1-z\mathrm{e}^{-x^2})\sum_{\alpha=1}^{\infty}\frac{z^\alpha}{\alpha^{5/2}} \tag{3.4.7}$$

$$g_{3/2}(z)=\sum_{\alpha=1}^{\infty}\frac{z^\alpha}{\alpha^{3/2}} \tag{3.4.8}$$

对高温和低密度情况，$V\to\infty$，式(3.4.5)中的$\frac{kT}{V}\ln(1-z)$和式(3.4.6)中的$\frac{\langle n_0\rangle}{V}$可以略去。

下面在 z 的极限值处研究式(3.4.6)，$g_{3/2}(z)$ 是 z 的有界正的单调上升函数。当 $z=0$ 时，有

$$\left(\frac{\langle N\rangle}{V}\lambda^3\right)_{z=0}=g_{3/2}(0)=0$$

由此可见，密度为零或温度无限大时，逸度为零。当 $z=1$ 时，有

$$\left(\frac{\langle N\rangle}{V}\lambda^3\right)_{z=1}=g_{3/2}(1)=\zeta\left(\frac{3}{2}\right)=2.612$$

式中，$\zeta\left(\frac{3}{2}\right)$是黎曼 zeta 函数。选择密度及温度的某种临界组合，可使逸度的值达到极大。若我们再将温度降低或升高密度，以超过临界值，由于 z 不能大于1，因为若 $z>1$，$\langle n_{p_i}\rangle$ 取负值，这是不合理的，所以在

$$\frac{\langle N\rangle}{V}=\frac{\langle n_0\rangle}{V}+\frac{1}{\lambda^3}g_{3/2}(z)$$

中第二项$\frac{1}{\lambda^3}g_{3/2}(z)$只能增到$\frac{1}{\lambda^3}g_{3/2}(1)$，以后再增加$\frac{\langle N\rangle}{V}$只能靠增加$\frac{\langle n_0\rangle}{V}$，也就是说零动量态开始大量填粒子，所以在$\frac{\langle N\rangle}{V}\cdot\lambda^3=\frac{\langle n_0\rangle}{V}\cdot\lambda^3+g_{3/2}(1)$中，当

$$\frac{\langle N\rangle}{V}\cdot\lambda^3\geqslant 2.612 \tag{3.4.9}$$

时，零动量态开始大量积聚粒子，即$\frac{\langle N\rangle}{V}$有一个转变点，这相应于某一个密度和温度组合的临界值。这种零动量态上大量聚集粒子的现象，称为玻色－爱因斯坦凝聚。发生这种现象时，温度与密度必须满足

$$\lambda^3\geqslant 2.612\cdot\frac{V}{\langle N\rangle} \tag{3.4.10}$$

临界温度和密度可由式(3.4.10)求出，即

$$T_c=\left(\frac{2\pi\hbar^2}{mk}\right)\cdot\left(\frac{\langle N\rangle}{2.612V}\right)^{2/3} \tag{3.4.11}$$

$$\left(\frac{\langle N\rangle}{V}\right)_c=2.612\cdot\left(\frac{mkT}{2\pi\hbar^2}\right)^{3/2} \tag{3.4.12}$$

在零动量态上的粒子与总粒子数之比为

$$\frac{\langle n_0\rangle}{\langle N\rangle}=1-\frac{2.612}{\lambda^3}\cdot\frac{V}{\langle N\rangle}=1-\left(\frac{T}{T_c}\right)^{3/2} \tag{3.4.13}$$

式中，$\frac{V}{\langle N\rangle}$是比体积。

凝聚的玻色子数随约化温度的变化曲线，如图 3.4.1 所示。

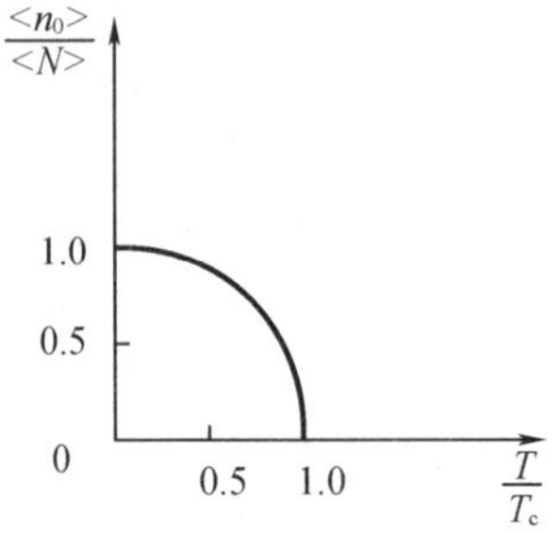

图 3.4.1

因压强与巨吉布斯势有很简单的关系，我们很容易导出临界点以上与临界点以下的压强公式。在热力学极限下（$V\to\infty$，$N\to\infty$，$N/V=$常数）

$$p=-\left(\frac{\partial\Omega}{\partial V}\right)_{T,\mu} \tag{3.4.14}$$

而

$$\frac{\Omega}{V}=\frac{kT}{V}\ln(1-z)-\frac{kT}{\lambda^3}g_{5/2}(z)$$

$$S=-\left(\frac{\partial\Omega(T,V,\mu)}{\partial T}\right)_{V,\mu} \tag{3.4.15}$$

注意到，在临界点以上

$$\lim_{V\to\infty}\frac{\Omega}{V}=-\frac{kT}{\lambda^3}\cdot g_{5/2}(z) \tag{3.4.16}$$

在临界点以下

$$\lim_{V\to\infty}\frac{\Omega}{V}=-\frac{kT}{\lambda^3}\cdot g_{5/2}(1) \tag{3.4.17}$$

在临界点以上

$$\lim_{V\to\infty}\frac{\langle S\rangle}{V}=\lim_{V\to\infty}\left[-\frac{1}{V}\left(\frac{\partial\Omega}{\partial T}\right)_{V,\mu}\right]=\frac{5}{2}\cdot\frac{k}{\lambda^3}\cdot g_{5/2}(z)-\frac{k\langle N\rangle}{V}\cdot\ln z \tag{3.4.18}$$

在临界点以下

$$\lim_{V\to\infty}\frac{\langle S\rangle}{V}=\lim_{V\to\infty}\left[-\frac{1}{V}\left(\frac{\partial\Omega}{\partial T}\right)_{V,\mu}\right]=\frac{5}{2}\cdot\frac{k}{\lambda^3}\cdot g_{5/2}(1) \tag{3.4.19}$$

在临界点以上，单位体积热容量是

$$C_>=\lim_{V\to\infty}\left[\frac{T}{V}\left(\frac{\partial S}{\partial T}\right)_{V,\langle N\rangle}\right]=\frac{15}{4}\cdot\frac{k}{\lambda^3}\cdot g_{5/2}(z)-\frac{9}{4}\cdot k\cdot\frac{\langle N\rangle}{V}\cdot\frac{g_{3/2}(z)}{g_{1/2}(z)} \tag{3.4.20}$$

在临界点以下，单位体积热容量是

$$C_<=\frac{15}{4}\cdot\frac{k}{\lambda^3}\cdot 1.342 \tag{3.4.21}$$

根据式(3.4.20)和式(3.4.21)可知,相变不是因相互作用,而是因玻色子的统计性质产生的。

§3.5　有相互作用费密流体的动量凝聚

理想费密气体不能发生动量空间的凝聚,但若费密子间存在弱吸引力时,费密子也能产生动量凝聚。一个最著名的例子是超导相变。假定在低温下,电子之间存在对吸引力,进一步假设费密子动能处在费密面上下 $\Delta\varepsilon$ 的范围内,只有动量大小相等、方向相反、自旋相反的一对费密子具有对吸引力。则系统哈密顿量可写作

$$\hat{H} = \sum_{K,\lambda} \frac{\hbar^2 K^2}{2m} \hat{a}^+_{K,\lambda} \hat{a}_{K,\lambda} + \sum_{K,l} V_{K,l} \hat{a}^+_{K,\uparrow} \hat{a}^+_{-K,\uparrow} \hat{a}_{-l,\downarrow} \hat{a}_{l,\uparrow} \tag{3.5.1}$$

式中,$V_{K,l} = <\boldsymbol{K},\uparrow;-\boldsymbol{K},\downarrow|V|\boldsymbol{l},\uparrow;-\boldsymbol{l},\downarrow>$ 是两体相互作用矩阵元。

两体相互作用在粒子数表象中相当于消灭一对动量为 $\boldsymbol{l}$ 和 $-\boldsymbol{l}$ 自旋相反的粒子,产生一对动量为 $\boldsymbol{K}$ 和 $-\boldsymbol{K}$ 自旋相反的粒子。

对力造成的两体矩阵元 $V_{K,l}$ 是常数。

$$V_{K,l} = \begin{cases} -V_0 & \left|\mu - \dfrac{\hbar^2 K^2}{2m}\right| \leqslant \Delta\varepsilon \text{ 和 } \left|\mu - \dfrac{\hbar^2 l^2}{2m}\right| \leqslant \Delta\varepsilon \\ 0 & \text{其他} \end{cases} \tag{3.5.2}$$

式中,$V_0 > 0$ 称为对相互作用强度。

为了计算方便,对相互作用采用平均场近似,即把两体算符变成单体算符。

$$\hat{a}^+_{K,\uparrow} \hat{a}^+_{-K,\downarrow} \hat{a}^+_{-l,\downarrow} \hat{a}^+_{l,\uparrow} = \langle \hat{a}^+_{K,\uparrow} \hat{a}^+_{-K,\downarrow} \rangle = (\hat{a}_{-l,\downarrow} \hat{a}_{l,\uparrow} + \langle \hat{a}_{-l,\downarrow} \hat{a}_{l,\uparrow} \rangle \hat{a}^+_{K,\uparrow} \hat{a}^-_{-K,\downarrow} \tag{3.5.3}$$

令

$$\hat{x}^+_K = \langle \hat{a}^+_{K,\uparrow} \hat{a}^+_{-K,\downarrow} \rangle = -\langle \hat{a}^+_{-K,\downarrow} \hat{a}^+_{K,\uparrow} \rangle = -\mathrm{tr}(\hat{\rho} \hat{a}^+_{-K,\downarrow} \hat{a}^+_{K,\uparrow}) \tag{3.5.4}$$

$$\hat{x}^+_l = \langle \hat{a}_{-l,\downarrow} \hat{a}_{l,\uparrow} \rangle = -\langle \hat{a}_{l,\uparrow} \hat{a}_{-l,\downarrow} \rangle = -\mathrm{tr}(\hat{\rho} \hat{a}_{l,\uparrow} \hat{a}_{-l,\downarrow}) \tag{3.5.5}$$

密度算符 $\hat{\rho} = \dfrac{\mathrm{e}^{-\beta(\hat{H}-\mu\hat{N})}}{\mathrm{tr}\,\mathrm{e}^{-\beta(\hat{H}-\mu\hat{N})}}$,而 $\hat{x}^+_K$、$\hat{x}_l$ 表示总动量为零的束缚对的波函数。

令

$$\begin{aligned} \hat{H}' &= \hat{H} - \mu\hat{N} \\ &= \sum_{K=0}^{\infty} (\varepsilon_K \hat{a}^+_{K,\uparrow} \hat{a}_{K,\uparrow} - \varepsilon_K \hat{a}_{-K,\downarrow} \hat{a}^+_{-K,\downarrow}) + \sum_{K,l} V_{K,l} \hat{x}^+_K \hat{a}_{-l,\downarrow} \hat{a}_{l,\uparrow} + \sum_{K,l} V_{K,l} \hat{x}_l \hat{a}^+_{K,\uparrow} \hat{a}^+_{-K,\downarrow} \end{aligned} \tag{3.5.6}$$

式中,$\varepsilon_K = \dfrac{\hbar^2 K^2}{2m} - \mu$ 是相对费密面量度。

把 $\hat{H}'$ 写成矩阵形式

$$\hat{H}' = \sum_K \hat{\boldsymbol{A}}^+_K \bar{\boldsymbol{\varepsilon}}_K \hat{\boldsymbol{A}}_K \tag{3.5.7}$$

$$\hat{\boldsymbol{A}}_K = \begin{pmatrix} \hat{a}_{K,\uparrow} \\ \hat{a}^+_{-K,\downarrow} \end{pmatrix}, \quad \hat{\boldsymbol{A}}^+_K = (\hat{a}^+_{K,\uparrow}, \hat{a}_{-K,\downarrow}), \quad \bar{\boldsymbol{\varepsilon}}_K = \begin{pmatrix} \varepsilon_K & \boldsymbol{\Delta}_K \\ \boldsymbol{\Delta}^+_K & -\varepsilon_K \end{pmatrix} \tag{3.5.8}$$

式中,Δ_K 称为能隙函数,且

$$\Delta_K = \sum_l V_{K,l}\hat{x}_l = -\sum_l V_{K,l}\langle \hat{a}_{l,\uparrow}\hat{a}_{-l,\downarrow}\rangle \tag{3.5.9}$$

$$\begin{aligned}\hat{H}' &= \sum_K \hat{A}_K^+ \bar{\varepsilon}_K \hat{A}_K \\ &= \sum_K (\hat{a}_{K,\uparrow}^+, \hat{a}_{-K,\downarrow}) \begin{pmatrix} \varepsilon_K & \Delta_K \\ \Delta_K^+ & -\varepsilon_K \end{pmatrix} \begin{pmatrix} \hat{a}_{K,\uparrow} \\ \hat{a}_{-K,\downarrow}^+ \end{pmatrix} \\ &= \sum_K (\varepsilon_K \hat{a}_{K,\uparrow}^+ \hat{a}_{K,\uparrow} - \varepsilon_K \hat{a}_{-K,\downarrow}\hat{a}_{-K,\downarrow}^+) + \sum_{K,l} V_{K,l}\hat{x}_K^+ \hat{a}_{-l,\downarrow}\hat{a}_{-l,\uparrow} + \sum_{K,l} V_{K,l}\hat{x}_l \hat{a}_{K,\uparrow}^+ \hat{a}_{-K,\downarrow}^+\end{aligned} \tag{3.5.10}$$

我们将能隙函数 Δ_K 作为超导相变的序参量,下面求 $\Delta(T)-T$ 的关系。

为了将 $\hat{H}'$对角化,采用波戈留夫变换。即引进 2×2 的变换矩阵 $\boldsymbol{U}_K$ 与一组新的列矢量 $\hat{\boldsymbol{\Gamma}}_K$,以使

$$\hat{A}'_K = \boldsymbol{U}_K \hat{\boldsymbol{\Gamma}}_K \tag{3.5.11}$$

$$\boldsymbol{U}_K = \begin{pmatrix} u_K^* & v_K \\ -v_K^* & u_K \end{pmatrix}, \hat{\boldsymbol{\Gamma}}_K = \begin{pmatrix} \hat{\gamma}_{K,0} \\ \hat{\gamma}_{K,1}^+ \end{pmatrix} \tag{3.5.12}$$

式(3.5.12)$\hat{\gamma}_{K,\alpha}$中,$\alpha=0(\uparrow)$,$\alpha=1(\downarrow)$。

则

$$\begin{cases} \hat{\gamma}_{K,1}^+ = u_K^* \hat{a}_{-K,\downarrow}^+ + v_K^* \hat{a}_{K,\uparrow} \\ \hat{\gamma}_{K,0} = -v_K \hat{a}_{-K,\uparrow}^+ + u_K \hat{a}_{K,\uparrow} \end{cases} \tag{3.5.13}$$

$$\begin{cases} \hat{a}_{K,\uparrow} = u_K^* \hat{\gamma}_{K,0} + v_K \hat{\gamma}_{K,1}^+, & \hat{a}_{K,\uparrow}^+ = u_K \hat{\gamma}_{K,0}^+ + v_K^* \hat{\gamma}_{K,1} \\ \hat{a}_{-K,\downarrow}^+ = -v_K^* \hat{\gamma}_{K,0} + u_K \hat{\gamma}_{K,1}^+, & \hat{a}_{-K,\downarrow} = -v_K \hat{\gamma}_{K,0}^+ + u_K^* \hat{\gamma}_{K,1} \end{cases} \tag{3.5.14}$$

式中,$\hat{a}_{K,\uparrow}$ 和 $\hat{a}_{-K,\downarrow}$ 为粒子消灭和产生算符;$\hat{\gamma}_{K,0}$和 $\hat{\gamma}_{K,1}^+$为准粒子消灭和产生算符。这相当于线性变换。因为 $\hat{a}_{K,\lambda}^+$、$\hat{a}_{K,\lambda}$是费密子算符,满足反对易关系,$\hat{\gamma}_{K,\alpha}^+$,$\hat{\gamma}_{K,\alpha}$也是费密子算符,并且也满足

$$\{\hat{\gamma}_{K,\alpha}, \hat{\gamma}_{K',\alpha'}^+\} = \delta_{K,K'}\delta_{\alpha,\alpha'} \tag{3.5.15}$$

$$\{\hat{\gamma}_{K,\alpha}, \hat{\gamma}_{K',\alpha'}\} = \{\hat{\gamma}_{K,\alpha}^+, \hat{\gamma}_{K',\alpha'}^+\} = 0 \tag{3.5.16}$$

$\boldsymbol{U}$ 变换是么正变换,所以 $\boldsymbol{U}_K^+ \boldsymbol{U}_K = 1$。

引入 $\hat{\boldsymbol{A}}_K = \boldsymbol{U}_K \boldsymbol{\Gamma}_K$ 后,使 $\bar{\boldsymbol{\varepsilon}}_K$ 对角化,即

$$\boldsymbol{U}_K^+ \bar{\boldsymbol{\varepsilon}}_K \boldsymbol{U}_K = \bar{\boldsymbol{E}}_K \tag{3.5.17}$$

$$\begin{pmatrix} u_K & -v_K \\ v_K^* & u_K^* \end{pmatrix} \begin{pmatrix} \varepsilon_K & \Delta_K \\ \Delta_K^+ & -\varepsilon_K \end{pmatrix} \begin{pmatrix} u_K^* & v_K \\ -v_K^* & u_K \end{pmatrix} = \begin{pmatrix} E_{K,0} & 0 \\ 0 & -E_{K,1} \end{pmatrix} \tag{3.5.18}$$

易求出

$$E_{K,0} = E_{K,1} = (\varepsilon_K^2 + |\Delta_K|^2)^{\frac{1}{2}} \tag{3.5.19}$$

这样变换以后,$\hat{H}'$就变成单体算符:

$$\hat{H}' = \sum_{K,\alpha} E_{K,\alpha} \hat{\gamma}_{K,\alpha}^+ \hat{\gamma}_{K,\alpha} \tag{3.5.20}$$

这个形式与理想气体的 $\hat{H}$ 的形式相同，准粒子是相对于某种集体模式而言的。

下面求对方程，推导过程需少量的代数。

$$\langle \hat{\boldsymbol{A}}_K \hat{\boldsymbol{A}}_K^+ \rangle = \mathrm{tr}(\hat{\rho} \hat{\boldsymbol{A}}_K \hat{\boldsymbol{A}}_K^+) = \frac{1}{2}(\boldsymbol{I} + \overline{\boldsymbol{\omega}}_K) \tag{3.5.21}$$

这里

$$\overline{\boldsymbol{\omega}}_K = \begin{pmatrix} 1 - 2N_{K,\uparrow} & -2\hat{x}_K \\ -2\hat{x}_K^+ & -1 + 2N_{K,\downarrow} \end{pmatrix} \tag{3.5.22}$$

其中用到 $N_{K,\sigma} = \langle \hat{\boldsymbol{a}}_{K,\sigma}^+, \hat{\boldsymbol{a}}_{K,\sigma} \rangle = \mathrm{tr}(\hat{\rho} \hat{\boldsymbol{a}}_{K,\sigma}^+ \hat{\boldsymbol{a}}_{K,\sigma})$，$N_{K,\sigma}$是在相互作用系统中粒子的占有数。

再看

$$\langle \hat{\boldsymbol{\Gamma}}_K \boldsymbol{\Gamma}_K^+ \rangle = \mathrm{tr}(\hat{\rho} \hat{\boldsymbol{\Gamma}}_K \hat{\boldsymbol{\Gamma}}_K^+) = \mathrm{tr}\left[\hat{\rho} \begin{pmatrix} \hat{\gamma}_{K,0} \\ \hat{\gamma}_{K,1}^+ \end{pmatrix} (\hat{\gamma}_{K,0}^+ \quad \hat{\gamma}_{K,1})\right] = \mathrm{tr}\left[\hat{\rho} \begin{pmatrix} \hat{\gamma}_{K,0}\hat{\gamma}_{K,0}^+ & \hat{\gamma}_{K,0}\hat{\gamma}_{K,1} \\ \hat{\gamma}_{K,1}^+\hat{\gamma}_{K,0}^+ & \hat{\gamma}_{K,1}^+\hat{\gamma}_{K,1} \end{pmatrix}\right] \tag{3.5.23}$$

因为 $\hat{H}' = \sum\limits_{K,\alpha} E_{K,\alpha} \hat{\gamma}_{K,\alpha}^+ \hat{\gamma}_{K,\alpha}^+$ 只有对角项不为零，所以

$$\langle \hat{\gamma}_{K,0} \hat{\gamma}_{K,1} \rangle = \langle \hat{\gamma}_{K,1}^+ \hat{\gamma}_{K,0}^+ \rangle = 0 \tag{3.5.24}$$

所以

$$\langle \hat{\boldsymbol{\Gamma}}_K \hat{\boldsymbol{\Gamma}}_K^+ \rangle = \mathrm{tr}(\hat{\rho} \hat{\boldsymbol{\Gamma}}_K \hat{\boldsymbol{\Gamma}}_K^+) = \begin{pmatrix} 1 - n_{K,\uparrow} & 0 \\ 0 & n_{K,\downarrow} \end{pmatrix} \tag{3.5.25}$$

$n_{K,\alpha}$是准粒子的占有数，它的表达式是

$$n_{K,\alpha} = \frac{\mathrm{tr}\{\hat{\gamma}_{K,\alpha}^+ \hat{\gamma}_{K,\alpha} \exp[-\beta \sum\limits_{K,\beta} E_{K,\beta} \hat{\gamma}_{K,\beta}^+ \hat{\gamma}_{K,\beta}]\}}{\mathrm{tr}[\exp(-\beta \hat{H}')]} = (1 + \mathrm{e}^{\beta E_{K,\alpha}})^{-1} = \frac{1}{2}\left(1 - \tanh \frac{\beta E_{K,\alpha}}{2}\right) \tag{3.5.26}$$

将式(3.5.26)带入到式(3.5.25)中得

$$\langle \hat{\boldsymbol{\Gamma}}_K \hat{\boldsymbol{\Gamma}}_K^+ \rangle = \frac{1}{2}\left[\boldsymbol{I} + \begin{pmatrix} \tanh \frac{\beta E_{K,\uparrow}}{2} & 0 \\ 0 & -\tanh \frac{\beta E_{K,\downarrow}}{2} \end{pmatrix}\right] = \frac{1}{2}(\boldsymbol{I} + \boldsymbol{A}) \tag{3.5.27}$$

由于准粒子的分布犹如理想气体，在一个 α 给定的动量态上不能有多于一个的准粒子存在。现在通过幺正变换将$\langle \hat{\boldsymbol{A}}_K \hat{\boldsymbol{A}}_K^+ \rangle$和$\langle \hat{\boldsymbol{\Gamma}}_K \hat{\boldsymbol{\Gamma}}_K^+ \rangle$联系起来，即

$$\langle \hat{\boldsymbol{A}}_K \hat{\boldsymbol{A}}_K^+ \rangle = \boldsymbol{U}_K \langle \hat{\boldsymbol{\Gamma}}_K \hat{\boldsymbol{\Gamma}}_K^+ \rangle \boldsymbol{U}_K^+ \tag{3.5.28}$$

所以

$$\begin{aligned} \overline{\boldsymbol{\omega}}_K &= \boldsymbol{U}_K \boldsymbol{A} \boldsymbol{U}_K^+ \\ &= \boldsymbol{U}_K \begin{pmatrix} \tanh \frac{\beta E_{K,\uparrow}}{2} & 0 \\ 0 & -\tanh \frac{\beta E_{K,\downarrow}}{2} \end{pmatrix} \boldsymbol{U}_K^+ \end{aligned}$$

$$
\begin{aligned}
&= \boldsymbol{U}_K \begin{pmatrix} 1 & 0 \\ 0 & -1 \end{pmatrix} \boldsymbol{U}_K^{+} \tanh \frac{\beta E_K}{2} \\
&= \boldsymbol{U}_K \begin{pmatrix} E_K & 0 \\ 0 & -E_K \end{pmatrix} \boldsymbol{U}_K^{+} \frac{1}{E_K} \tanh \frac{\beta E_K}{2} \\
&= \boldsymbol{U}_K \overline{\boldsymbol{E}}_K \boldsymbol{U}_K^{+} \frac{1}{E_K} \tanh \frac{\beta E_K}{2} \\
&= \boldsymbol{U}_K (\boldsymbol{U}_K^{+} \overline{\boldsymbol{\varepsilon}}_K \boldsymbol{U}_K) \boldsymbol{U}_K^{+} \frac{1}{E_K} \tanh \frac{\beta E_K}{2} \\
&= \overline{\boldsymbol{\varepsilon}}_K \frac{1}{E_K} \tanh \frac{\beta E_K}{2} \\
&= \begin{pmatrix} \varepsilon_K & \Delta_K \\ \Delta_K^{+} & -\varepsilon_K \end{pmatrix} \frac{1}{E_K} \tanh \frac{\beta E_K}{2}
\end{aligned} \tag{3.5.29}
$$

又已知

$$
\overline{\boldsymbol{\omega}}_K = \begin{pmatrix} 1 - 2N_{K,\uparrow} & -2\hat{x}_K \\ -2\hat{x}_K^{+} & -1 + 2N_{K,\downarrow} \end{pmatrix}
$$

与式(3.5.29)比较得

$$
1 - 2N_{K,\uparrow} = \varepsilon_K \cdot \frac{1}{E_K} \cdot \tanh \frac{\beta E_K}{2} \tag{3.5.30}
$$

$$
-2\hat{x}_K = \Delta_K \cdot \frac{1}{E_K} \cdot \tanh \frac{\beta E_K}{2} \tag{3.5.31}
$$

我们知道 $\Delta_K = \sum_l V_{K,l}\hat{x}_l$，所以对式(3.5.31)两边同时乘 $V_{l,K}$并对 $\boldsymbol{K}$ 求和有

$$
-2 \sum_K V_{l,K} \hat{x}_K = \sum_K V_{l,K} \Delta_K \frac{1}{E_K} \tanh \frac{\beta E_K}{2}
$$

故

$$
\Delta_l = -\frac{1}{2} \sum_K V_{l,K} \Delta_K \frac{1}{E_K} \tanh \frac{\beta E_K}{2} \tag{3.5.32}
$$

这就是著名的能隙方程，也是对自洽方程。

式(3.5.32)是我们从巨正则系综推出的，因此能隙方程的解对应着自由能极值。因为 E_K 与 Δ_K 有关，所以自洽地解 Δ 的方程，只有一个根是物理的。

利用我们在开始时做的假定式(3.5.2)，即

$$
V_{K,l} = \begin{cases} -V_0 & \left| \mu - \dfrac{\hbar^2 K^2}{2m} \right| \leqslant \Delta\varepsilon \text{ 和 } \left| \mu - \dfrac{\hbar^2 l^2}{2m} \right| \leqslant \Delta\varepsilon \\ 0 & \text{其他} \end{cases}
$$

那么

$$
\Delta_l = \frac{V_0}{2} \sum_{K'} \frac{\Delta_{K'}}{E_{K'}} \tanh \frac{\beta E_{K'}}{2} \tag{3.5.33}
$$

式中，对 $\boldsymbol{K}'$求和表示只对费密面附近 $\Delta\varepsilon$ 内的能量求和。由于式(3.5.33)右边求和与 $\boldsymbol{l}$ 无关，则 Δ_l 为与 $\boldsymbol{l}$ 无关的常数。即

$$
\Delta_l = \begin{cases} \Delta(T) & |\varepsilon_l - \mu| \leqslant \Delta\varepsilon \\ 0 & \text{其他} \end{cases} \tag{3.5.34}
$$

假设系统很大，事实上在研究超导时正是这样，这时求和变成积分

$$\sum_{l} \rightarrow \frac{V}{(2\pi)^3}\int \mathrm{d}\boldsymbol{K}_l = \frac{V}{2\pi^2}\int K^2 \mathrm{d}K$$

式(3.5.33)变为

$$\Delta_l = \frac{V_0}{2}\cdot\frac{V}{2\pi^2}\int_{-\Delta\varepsilon}^{\Delta\varepsilon}\frac{\Delta_K}{E_K}\tanh\frac{\beta E_K}{2}K^2\mathrm{d}K = \frac{V_0}{2}\cdot\frac{V}{2\pi^2}\int_{-\Delta\varepsilon}^{\Delta\varepsilon}\Delta_K\frac{\tanh\frac{\beta E_K}{2}}{E_K}K^2\left(\frac{\mathrm{d}K}{\mathrm{d}\varepsilon}\right)\mathrm{d}\varepsilon$$

由于在费密面附近积分，假定 K 变化不大，即 $K^2 \approx K_{\mathrm{F}}^2$，积分号内的 K^2 可以看作常数提到积分号外面。所以上式变为

$$\Delta_l = \frac{V_0}{2}\cdot\frac{V}{2\pi^2}K^2\int_{-\Delta\varepsilon}^{\Delta\varepsilon}\Delta_K\frac{\tanh\frac{\beta E_K}{2}}{E_K}\left(\frac{\mathrm{d}K}{\mathrm{d}\varepsilon}\right)\mathrm{d}\varepsilon \tag{3.5.35}$$

两边同除以 Δ_K，则

$$1 = \frac{V_0}{2}\cdot\frac{V}{2\pi^2}K^2\int_{-\Delta\varepsilon}^{\Delta\varepsilon}\left(\frac{\mathrm{d}K}{\mathrm{d}\varepsilon}\right)\mathrm{d}\varepsilon\frac{\tanh\frac{\beta E_K}{2}}{E_K}$$

因为 $E_K = (\varepsilon_K^2 + \Delta^2)^{\frac{1}{2}}$，所以上式变为

$$1 = \frac{V_0}{2}\cdot\frac{V}{2\pi^2}K^2\int_{-\Delta\varepsilon}^{\Delta\varepsilon}\left(\frac{\mathrm{d}K}{\mathrm{d}\varepsilon}\right)\mathrm{d}\varepsilon\frac{\tanh\left[\frac{\beta(\varepsilon_K^2 + \Delta^2)^{\frac{1}{2}}}{2}\right]}{(\varepsilon_K^2 + \Delta^2)^{\frac{1}{2}}} \tag{3.5.36}$$

由于在费密面附近积分，假定 K 变化不大，即 $K^2 \approx K_{\mathrm{F}}^2$。同时，$\varepsilon = \frac{\hbar^2 K^2}{2m}$，则 $\frac{\mathrm{d}K}{\mathrm{d}\varepsilon} = \frac{m}{\hbar^2 K}$。式(3.5.36)变为

$$1 = \frac{V_0}{2}\cdot\frac{V}{2\pi^2}\frac{mK_{\mathrm{F}}}{\hbar^2}\int_{-\Delta\varepsilon}^{\Delta\varepsilon}\mathrm{d}\varepsilon\frac{\tanh\left[\frac{\beta(\varepsilon_K^2 + \Delta^2)^{\frac{1}{2}}}{2}\right]}{(\varepsilon_K^2 + \Delta^2)^{\frac{1}{2}}} \tag{3.5.37}$$

现暂假定 $N(0) = \frac{mVK_{\mathrm{F}}}{\pi^2\hbar^2}$ 是费密面处的态密度，从态密度定义可以证明这个假定是对的。

定义 $N(0) = \frac{\text{态数}}{\text{平均能量间隔}} = \frac{\partial N}{\partial P}\frac{\partial P}{\partial \varepsilon}\bigg|_{P=P_{\mathrm{F}}}$，$N$ 是态数。

$$N = \frac{V}{(2\pi\hbar)^3}\int \mathrm{d}\boldsymbol{P} = \frac{V}{(2\pi\hbar)^3}\int 4\pi p^2 \mathrm{d}p = \frac{V}{2\pi^2\hbar^3}\frac{p^3}{3}$$

$$\frac{\partial N}{\partial P} = \frac{Vp^2}{2\pi^2\hbar^3},\quad \frac{\partial P}{\partial \varepsilon} = \frac{m}{p}$$

所以

$$N(0) = \frac{\partial N}{\partial P}\frac{\partial P}{\partial \varepsilon}\bigg|_{P=P_{\mathrm{F}}} = \frac{mVK_{\mathrm{F}}}{2\pi^2\hbar^2}$$

若考虑自旋，则 $N(0)$ 为上式乘 2，得 $N(0) = \frac{mVK_{\mathrm{F}}}{\pi^2\hbar^2}$。

故式(3.5.37)变为

$$1 = \frac{V_0}{2} \cdot N(0)\int_0^{\Delta\varepsilon} \mathrm{d}\varepsilon \frac{\tanh\left[\frac{\beta(\varepsilon_K^2 + \Delta^2)^{\frac{1}{2}}}{2}\right]}{(\varepsilon_K^2 + \Delta^2)^{\frac{1}{2}}} \tag{3.5.38}$$

这个式子给出 $\Delta(T)$ 与 T 的关系,由此可求相变温度。

具有动量 $\boldsymbol{k}$ 的准粒子的能量是从费密面算起为 $E_{\boldsymbol{K}} = (\varepsilon_K^2 + \Delta^2)^{\frac{1}{2}}$。不管动量取什么值,必须用一有限大小的能量才能把它激发起来。也就是说,激发态能谱中存在一个有限大小的能隙。在临界温度 T_c,能隙趋于零。这时激发能谱退化成理想气体能谱。当 $T < T_c$ 时,$\Delta(T) > 0$,求解出 $\Delta(T) - T$ 的关系式。

令 $\beta_c = \frac{1}{kT_c}$,在 $T = T_c$ 时,$\Delta(T) = 0$。

(1)求 T_c

将 $\Delta(T) = 0$ 代入式(3.5.38)中,得

$$1 = \frac{V_0}{2} \cdot N(0)\int_0^{\Delta\varepsilon} \mathrm{d}\varepsilon \frac{\tanh\frac{\beta_c\varepsilon_K}{2}}{\varepsilon_K}$$

令 $\frac{\beta_c\varepsilon_K}{2} = x$,则上式变为

$$1 = \frac{V_0}{2} \cdot N(0)\int_0^{\frac{\beta_c\Delta\varepsilon_K}{2}} \mathrm{d}x \frac{\tanh x}{x} = \frac{V_0}{2} \cdot N(0)\ln(1.13\beta_c\Delta\varepsilon)$$

已知积分 $\int_0^a \frac{\tanh x}{x}\mathrm{d}x = \ln(2.26a)$,故

$$kT_c = 1.13\Delta\varepsilon\exp\left[-\frac{2}{V_0N(0)}\right] \tag{3.5.39}$$

由此可见,临界温度 T_c 与相互作用强度成指数关系。对不同的物质,其 T_c 也不同。例如,CaS 的 $T_c = 1.6$ K,NbC 的 $T_c = 10.1 \sim 10.5$ K。

(2)求 $T = 0$ 时的 $\Delta(0)$

$T = 0$ 时,$\beta \to \infty$,$\tanh(\infty) = 1$,则

$$1 = \frac{V_0}{2} \cdot N(0)\int_0^{\Delta\varepsilon} \mathrm{d}\varepsilon \frac{1}{(\varepsilon_K^2 + \Delta^2)^{\frac{1}{2}}} = \frac{V_0}{2} \cdot N(0)\operatorname{arsinh}\left[\frac{\Delta\varepsilon}{\Delta(0)}\right]$$

那么

$$\sinh\left[\frac{2}{N(0)V_0}\right] = \frac{\Delta\varepsilon}{\Delta(0)}$$

$$\Delta(0) = \frac{\Delta\varepsilon}{\sinh\left[\frac{2}{N(0)V_0}\right]}$$

利用 $\sinh x = \frac{\mathrm{e}^x - \mathrm{e}^{-x}}{2}$,上式变为

$$\Delta(0) = \frac{\Delta\varepsilon}{\frac{1}{2}\left[\mathrm{e}^{\frac{2}{N(0)V_0}} - \mathrm{e}^{-\frac{2}{N(0)V_0}}\right]}$$

因为弱耦合时,$N(0)V_0 \ll 1$,所以,$\mathrm{e}^{-\frac{2}{N(0)V_0}} \to 0$,因此

$$\Delta(0)=2\Delta\varepsilon e^{-\frac{2}{N(0)V_0}} \tag{3.5.40}$$

(3)求临界温度 T_c 和绝对温度下的 $\Delta(0)$ 的关系

利用关系式 $\Delta(0)=2\Delta\varepsilon e^{-\frac{2}{N(0)V_0}}$ 和 $kT_c=1.13\Delta\varepsilon\exp\left[-\frac{2}{V_0N(0)}\right]$，有

$$\frac{\Delta(0)}{kT_c}=1.77 \tag{3.5.41}$$

这与超导实验符合很好。

(4)求 $\frac{\Delta(T)}{\Delta(0)}$ 的关系

用数值方法计算

$$1=\frac{V_0}{2}\cdot N(0)\int_0^{\Delta\varepsilon}\mathrm{d}\varepsilon\frac{\tanh\left[\frac{\beta(\varepsilon_K^2+\Delta^2)^{\frac{1}{2}}}{2}\right]}{(\varepsilon_K^2+\Delta^2)^{\frac{1}{2}}}$$

可求得 $\Delta(T)$ 与 T 的函数关系，在临界温度附近，能隙与温度的函数关系是

$$\frac{\Delta(T)}{\Delta(0)}=1.74\left(1-\frac{T}{T_c}\right)^{\frac{1}{2}} \tag{3.5.42}$$

因此能隙函数的临界指数为 $\frac{1}{2}$。

(5)比定容热容

因为 $\hat{H}'=\sum\limits_{K,\alpha}E_{K,\alpha}\hat{\gamma}^{+}_{K,\alpha}\hat{\gamma}_{K,\alpha}$，所以可将准粒子看成与理想气体相同，熵可写成

$$S=-2k\sum_K[n_K\ln n_K+(1-n_K)\ln(1-n_K)] \tag{3.5.43}$$

比定容热容为

$$\begin{aligned}c_V&=T\left(\frac{\partial S}{\partial T}\right)_V\\&=-2kT\sum_K\left[\frac{\partial n_K}{\partial T}\ln n_K+\frac{\partial n_K}{\partial T}-\frac{\partial n_K}{\partial T}-\frac{\partial n_K}{\partial T}\ln(1-n_K)\right]\\&=-2kT\sum_K\left(\frac{\partial n_K}{\partial T}\ln\frac{n_K}{1-n_K}\right)\end{aligned} \tag{3.5.44}$$

式中

$$\frac{\partial n_K}{\partial T}=\frac{\partial}{\partial T}\left(\frac{1}{1+e^{\beta E_K}}\right)=-\frac{1}{TE_K}\frac{\partial n_K}{\partial E_K}\left(E_K^2+\frac{1}{2}\beta\frac{\partial\Delta^2}{\partial\beta}\right) \tag{3.5.45}$$

$$\ln\frac{n_K}{1-n_K}=-\beta E_K \tag{3.5.46}$$

把式(3.5.45)和式(3.5.46)代入式(3.5.44)得

$$c_V=-2k\beta\sum_K\frac{\partial n_K}{\partial E_K}\left(E_K^2+\frac{1}{2}\beta\frac{\partial\Delta^2}{\partial\beta}\right) \tag{3.5.47}$$

式(3.5.47)中的第一项在 $T=T_c$ 时是连续的，但由于 $\frac{\partial\Delta^2}{\partial\beta}$ 在 $T<T_c$ 时具有有限值，而在 $T>T_c$ 时为零，所以第二项不连续。在 T_c 附近我们可令 $E_K\to|\varepsilon_K|$，于是刚好在临界温度以下的比定容热容为

$$c_V^{<} = 2\beta_c k \sum_{K} (-1) \frac{\partial n_K}{\partial |\varepsilon_K|} \left[\varepsilon_K^2 + \frac{1}{2}\beta_c \left(\frac{\partial \Delta^2}{\partial \beta} \right)_c \right] \quad (T \leqslant T_c) \tag{3.5.48}$$

而刚好在临界温度以上的比定容热容为

$$c_V^{>} = 2\beta_c k \sum_{K} (-1) \frac{\partial n_K}{\partial |\varepsilon_K|} \varepsilon_K^2 \quad (T \geqslant T_c) \tag{3.5.49}$$

比定容热容在临界温度处的间断差值为

$$\Delta c_V = c_V^{<} - c_V^{>} = -\beta_c^2 k \sum_{K} \frac{\partial n_K}{\partial |\varepsilon_K|} \left(\frac{\partial \Delta^2}{\partial \beta} \right)_c = N(0) \left(\frac{\partial \Delta^2}{\partial T} \right)_c \tag{3.5.50}$$

比定容热容在相变区域内变化的示意图如图 3.5.1 所示。

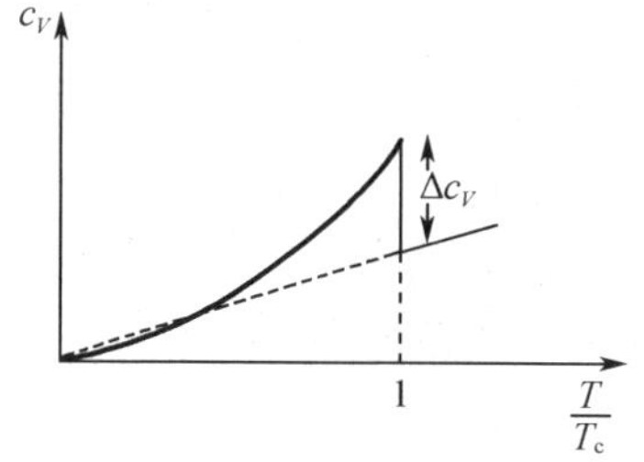

图 3.5.1

由图 3.5.1 可以看到,在低温区理想费密气体或弱耦合费密气体的比定容热容与温度呈线性关系。凝聚相的出现使比定容热容发生一个跃变,并改变了它与温度的依赖关系。向凝聚态的过渡是一个连续相变。相变点是一个 λ 点,这正是超导 BCS 理论。

§3.6 有序 - 无序相变

1. 一般讨论

用平衡态统计力学研究的另一类相变是从有序到无序相变的系统。考察 A、B 两种不同物质组成的点阵,设物体之间只有相邻相互作用。用 V_{AB}表示 A 与 B 之间的相互作用能,用 V_{AA}和 V_{BB}分别表示 A 与 A 之间和 B 与 B 之间的相互作用能。

在 $T=0$ K 情况下:

(1) $V_{AB} > \frac{1}{2}(V_{AA} + V_{BB})$,则所有 A 物体彼此为邻,所有 B 物体彼此为邻,从能量上讲有利。

(2) $V_{AB} < \frac{1}{2}(V_{AA} + V_{BB})$,则 A 物体与 B 物体相互为邻,对能量有利。

上述均为有序态,若将系统温度升高,热能将促使 A、B 的位置无规化,达到某一温度系统将融化,温度继续升高,整个系统变为完全无序。

描述这类系统的数学模型称伊辛(Ising)模型。用它可以描述格气和二元合金。Ising 模型一、二维问题可严格求解,但只有二维才有相变。Onsager 解决了外力 $F=0$ 的二维 Ising 模型,Yang 和 Lee 解决了 $F\neq0$ 的二维 Ising 模型。

2. 伊辛模型

为求 Ising 模型的配分函数，考虑 N 个格点的点阵，每个格点不是被 A 占据，就是被 B 占据，赋予第 i 个格点 S_i 如下意义：

$$S_i = 1, A \text{ 占据或} \uparrow$$
$$S_i = -1, B \text{ 占据或} \downarrow$$

给一组 S_i，即确定点阵组态。格点 i 与 j 之间的相互作用为 ε_{ij}，外场力 F 使 A 能量减少，使 B 能量增加。

给定组态 $\{S_i\}$，点阵总能量为

$$E\{S_i\} = \sum_{(i,j)}^{vN/2} \varepsilon_{ij} S_i S_j - F \sum_{i=1}^{N} S_i \tag{3.6.1}$$

式中，v 是每一格点的最邻近格点数；等号右边第一项是 N 个格点近邻相互作用能求和，若最近邻格点相互作用能相同，即 $\varepsilon_{ij} = \varepsilon$。系统配分函数为

$$Q(T,F) = \exp[-\beta G(T,F,N)] = \sum_{S_1=\pm1}\sum_{S_2=\pm1}\cdots\sum_{S_N=\pm1}\exp\left[-\beta\left(\varepsilon\sum_{(i,j)}^{vN/2} S_i S_j - F\sum_{i=1}^{N} S_i\right)\right] \tag{3.6.2}$$

式中，$G(T,F,N)$ 是吉布斯自由能。

引入如下一个量：

$$N = \sum_{i=1}^{N} S_i \tag{3.6.3}$$

平均值 $\langle N \rangle$ 反映了 A 和 B 占据格点数目之差。N 也是巨正则系综的粒子数算符，由下式给出，即

$$\langle N \rangle = kT \frac{\partial}{\partial F} \ln Q(T,F) \tag{3.6.4}$$

式(3.6.2)给出的配分函数并不是简单的形式，因为有许多组态都具有相同的能量，需要将这些组态拣出来，并将配分函数用另外办法写出来。为此引入一些符号：

$N_A = A$ 格点的总数；

$N_B = B$ 格点的总数；

$N_{AA} = A - A$ 最近邻对的总数；

$N_{BB} = B - B$ 最近邻对的总数；

$N_{AB} = A - B$ 最近邻对的总数。

这是五个并不独立的变量，我们用下面的办法找出它们之间的关系(图 3.6.1)。

假如从每个 A 格点找一条线连到它的每个最近邻格点，则这样画出的线数为 vN_A，按这种规则每一对 $A - A$ 最近邻格点间有两条线，而每一对 $A - B$ 最近邻格点间有一条线，每一对 $B - B$ 最近邻格点间没有线，因此

$$vN_A = 2N_{AA} + N_{AB} \tag{3.6.5}$$

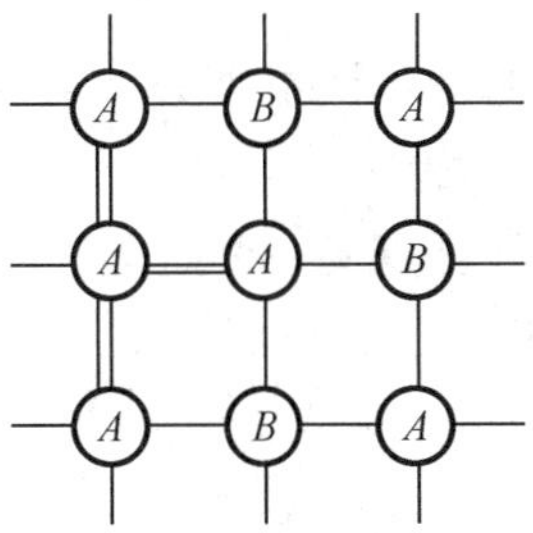

图 3.6.1

类似地，对 B 也有

$$vN_B = 2N_{BB} + N_{AB} \tag{3.6.6}$$

还有

$$N = N_A + N_B \tag{3.6.7}$$

对格点体系的配分函数按以下方式求出，即

$$\sum_{(i,j)}^{vN/2} S_iS_j = N_{AA} + N_{BB} - N_{AB} = 4N_{AA} - 2vN_A + \frac{v}{2}N \tag{3.6.8}$$

$$\sum_{i=1}^{N} S_i = N_A - N_B = 2N_A - N \tag{3.6.9}$$

所以总能量写成

$$E(S_i) = \sum_{(i,j)}^{vN/2} \varepsilon S_iS_j - F\sum_{i=1}^{N} S_i = 4\varepsilon N_{AA} - 2(\varepsilon v + F)N_A + \left(\frac{v}{2}\varepsilon + F\right)N \tag{3.6.10}$$

于是配分函数写为

$$Q(T,F) = \sum \mathrm{e}^{-\beta E(S_i)} = \mathrm{e}^{-\beta\left(\frac{1}{2}v\varepsilon + F\right)N} \times \sum_{N_A=0}^{N} \mathrm{e}^{2\beta(\varepsilon v+F)N_A} \times \sum_{N_{AA}} C(N_A, N_{AA})\mathrm{e}^{-4\beta\varepsilon N_{AA}} \tag{3.6.11}$$

式中，$C(N_A、N_{AA})$是给定一组 N_A、N_{AA}时，一切可能的组态数。

3. 格气

格气是指 N 个不可分辨的粒子排列在 N 个周期性晶格格点上，并规定每个格点最多只允许由一个粒子占据，每个粒子也只与最邻近的粒子有相互作用。其中，一部分格点上有原子占有，另一部分是空的。令 A = 满格（代表有粒子占据），B = 空格（代表无粒子占据），两点阵间的距离是 a，原子间的势能为

$$V = \begin{cases} \infty & r = 0 \\ -\varepsilon_0 & r = a \\ 0 & \text{其他} \end{cases} \tag{3.6.12}$$

这个势在 $r=0$ 处有一硬心，表示两个原子不能占据同一格点，但在 $r=a$ 处有吸引势，即每个原子只有最近邻相互作用。令 N_A 是原子数目，N_{AA}表示原子间有最近邻作用的数目。则系统总能量是

$$E = -\varepsilon_0 N_{AA} \tag{3.6.13}$$

N_A 个原子体系的配分函数是

$$Q_{N_A}(T,N_A) = \sum_{N_{AA}} C(N_A,N_{AA})\mathrm{e}^{\beta\varepsilon_0 N_{AA}} \tag{3.6.14}$$

式中，$C(N_A,N_{AA})$表示给定 N_A、N_{AA}时的不同组态数。若我们规定每一个格点占有一个单位体积，则整个格气的总体积就是 $V = N_A$。

若格点的数目无穷大，对于格气可定义一个巨配分函数

$$Q(T,N,\mu) = \mathrm{e}^{-\beta\Omega(T,N,\mu)} = \sum_{N_A=0}^{\infty} \mathrm{e}^{\beta\mu N_A} \cdot Q_{N_A}(T,N) = \sum_{N_A=0}^{\infty} \mathrm{e}^{\beta\mu N_1} \sum_{N_{AA}} C(N_A,N_{AA})\mathrm{e}^{\beta\varepsilon_0 N_{AA}} \tag{3.6.15}$$

要计算出 $Q(T,N,\mu)$,必须找出 N_A 和 N_{AA} 的关系。

Bragg 和 Williams 两人对最邻近 $A-A$ 对的数目做了一个很简单但非常强烈的近似,即

$$\frac{N_{AA}}{\frac{1}{2}vN}=\left(\frac{N_A}{N}\right)^2 \tag{3.6.16}$$

这就是说 $A-A$ 链数在全部链数中所占的比例等于 A 在点阵中比例的平方。

由于

$$N_{AA}=\frac{1}{2}vN\left(\frac{N_A}{N}\right)^2,\quad \varepsilon=-\varepsilon_0$$

将上式带入式(3.6.11)中得配分函数,即

$$\begin{aligned}Q(T,F)&=\mathrm{e}^{-\beta\left(\frac{1}{2}v\varepsilon+F\right)N}\times\sum_{N_A=0}^{N}\mathrm{e}^{2\beta(\varepsilon v+F)N_A}\times\sum_{N_{AA}}C(N_A,N_{AA})\,\mathrm{e}^{-4\beta\varepsilon N_{AA}}\\&=\sum_{N_A=0}^{N}C(N_A)\,\mathrm{e}^{\beta\left(\frac{1}{2}v\varepsilon_0-F\right)N}\cdot\mathrm{e}^{-2\beta(\varepsilon_0 v-F)N_A}\cdot\mathrm{e}^{2\beta\varepsilon_0 v(N_A^2/N)}\end{aligned} \tag{3.6.17}$$

再令 $N_A=\frac{N}{2}(1+L)$,则

$$Q(T,F)=\sum_{L=-1}^{1}C(N_A)\,\mathrm{e}^{\beta N\left(\frac{\varepsilon_0 v}{2}L^2+FL\right)} \tag{3.6.18}$$

式中,$C(N_A)$ 因子是从 N 个物体中取出 N_A 个的组合数,且

$$C(N_A)=\frac{N!}{(N-N_A)!\;N_A!} \tag{3.6.19}$$

所以

$$Q(T,F)=\sum_{L=-1}^{1}\frac{N!}{\left(\frac{N-NL}{2}\right)!\left(\frac{N+NL}{2}\right)!}\mathrm{e}^{\beta N\left(\frac{\varepsilon_0 v}{2}L^2+FL\right)} \tag{3.6.20}$$

下面计算当 $N\to\infty$ 时的 $Q(T,F)$,根据 Stirling 公式

$$n!\approx\sqrt{2\pi n}\left(\frac{n}{\mathrm{e}}\right)^n$$

$$N!\approx\sqrt{2\pi N}\left(\frac{N}{\mathrm{e}}\right)^N \tag{3.6.21}$$

$$\left(\frac{N-NL}{2}\right)!=\sqrt{2\pi\left(\frac{N-NL}{2}\right)}\left(\frac{N-NL}{2\mathrm{e}}\right)^{\frac{N-NL}{2}} \tag{3.6.22}$$

$$\left(\frac{N+NL}{2}\right)!=\sqrt{2\pi\left(\frac{N+NL}{2}\right)}\left(\frac{N+NL}{2\mathrm{e}}\right)^{\frac{N+NL}{2}} \tag{3.6.23}$$

$$\frac{N!}{\left(\frac{N-NL}{2}\right)!\left(\frac{N+NL}{2}\right)!}=\frac{1}{\sqrt{2\pi N}\left(\frac{1-L}{2}\right)^{\frac{N(1-L)}{2}+\frac{1}{2}}\left(\frac{1+L}{2}\right)^{\frac{N(1+L)}{2}+\frac{1}{2}}} \tag{3.6.24}$$

所以

$$Q(T,F)=\sum_{L=-1}^{1}\frac{\mathrm{e}^{\beta N\left(\frac{\varepsilon_0 v}{2}L^2+FL\right)}}{\sqrt{2\pi N}\left(\frac{1-L}{2}\right)^{\frac{N(1-L)}{2}+\frac{1}{2}}\left(\frac{1+L}{2}\right)^{\frac{N(1+L)}{2}+\frac{1}{2}}} \tag{3.6.25}$$

然后再求每格点的 gibbs 自由能

$$g(T,F)=\lim_{N\to\infty}\left[-\frac{kT}{N}\ln Q(T,F)\right] \tag{3.6.26}$$

$Q(T,F)$表达式中存在$\left(\frac{1-L}{2}\right)^{\frac{N(1-L)}{2}}$项,将求对数变成求和,因此研究以下数学问题。

设有$(A_1)^N+(A_2)^N+\cdots$,其中$A_1>A_2>\cdots$,因此

$$\lim_{N\to\infty}\frac{1}{N}\ln[(A_1)^N+(A_2)^N+\cdots]=\lim_{N\to\infty}\frac{1}{N}\ln\left\{A_1^N\left[1+\left(\frac{A_2}{A_1}\right)^N+\left(\frac{A_3}{A_1}\right)^N+\cdots\right]\right\}=\ln A_1 \tag{3.6.27}$$

于是

$$g(T,F)=-\left(\frac{\varepsilon_0 v\bar{L}^2}{2}+F\bar{L}\right)+\frac{1}{\beta}\left(\frac{1-\bar{L}}{2}\right)\ln\frac{1-\bar{L}}{2}+\frac{1}{\beta}\left(\frac{1+\bar{L}}{2}\right)\ln\frac{1+\bar{L}}{2} \tag{3.6.28}$$

这里$\bar{L}$是使$\sum\limits_{L=-1}^{1}$求和中给出最大一项的L值,称为序参量。它是A格点相对比例的量度。由$\bar{L}$的值对应的热力学态应是$g(T,F)$为极小的态,即

$$\left.\frac{\partial g(T,F)}{\partial L}\right|_{L=\bar{L}}=0 \tag{3.6.29}$$

所以

$$2\beta(\varepsilon_0 v\bar{L}+F)=\ln\frac{1+\bar{L}}{1-\bar{L}} \tag{3.6.30}$$

$$\frac{1+\bar{L}}{1-\bar{L}}=e^{2\beta(\varepsilon_0 v\bar{L}+F)}$$

故

$$\bar{L}=\tanh[\beta(\varepsilon_0 v\bar{L}+F)] \tag{3.6.31}$$

为简单起见,设外场为零,这时我们要解下式

$$\bar{L}=\tanh(\beta\varepsilon_0 v\bar{L}) \tag{3.6.32}$$

可用迭代法或画图法解。

画出$F(\bar{L})=\bar{L}$和$F(\bar{L})=\tanh(\beta\varepsilon_0 v\bar{L})$两条曲线,求出它们的交点。

当$\beta\varepsilon_0 v\ll 1$时,有

$$\tanh(\beta\varepsilon_0 v\bar{L})=\frac{e^{\beta\varepsilon_0 v\bar{L}}-e^{-\beta\varepsilon_0 v\bar{L}}}{e^{\beta\varepsilon_0 v\bar{L}}+e^{-\beta\varepsilon_0 v\bar{L}}}\approx\beta\varepsilon_0 v\bar{L} \tag{3.6.33}$$

所以,此时$\bar{L}=\tanh(\beta\varepsilon_0 v\bar{L})$只有$\bar{L}=0$一个根,如图3.6.2所示。

当$\beta\varepsilon_0 v>1$时,$\bar{L}=0$是一个根,同时$\bar{L}=\pm L_0$是另外两个根,如图3.6.3所示。

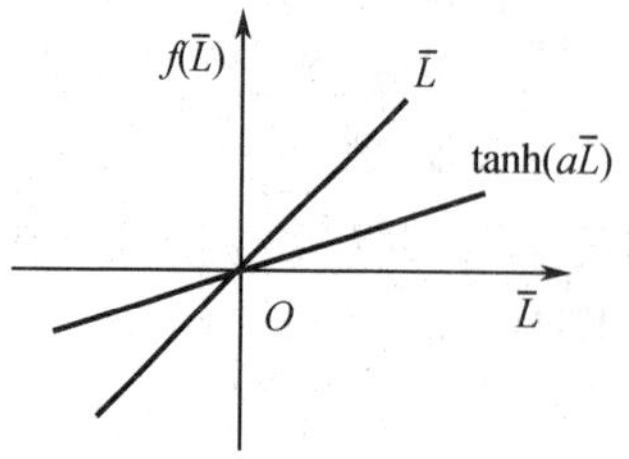

图3.6.2

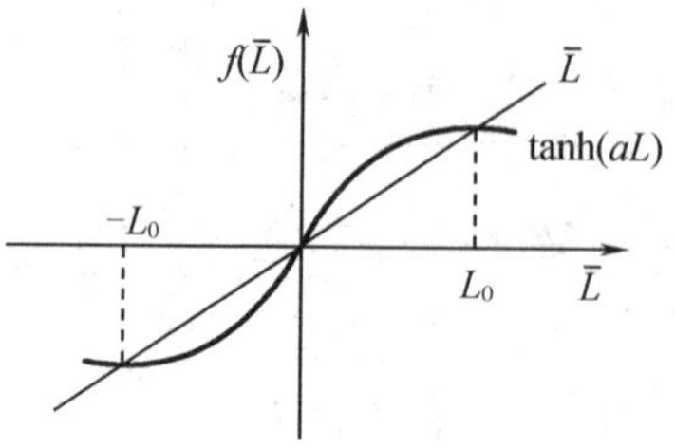

图3.6.3

(1)临界温度 T_c 由 $\beta\varepsilon_0 v=1$ 决定,则

$$kT_c=\varepsilon_0 v$$

$$T_c=\frac{\varepsilon_0 v}{k} \tag{3.6.34}$$

式(3.6.34)说明与 A 格点相互作用的邻近格点数越多,相变临界温度越高,格点的位越负,临界温度也越高。

(2)确定 $\overline{L}$ 的根中的哪一个对应 $g(T,F)$ 取极小值,为此先求二阶导数

$$\begin{aligned}\frac{\partial^2 g}{\partial\overline{L}^2}&=-\varepsilon_0 v+\frac{1}{2\beta}\left(\frac{1}{1+\overline{L}}+\frac{1}{1-\overline{L}}\right)\\&=-\varepsilon_0 v+\frac{1}{\beta}\cdot\frac{1}{1-\overline{L}^2}\\&=\frac{1}{\beta}\cdot\left(-\varepsilon_0 v\beta+\frac{1}{1-\overline{L}^2}\right)\end{aligned} \tag{3.6.35}$$

当 $\beta\varepsilon_0 v>1$ 和 $\overline{L}=0$ 时,对应 $\frac{\partial^2 g}{\partial\overline{L}^2}<0$,$g(T,F)$ 有极大值;

当 $\beta\varepsilon_0 v>1$ 和 $\overline{L}=\pm L_0$ 时,对应 $\frac{\partial^2 g}{\partial\overline{L}^2}>0$,$g(T,F)$ 有极小值;

当 $\beta\varepsilon_0 v<1$ 和 $\overline{L}=0$ 时,对应 $\frac{\partial^2 g}{\partial\overline{L}^2}>0$,$g(T,F)$ 有极小值。

因此,当 $\beta\varepsilon_0 v<0$,$\overline{L}=0$ 时,相应体系自由能极小,当 $\beta\varepsilon_0 v>1$,$\overline{L}=\pm L_0$ 时,相应体系自由能极小。换言之,$T<T_c$ 时,$\overline{L}=\pm L_0$ 时体系是稳定的,对应的 $N_A>N/2$ 或 $N_A<N/2$;当 $T>T_c$ 时,$\overline{L}=0$,即 $N_A=N/2$ 时体系稳定。

(3)写出在 $F=0$ 时各种热力学量

单个格点自由能

$$g(T,F)=-\left(\frac{\varepsilon_0 v\,\overline{L}^2}{2}+F\,\overline{L}\right)+\frac{1}{\beta}\left(\frac{1-\overline{L}}{2}\right)\ln\frac{1-\overline{L}}{2}+\frac{1}{\beta}\left(\frac{1+\overline{L}}{2}\right)\ln\frac{1+\overline{L}}{2}$$

$$g(T,L)=\begin{cases}kT\ln\dfrac{1}{2} & T>T_c\\ -\dfrac{\varepsilon_0 v}{2}L_0^2+\dfrac{1}{\beta}\left(\dfrac{1-L_0}{2}\right)\ln\dfrac{1-L_0}{2}+\dfrac{1}{\beta}\left(\dfrac{1+L_0}{2}\right)\ln\dfrac{1+L_0}{2} & T<T_c\end{cases} \tag{3.6.36}$$

$\overline{L}=\pm L_0$,$g(T,L)$ 简并。

单个格点的熵

$$s=-\left(\frac{\partial g}{\partial T}\right)_{L_0}=\begin{cases}-k\ln\dfrac{1}{2} & T>T_c\\ -\dfrac{1}{T\beta}\left(\dfrac{1-L_0}{2}\right)\ln\dfrac{1-L_0}{2}-\dfrac{1}{T\beta}\left(\dfrac{1+L_0}{2}\right)\ln\dfrac{1+L_0}{2} & T<T_c\end{cases} \tag{3.6.37}$$

单个格点的内能

$$U(T)=g(T)+Ts(T)=\begin{cases}0 & T>T_c\\ -\dfrac{v\varepsilon_0 L_0^2}{2} & T<T_c\end{cases} \tag{3.6.38}$$

单个格点的比热

$$C(T)=\frac{\partial U(T)}{\partial T}=\begin{cases}0 & T>T_c\\ -\dfrac{v\varepsilon_0}{2}\cdot\dfrac{\partial L_0^2}{\partial T} & T<T_c\end{cases} \tag{3.6.39}$$

可见比热在 $T=T_c$ 处间断。

(4)求 L_0 在 $T=0$ K 和 $T=T_c$ 时的行为

由 $\bar{L}=\tanh(\beta\varepsilon_0 v\bar{L})$，令 $\bar{L}=L_0$，则 $L_0=\tanh(\beta\varepsilon_0 vL_0)$用数值方法解。

当 $T=0$ K 时，$\beta\to\infty$，$L_0=\tanh(\infty)=1$。

当 $T\approx 0$ K 时，$L_0=\dfrac{e^{\beta\varepsilon_0 vL_0}-e^{-\beta\varepsilon_0 vL_0}}{e^{\beta\varepsilon_0 vL_0}+e^{-\beta\varepsilon_0 vL_0}}=1-\dfrac{2e^{-2\beta\varepsilon_0 vL_0}}{1+e^{-2\beta\varepsilon_0 vL_0}}$。

$T\to 0$，$\beta\to\infty$，$L_0\to 1$，所以

$$L_0=1-2e^{-2\frac{kT_c}{kT}L_0}=1-2e^{-2\frac{T_c}{T}} \tag{3.6.40}$$

当 $T=T_c$ 时，$\beta\varepsilon_0 v=1$，$L_0=\dfrac{e^{L_0}-e^{-L_0}}{e^{L_0}+e^{-L_0}}$，只有 $L_0=0$ 才是解。

当 $T\approx T_c$ 时，$\beta\varepsilon_0 v\approx 1$，$L_0\approx 0$，$\beta\varepsilon_0 vL_0\ll 1$，利用 $e^x=\sum\limits_{n=0}^{\infty}\dfrac{x^n}{n!}$，$x\in(-\infty,+\infty)$，可得

$$L_0=\frac{2\beta\varepsilon_0 vL_0}{2+(\beta\varepsilon_0 vL_0)^2}$$

因为 $T\approx T_c$，可以令 $T=T_c(1-\bar{L})$，且 $\bar{L}\to 0^+$。

由于 $\beta=\dfrac{1}{kT}$和 $kT_c=\varepsilon_0 v$，式(3.6.32)变为

$$\bar{L}=\tanh\left(\frac{T_c}{T}\bar{L}\right)$$

$$\operatorname{artanh}\bar{L}=\frac{T_c}{T}\bar{L}=\frac{T_c}{T_c(1-\bar{L})}\bar{L}=\frac{\bar{L}}{1-\bar{L}}$$

即

$$\operatorname{artanh}\bar{L}=\frac{\bar{L}}{1-\bar{L}} \tag{3.6.41}$$

$$\operatorname{artanh}x=x+\frac{1}{3}x^3+\frac{1}{5}x^5+\cdots \tag{3.6.42}$$

$$\frac{1}{1-x}=1+x+x^2+\cdots \tag{3.6.43}$$

式(3.6.41)的左右两边分别利用式(3.6.42)和式(3.6.43)展开，得

$$\bar{L}+\frac{1}{3}\bar{L}^3+\frac{1}{5}\bar{L}^5+\cdots=\bar{L}(1+\bar{L}+\bar{L}^2+\cdots) \tag{3.6.44}$$

整理后可得

$$L_0 = \sqrt{3\left(1 - \frac{T}{T_c}\right)} \tag{3.6.45}$$

图 3.6.4 给出序参数 L_0 作为$\frac{T}{T_c}$的函数的曲线；图 3.6.5 给出了二维点阵下伊辛模型的比热曲线，虚线对应着 Bragg－Williams 近似，实线是 Ising 模型严格解的结果。

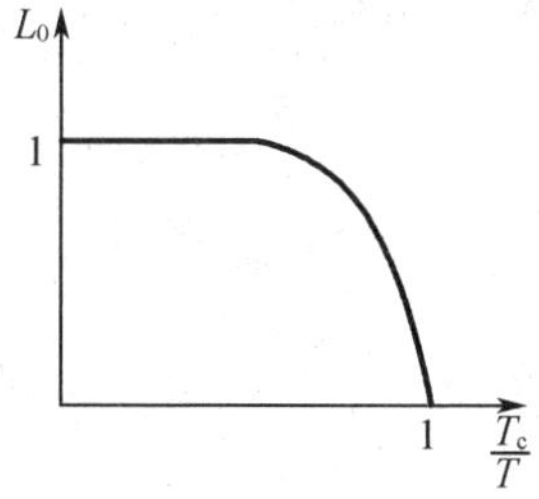

图 3.6.4

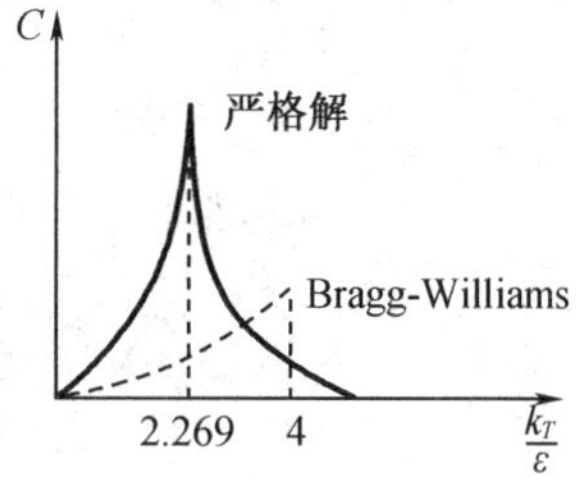

图 3.6.5

Bragg－Williams 忽略了结团效应，即忽略了这种效应使能量下降的可能性，在相变温度以上，系统内既不存在短程序，也不存在长程序。因此这时系统的热力学性质或者是常数，或者为零。在相变温度以下，长短序开始出现，从而热力学性质发生变化。

第4章 涨落理论

§4.1 热力学量的涨落公式

前面几章系统地介绍了平衡态的统计理论，在宏观量是对应的微观量的统计平均值的前提下，利用吉布斯系综理论找出了分布函数，即统计权重，然后通过求统计平均值的手段，原则上解决了如何求平衡态的各种热力学量的问题。并进而利用这些理论，讨论了相变。但是，很显然，在任一瞬间，体系的宏观量的数值当然不见得都必须恰好等于它的平均值，每次观测都可能与它的平均值有一定的偏差，这种现象称为围绕平均值的涨落。也就是说，虽然表征体系处于平衡态的各物理量原则上等于它的平均值，但离开平均值的偏差总是存在的。本章将讨论描述这种涨落现象的统计理论。

涨落理论是统计物理理论中一个重要的组成部分。原则上，涨落现象可分为两大类，即围绕平均值的涨落和布朗运动。本章将先讨论平均值的偏差，计算热力学量的涨落；然后再来研究处在气体或液体中的微小粒子，由于受到周围气体或液体分子的碰撞而产生的不规则的运动，即布朗运动。应该指出，涨落现象只有在深入到物体的微观结构以后，才能得到合理的解释。纯粹的热力学理论，由于只涉及各种热力学量之间的联系，未深入到物质的微观机制，原则上不能解释涨落现象。热力学量只涉及统计平均值而不涉及涨落。因此涨落理论的建立与实验相比较是物质具有微观结构的有力的论据之一，对涨落现象的研究具有深刻意义。

为了讨论围绕平均值的涨落，先介绍以下几个定义。

1. 平均值的偏差

设任一微观量 u 的统计平均值为 $\bar{u}$，则 u 的偏差定义为

$$\Delta u = u - \bar{u} \tag{4.1.1}$$

Δu 的平均值 $\overline{\Delta u} = \overline{(u - \bar{u})} = 0$。这个结果是显然的，因为虽然 $\Delta u = u - \bar{u}$ 有大有小，有正有负，但是平均来说，Δu 为正、负的概率应当相等，才能保证 $\bar{u}$ 是平均值。因此 $\overline{\Delta u}$ 为零。要真正考虑偏差的大小，Δu 作用不大。

2. 平均平方偏差

定义 u 的平均平方偏差为

$$\overline{(\Delta u)^2} = \overline{(u - \bar{u})^2} \tag{4.1.2}$$

得

$$\overline{(\Delta u)^2} = \overline{(u-\overline{u})^2} = \overline{(u^2 - 2u\overline{u} + \overline{u}^2)} = \overline{u^2} - 2\overline{u}\,\overline{u} + \overline{u}^2 = \overline{u^2} - \overline{u}^2 \tag{4.1.3}$$

对于讨论涨落现象,用平均平方偏差比平均偏差更合理,因为平方后$(\Delta u)^2$恒为正,Δu正负相消的现象不存在了。所有偏差都已被作为正的量计入。但是,$\overline{(\Delta u)^2}$只是微观量u的绝对偏差。显然,在物理学上更重要的应该是相对偏差的大小,因为它直接表征涨落的相对比值。

3. 相对涨落

微观量u的相对涨落定义为

$$F_u = \frac{\overline{(\Delta u)^2}}{\overline{u}^2} = \frac{\overline{u^2} - \overline{u}^2}{\overline{u}^2} \tag{4.1.4}$$

相对涨落简称为涨落,它真正表征围绕平均值附近的偏差的大小。涨落理论的第一步就是要建立一些计算各种热力学量的相对涨落的公式,并研究它们的共性和特性。

作为例子,下面计算能量的相对涨落和粒子数的相对涨落。

(1)考虑和大热源接触并达到平衡的热力学体系

现在用正则分布求体系能量的相对涨落F_E。

根据相对涨落的定义,可得$F_E = \dfrac{\overline{E^2} - \overline{E}^2}{\overline{E}^2}$。

由正则分布的配分函数$Q = \sum\limits_j e^{-\beta E_j}$,得

$$\overline{E} = -\frac{\partial \ln Q}{\partial \beta}$$

而

$$\frac{\partial^2 \ln Q}{\partial \beta^2} = \frac{\partial}{\partial \beta}\left(\frac{\partial \ln Q}{\partial \beta}\right) = \overline{E^2} - \overline{E}^2 \tag{4.1.5}$$

所以

$$F_E = \frac{\overline{E^2} - \overline{E}^2}{\overline{E}^2} = \frac{1}{\overline{E}^2} \cdot \frac{\partial^2 \ln Q}{\partial \beta^2} = \frac{1}{\overline{E}^2} \cdot \frac{\partial}{\partial \beta}\left(\frac{\partial \ln Q}{\partial \beta}\right) = \frac{1}{\overline{E}^2} \cdot \frac{\partial}{\partial \beta}(-\overline{E}) = \frac{\partial}{\partial \beta}\left(\frac{1}{\overline{E}}\right)$$

即

$$F_E = \frac{\partial}{\partial \beta}\left(\frac{1}{\overline{E}}\right) \tag{4.1.6}$$

为估计F_E的数量级,假定所选的体系是单原子分子组成的理想气体,分子数为N,则

$$\overline{E} = \frac{3N}{2}kT$$

所以

$$F_E = \frac{\partial}{\partial \beta}\left(\frac{1}{\overline{E}}\right) = \frac{\partial}{\partial T}\left(\frac{1}{\overline{E}}\right) \cdot \frac{\partial T}{\partial \beta} = \frac{2}{3N} \tag{4.1.7}$$

式(4.1.7)表明,能量的相对涨落和粒子数的倒数成正比,当$N \to \infty$时,$F_E \to 0$。当体系的粒子数N足够大时,能量的相对涨落足够小,由统计物理中的各种统计法给出的平均值将具

有确定意义。因此，只有当体系由大量粒子构成时，统计方法所引起的偏差才足够小，这时统计规律性起主导作用。前面几章介绍的平衡态统计理论只有在此前提下才具有确定意义。

(2)求粒子数 N 的相对涨落

显然，唯有在允许体系粒子数 N 可变的条件下，才谈得上求 N 的相对涨落 F_N。否则，若体系的粒子数 N 保持不变，则 F_N 必为零。为此，假定体系和大热源、大粒子源接触，进行热交换，并交换粒子，且达到平衡，满足巨正则分布。为方便起见，假定体系化学纯，只含一种分子。

根据相对涨落的定义，可得 $F_N = \dfrac{\overline{N^2} - \overline{N}^2}{\overline{N}^2}$。

由巨正则分布的巨配分函数 $Q = \sum\limits_{N}\sum\limits_{j(N)} e^{-\beta E_{j(N)} - \gamma N}$，得

$$\overline{N} = -\frac{\partial \ln Q}{\partial \gamma}$$

而

$$\frac{\partial^2 \ln Q}{\partial \gamma^2} = \frac{\partial}{\partial \gamma}\left(\frac{\partial \ln Q}{\partial \gamma}\right) = \overline{N^2} - \overline{N}^2 \tag{4.1.8}$$

所以

$$F_N = \frac{\overline{N^2} - \overline{N}^2}{\overline{N}^2} = \frac{1}{\overline{N}^2}\cdot\frac{\partial^2 \ln Q}{\partial \gamma^2} = \frac{1}{\overline{N}^2}\cdot\frac{\partial}{\partial \gamma}\left(\frac{\partial \ln Q}{\partial \gamma}\right) = \frac{1}{\overline{N}^2}\cdot\frac{\partial}{\partial \gamma}(-\overline{N}) = \frac{\partial}{\partial \gamma}\left(\frac{1}{\overline{N}}\right)$$

即

$$F_N = \frac{\partial}{\partial \gamma}\left(\frac{1}{\overline{N}}\right) \tag{4.1.9}$$

为估计 F_N 的数量级，假定所选的体系是单原子分子组成的理想气体，分子数为 N。

对单原子分子理想气体有

$$\ln Q = V\left(\frac{2\pi m}{\beta}\right)^{\frac{3}{2}}\frac{1}{h^3}e^{-\gamma} \tag{4.1.10}$$

所以

$$\overline{N} = -\frac{\partial \ln Q}{\partial \gamma} = -\frac{\partial}{\partial \gamma}\left[V\left(\frac{2\pi m}{\beta}\right)^{\frac{3}{2}}\frac{1}{h^3}e^{-\gamma}\right] = \ln Q \tag{4.1.11}$$

即

$$F_N = \frac{1}{\overline{N}} \tag{4.1.12}$$

可见，粒子数的相对涨落也与 $\overline{N}$ 的倒数成正比，当体系的平均粒子数 $\overline{N} \to \infty$ 时，$F_N \to 0$，体系具有确定的宏观粒子数。

§4.2 高斯分布和泊松分布

迄今为止，已经证明，当粒子数 N 足够大时，相对涨落足够小。由于存在涨落，体系的状态有可能在涨落允许的范围内，出现非平衡态。即使对于孤立系，在涨落的意义下，熵也有可能减小。

1. 高斯分布

假定体系中粒子之间相互作用可忽略，由玻耳兹曼分布中的熵公式

$$S = k\ln \omega \tag{4.2.1}$$

得宏观态出现的概率为

$$\omega = e^{\frac{S}{k}} \tag{4.2.2}$$

式(4.2.2)表明，对于孤立系，当体系的内能 E 和体积 V 不变时，熵取值为 S 的宏观态出现的概率与 $e^{\frac{S}{k}}$ 成正比。设平衡态的熵为 $\bar{S}$，它所对应的热力学概率 ω 最大，即

$$\omega_{\max} = e^{\frac{\bar{S}}{k}} \tag{4.2.3}$$

由式(4.2.2)及式(4.2.3)有

$$\omega = \omega_{\max} e^{\frac{S-\bar{S}}{k}} = \omega_{\max} e^{\frac{\Delta S}{k}} \tag{4.2.4}$$

式中，$\Delta S = S - \bar{S}$ 表示偏离平衡态的熵的偏差。式(4.2.4)相应的约束条件是 E 和 V 不变，即

$$\Delta E = 0, \quad \Delta V = 0 \tag{4.2.5}$$

将上面的讨论推广到一般情况，求任何热力学量的偏差出现的概率。

令

$$x = X - \bar{X} \tag{4.2.6}$$

式中，x 表示某一物理量 X 的偏差，$\bar{X}$ 表示 X 的统计平均值。一般地，当选 X 为描写体系状态的独立变量时，总可以把体系的熵 S 表示为独立变量 X 的函数

$$S = S(X)$$

$$\Delta S = S - \bar{S} = S(X) - \bar{S}(\bar{X}) = \Delta S(x) \tag{4.2.7}$$

由式(4.2.3)可知，体系偏离平衡态，相应的物理量取值为 X 的概率正比于 $e^{\frac{S}{k}}$，由式(4.2.4)，物理量 X 的偏差在 x 至 $x+\mathrm{d}x$ 之间出现的概率是

$$\omega(x)\mathrm{d}x = 常数 \cdot e^{\frac{\Delta S(x)}{k}}\mathrm{d}x \tag{4.2.8}$$

一般情况下，当体系的粒子数很大时，涨落很小。x 是个小量，将 $\Delta S(x)$ 按 x 展开后得

$$\Delta S = S(x) - \bar{S}(\bar{x}) = \Delta S(0) + \left.\frac{\partial S}{\partial x}\right|_{x=0} x + \frac{1}{2}\left.\frac{\partial^2 S}{\partial x^2}\right|_{x=0} x^2 + \cdots \tag{4.2.9}$$

当孤立系处在平衡态时，$X = \bar{X}$，即 $x = 0$，这时熵取极大值，即

$$\left.\frac{\partial S}{\partial x}\right|_{x=0} = 0, \quad \left.\frac{\partial^2 S}{\partial x^2}\right|_{x=0} < 0 \tag{4.2.10}$$

为方便起见，令

$$\xi \equiv -\left.\frac{\partial^2 S}{\partial x^2}\right|_{x=0} > 0 \tag{4.2.11}$$

则由式(4.2.9)、式(4.2.10)、式(4.2.11)，可将式(4.2.8)改写为

$$\omega(x)\,\mathrm{d}x = A\mathrm{e}^{-\frac{\xi x^2}{2k}}\mathrm{d}x \tag{4.2.12}$$

式中，A 即式(4.2.8)中的常数。它可由归一化条件 $\int_{-\infty}^{\infty}\omega(x)\,\mathrm{d}x = 1$ 决定。由

$$\int_{-\infty}^{\infty}\omega(x)\,\mathrm{d}x = 1 = \int_{-\infty}^{\infty}A\mathrm{e}^{-\frac{\xi x^2}{2k}}\mathrm{d}x$$

得

$$A = \sqrt{\frac{\xi}{2\pi k}} \tag{4.2.13}$$

代回式(4.2.12)后，有

$$\omega(x)\,\mathrm{d}x = \sqrt{\frac{\xi}{2\pi k}}\mathrm{e}^{-\frac{\xi x^2}{2k}}\mathrm{d}x \tag{4.2.14}$$

分布式(4.2.14)称为高斯(Gauss)分布。高斯分布 $\omega(x)$ 具有下述性质：在 $x=0$ 处 $\omega(x)$ 有极大值，这意味着平衡态出现的概率最大；而且 $\omega(x)$ 是 x 的偶函数，这表示在偏离平衡态时，不管是对 $X>\overline{X}$ 的态，还是对 $X<\overline{X}$ 的态，只要 $|X-\overline{X}|$ 的值相同，则这两个态出现的概率就相同。这是非常合理的。因为按统计平均值的定义，$x=X-\overline{X}$ 的平均值 $\overline{x}$ 为0，这就要求对 $x>0$ 和 $x<0$ 的态，只要 $|x|$ 相同，出现的概率必然相等。更重要的是，高斯分布 $\omega(x)$ 随着 $|x|$ 的增大而指数衰减，当 $|x|$ 较大时，它很快地趋于零。这表明：虽然涨落理论允许体系有可能偏离平衡态，但偏离平衡态的概率随着偏离的增大而指数减少。在这种意义下，可以说，统计理论比宏观的热力学理论更深刻，它比热力学中对平衡态的讨论进了一步，它并不完全排除由平衡态自发地过渡到非平衡态的可能性，但是它指出，这种可能性实际上是指数减小的，且很快趋于零。

在式(4.2.14)中，还有一个参数 ξ 有待决定，为决定 ξ，可利用式(4.2.14)计算物理量 X 的平均平方偏差 $\overline{(X-\overline{X})^2} = \overline{x^2}$，有

$$\overline{x^2} = \sqrt{\frac{\xi}{2\pi k}}\int_{-\infty}^{\infty}x^2\mathrm{e}^{-\frac{\xi x^2}{2k}}\mathrm{d}x = \frac{k}{\xi} \tag{4.2.15}$$

因此，$\xi = \frac{k}{\overline{x^2}}$，式(4.2.14)可改写为

$$\omega(x)\,\mathrm{d}x = \frac{1}{\sqrt{2\pi\,\overline{x^2}}}\mathrm{e}^{-\frac{x^2}{2\overline{x^2}}}\mathrm{d}x \tag{4.2.16}$$

式中，$\overline{x^2}$ 越小，$\omega(x)$ 的极大值越尖锐。

类似地，还可以把上述讨论推广到多个热力学量的情况。当多个热力学量离开各自的平均值时，以 $x_1, x_2, \cdots, x_n$ 分别表示这 n 个热力学量的偏差，则相应于这些热力学量偏差的非平衡态出现的概率是

$$\omega(x_1, x_2, \cdots, x_n)\,\mathrm{d}x_1\mathrm{d}x_2\cdots\mathrm{d}x_n = 常数 \cdot \mathrm{e}^{\frac{\Delta S}{k}}\mathrm{d}x_1\mathrm{d}x_2\cdots\mathrm{d}x_n \tag{4.2.17}$$

将 ΔS 按 $(x_1, x_2, \cdots, x_n)$ 展开，由于 S 对所有变量 $x_1, x_2, \cdots, x_n$ 的一级微商在平衡态处的取值为零，因此

$$\Delta S = -\frac{1}{2}\sum_{i,j=1}^{n}\xi_{ij}x_i x_j \tag{4.2.18}$$

式中

$$\xi_{ij} = -\left.\frac{\partial^2 S}{\partial x_i \partial x_j}\right|_{x_i = x_j = 0} \tag{4.2.19}$$

将式(4.2.18)及式(4.2.19)代入式(4.2.17)后得

$$\omega = A\exp\left(-\sum_{i,j}\frac{1}{2k}\xi_{ij}x_i x_j\right) \tag{4.2.20}$$

常数 A 由归一化条件

$$A\int_{-\infty}^{\infty}\int_{-\infty}^{\infty}\cdots\int_{-\infty}^{\infty}\exp\left(-\sum_{i,j}\frac{1}{2k}\xi_{ij}x_i x_j\right)\mathrm{d}x_1\mathrm{d}x_2\cdots\mathrm{d}x_n = 1 \tag{4.2.21}$$

确定。

通过做线性变换，完成式(4.2.21)的积分，给出归一化常数

$$A = (2\pi k)^{-\frac{n}{2}}\sqrt{\xi} \tag{4.2.22}$$

因此，多个变量的高斯分布为

$$\omega(x_1, x_2, \cdots, x_n) = \frac{\sqrt{\xi}}{(2\pi k)^{\frac{n}{2}}}\exp\left(-\frac{1}{2k}\sum_{i,j}\xi_{ij}x_i x_j\right) \tag{4.2.23}$$

若取物理量 X 为粒子数 N，则由式(4.2.16)得粒子数的平方偏差为 $(\Delta N)^2$ 的非平衡态出现的概率是

$$\omega\mathrm{d}N = \frac{1}{\sqrt{2\pi\,\overline{(\Delta N)^2}}}\exp\left[-\frac{(N-\overline{N})^2}{2\,\overline{(\Delta N)^2}}\mathrm{d}N\right] \tag{4.2.24}$$

如果体系是理想气体，由式(4.1.8)及式(4.1.11)有 $\overline{(\Delta N)^2} = \overline{N}$，上式可简化为

$$\omega\mathrm{d}N = \frac{1}{\sqrt{2\pi\overline{N}}}\exp\left[-\frac{(N-\overline{N})^2}{2\,\overline{N}}\right]\mathrm{d}N \tag{4.2.25}$$

这个公式只适用于小的涨落，即只适用于 $N-\overline{N} \ll \overline{N}$ 的情况。因为在推导式(4.2.16)时，曾将 ΔS 对小量 x 做展开并只取到 x 的二阶小量。

2. 泊松分布

现在讨论另一个粒子数的分布。假定在体系中选定一个很小的体积 v，其中的粒子数 n 不大，但 $n-\overline{n}$ 相对地比较大，若 $n-\overline{n}$ 大到可与 $\overline{n}$ 相比较时，求这时所出现的概率。在讨论这个问题之前，先看下面的问题。

设有一含 N 个分子的理想气体，被封闭在体积 V 中，想象在 V 中划出一个小体积 v，求在 v 中含有 n 个分子的概率。

一个分子处在 v 中的概率为 $\frac{v}{V}$。因为是理想气体，分子之间的相互作用可忽略，各个分子彼此之间是独立的，因此 n 个分子出现在 v 中的概率是 $\left(\frac{v}{V}\right)^n$。$n$ 个分子出现在 $N-n$ 中，

则其余的$(V-v)$个分子必然同时处在$(V-v)$中，它们的概率是$\left(\frac{V-v}{V}\right)^{N-n}=\left(1-\frac{v}{V}\right)^{N-n}$。另外，处在$v$中的$n$个分子可以是$N$个分子中的任意$n$个，也就是说，处在$v$中的$n$个分子和处在$(V-v)$中的$(N-n)$个分子彼此互换不引起新的结果，这个互换数是$\frac{N!}{n!\ (N-n)!}$。于是可得，在$N$个分子中取出$n$个来，放在总体积$V$中的小体积$v$的概率是

$$\omega_n=\frac{N!}{n!\ (N-n)!}\left(\frac{v}{V}\right)^n\left(1-\frac{v}{V}\right)^{N-n} \tag{4.2.26}$$

式中，第一个因子表示从N个粒子中选出n个粒子来把它放在v中的所有可能方式；第二个因子表示n个粒子出现在体积V中的小体积v内的概率；第三个因子则表示余下的$(N-n)$个粒子出现在$(V-v)$的体积中的概率。注意$v\ll V, n\ll N$，因而有

$$N!\ =N(N-1)\cdots(N-n+1)(N-n)!\ \approx N^n(N-n)! \tag{4.2.27}$$

代入式(4.2.26)得

$$\omega_n\approx\frac{1}{n!}\left(\frac{Nv}{V}\right)^n\left(1-\frac{v}{V}\right)^N \tag{4.2.28}$$

又因为$\bar{n}=\frac{Nv}{V}$，$\bar{n}$表示平均粒子数，式(4.2.28)即

$$\omega_n=\frac{\bar{n}^n}{n!}\left(1-\frac{\bar{n}}{N}\right)^N \tag{4.2.29}$$

利用公式

$$\lim_{N\to\infty}\left(1-\frac{x}{N}\right)^N=\mathrm{e}^{-x} \tag{4.2.30}$$

当N很大时，式(4.2.29)的最后一个因子$\left(1-\frac{\bar{n}}{N}\right)^N$可用$\mathrm{e}^{-\bar{n}}$来代替，于是最后求得

$$\omega_n=\frac{\bar{n}^n\cdot\mathrm{e}^{-\bar{n}}}{n!} \tag{4.2.31}$$

式(4.2.31)称为泊松(Poisson)分布，它表示在体积v中出现粒子数为n的概率。现在对泊松分布做一些讨论：

(1)容易证实，泊松分布满足归一化条件，事实上，

$$\sum_{n=0}^{\infty}\omega_n=\sum_{n=0}^{\infty}\frac{\bar{n}^n\cdot\mathrm{e}^{-\bar{n}}}{n!}=\mathrm{e}^{-\bar{n}}\sum_{n=0}^{\infty}\frac{\bar{n}^n}{n!}=\mathrm{e}^{-\bar{n}}\cdot\mathrm{e}^{\bar{n}}=1 \tag{4.2.32}$$

因此用泊松分布算平均值时，不必再归一化。

(2)当涨落很小，满足$|n-\bar{n}|\ll\bar{n}$时，而$\bar{n}$很大时，泊松分布过渡到高斯分布。则由式(4.2.31)有

$$\ln\omega_n=n\ln\bar{n}-\bar{n}-\ln n! \tag{4.2.33}$$

当n很大时，用斯特林公式

$$n!\ \approx\sqrt{2\pi n}\,n^n\mathrm{e}^{-n}$$

可将式(4.2.33)写成

$$\ln\omega_n=n\ln\bar{n}-\bar{n}-\ln\sqrt{2\pi n}-n\ln n+n \tag{4.2.34}$$

令$\bar{n}-n=\Delta n$，代入式(4.2.34)得

$$\ln \omega_n = (\bar{n}-\Delta n)\ln \bar{n} - (\bar{n}-\Delta n)\ln(\bar{n}-\Delta n) - \Delta n - \ln\sqrt{2\pi n}$$
$$= -(\bar{n}-\Delta n)\ln\left(1-\frac{\Delta n}{\bar{n}}\right) - \Delta n - \ln\sqrt{2\pi n} \tag{4.2.35}$$

又因为$|\Delta n| \ll \bar{n}$,故

$$\ln\left(1-\frac{\Delta n}{\bar{n}}\right) \approx -\frac{\Delta n}{\bar{n}} - \frac{1}{2}\left(\frac{\Delta n}{\bar{n}}\right)^2 + \cdots$$

$$\ln\sqrt{2\pi n} \approx \ln\sqrt{2\pi\bar{n}}$$

代入式(4.2.35),准确到$\frac{\Delta n}{\bar{n}}$的二级无穷小,得

$$\ln \omega_n \approx -\frac{(\Delta n)^2}{\bar{n}} + \frac{1}{2}\left(\frac{\Delta n}{\bar{n}}\right)^2 \bar{n} - \ln\sqrt{2\pi\bar{n}} = -\frac{1}{2}\frac{(\Delta n)^2}{\bar{n}} - \ln\sqrt{2\pi\bar{n}}$$

即

$$\omega_n = \frac{1}{\sqrt{2\pi\bar{n}}}\exp\left[-\frac{(n-\bar{n})^2}{2\bar{n}}\right]$$

这正是高斯分布。这说明,泊松分布比高斯分布更普遍,它不受条件$|n-\bar{n}| \ll \bar{n}$的约束。

(3)可以证明,利用泊松分布算得的粒子数的方均偏差和以前用巨正则分布或高斯分布等算得的结果一致。事实上,由泊松分布得

$$\overline{n^2} = \sum_{n=0}^{\infty} n^2\omega_n = \sum_{n=0}^{\infty} n^2 \frac{\bar{n}^n \cdot e^{-\bar{n}}}{n!}$$
$$= e^{-\bar{n}}\sum_{n=1}^{\infty}\frac{\bar{n}^n(n-1+1)}{(n-1)!}$$
$$= e^{-\bar{n}}\sum_{n=2}^{\infty}\frac{\bar{n}^n}{(n-2)!} + e^{-\bar{n}}\sum_{n=1}^{\infty}\frac{\bar{n}^n}{(n-1)!} \tag{4.2.36}$$

$$\bar{n} = \sum_{n=0}^{\infty} n\omega_n = \sum_{n=0}^{\infty} n\frac{\bar{n}^n \cdot e^{-\bar{n}}}{n!} = e^{-\bar{n}}\sum_{n=1}^{\infty}\frac{\bar{n}^n}{(n-1)!} \tag{4.2.37}$$

式(4.2.37)的结果和式(4.2.36)最后一式的第二项相等。为讨论式(4.2.36)最后一式的第一项,我们来计算$\bar{n}^2$。由式(4.2.37)可知

$$\bar{n}^2 = \bar{n}\sum_{n=1}^{\infty}\frac{\bar{n}^n \cdot e^{-\bar{n}}}{(n-1)!} = e^{-\bar{n}}\sum_{n=1}^{\infty}\frac{\bar{n}^{n+1}}{(n-1)!} = e^{-\bar{n}}\sum_{n=2}^{\infty}\frac{\bar{n}^n}{(n-2)!} \tag{4.2.38}$$

这正是式(4.2.36)最后一式的第一项,因此有

$$\overline{(\Delta n)^2} = \overline{n^2} - \bar{n}^2 = \bar{n} \tag{4.2.39}$$

§4.3 二项式分布和无规则行走问题

1. 二项式分布

二项式分布是最基本的统计分布规律,它广泛应用于具有恒定的事件发生概率的随机

过程。

放射性原子核的衰变:在 $t=0$ 时的 N_0 个原子核中,任何一个核在 t 时间内衰变的概率为 p,不衰变的概率为 $q=1-p$,显然,$p+q=1$。这样的情形服从二项式分布,在 t 时间内发生核衰变数为 n 的概率为

$$p(n)=\frac{N_0!}{(N_0-n)!\,n!}p^n(1-p)^{N_0-n} \tag{4.3.1}$$

式(4.3.1)称为二项式分布。现在对二项式分布进行讨论:

(1)容易证实,二项式分布满足归一化条件,事实上,

$$\sum_n p(n) = \sum_n \frac{N_0!}{(N_0-n)!n!}p^n(1-p)^{N_0-n}$$

利用二项式定理,即

$$(a+b)^n = \sum_{r=0}^{n} \mathrm{C}_n^r a^{n-r}b^r = \sum_{r=0}^{n} \frac{n!}{(n-r)!r!}a^{n-r}b^r$$

所以

$$\sum_n p(n) = [p+(1-p)]^{N_0} = 1 \tag{4.3.2}$$

因此用二项式分布算平均值时不必再归一化。

(2)当 p 很小时,二项式分布可以过渡到泊松分布。

由于 p 很小,在 t 时间内发生核衰变的数目 n 也很小,所以

$$N_0! = N_0(N_0-1)\cdots[N_0-(n-1)](N_0-n)! \approx N_0^n(N_0-n)! \tag{4.3.3}$$

又因为

$$(1-p)^{N_0-n} \approx (\mathrm{e}^{-p})^{N_0-n} \approx \mathrm{e}^{-pN_0} \tag{4.3.4}$$

所以

$$\begin{aligned}
p(n) &= \frac{N_0!}{(N_0-n)!\,n!}p^n(1-p)^{N_0-n} \\
&\approx \frac{N_0^n(N_0-n)!}{(N_0-n)!\,n!}p^n\mathrm{e}^{-pN_0} \\
&= \frac{N_0^n}{n!}p^n\mathrm{e}^{-pN_0} \\
&= \frac{(N_0p)^n}{n!}\mathrm{e}^{-pN_0} \\
&= \frac{\bar{n}^n}{n!}\mathrm{e}^{-\bar{n}}
\end{aligned}$$

这正是泊松分布。

2. 无规则(无规)行走问题

无规行走实际上是粒子的一维运动,粒子沿一直线运动,粒子向右走任意一步的概率为 $P(P=1/2)$,向左走任意一步的概率为 $q(q=1/2)$,即粒子向左、向右走任意一步的概率都是 1/2。它在走任何一步时都不记得前一步是怎么走的,也就是说,前后各步都是彼此独立、互不相关的。

设 n_1 为向右走的步数,n_2 为向左走的步数。共走 N 步后,净步数为 m,则 $n_1+n_2=N$,$m=n_1-n_2=n_1-(N-n_1)=2n_1-N$。

N 步中有 n_1 步向右走，其余的 $(N-n_1)$ 步向左走的概率为

$$P_N(n_1)=\frac{N!}{n_1!\ (N-n_1)!}P^{n_1}(1-P)^{(N-n_1)} \tag{4.3.5}$$

式(4.3.5)为二项式分布。

当 N 很大，且 $n_1-\overline{n_1}$ 很小时，式(4.3.5)的二项式分布过渡为高斯分布。

$$P_N(n_1)=\frac{1}{\sqrt{2\pi\sigma^2}}\exp\left[-\frac{(n_1-\overline{n_1})^2}{2\sigma^2}\right] \tag{4.3.6}$$

且

$$\langle n_1\rangle=NP=\frac{1}{2}N$$

$$\sigma^2=\langle n_1^2\rangle-\langle n_1\rangle^2=NPq=\frac{1}{4}N \tag{4.3.7}$$

因为

$$m=2n_1-N,\langle n_1\rangle=\frac{1}{2}N$$

所以

$$n_1-\overline{n_1}=\frac{m}{2} \tag{4.3.8}$$

把式(4.3.7)及式(4.3.8)代入式(4.3.6)中，得

$$P_N(m)=\frac{1}{\sqrt{2\pi N}}\exp\left(-\frac{m^2}{2N}\right) \tag{4.3.9}$$

式(4.3.9)是净步数 m 所满足的高斯分布。

假定每步的步长为 l，则净位移为 $X=ml$。将 $m=\frac{X}{l}$ 代入式(4.3.9)，可得净位移为 X 的概率分布，即

$$P_N(X)=\frac{1}{\sqrt{2\pi Nl^2}}\exp\left(-\frac{X^2}{2Nl^2}\right) \tag{4.3.10}$$

设粒子在单位时间内走 n 步，即 $N=nt$，可以得到 t 时刻净位移为 X 的概率分布，即

$$P_N(X,t)=\frac{1}{\sqrt{2\pi ntl^2}}\exp\left(-\frac{X^2}{2ntl^2}\right) \tag{4.3.11}$$

对于扩散问题，扩散系数为 $D=\frac{1}{2}nl^2$，则有

$$P_N(X,t)=\frac{1}{\sqrt{2\pi\cdot 2Dt}}\exp\left(-\frac{X^2}{2\cdot 2Dt}\right) \tag{4.3.12}$$

§4.4 响应函数和关联函数

前面各节中所讨论的涨落，只局限于讨论力学量在空间中某点的涨落，而不能讨论空间中某点的涨落对其他各点涨落的影响。为讨论空间中各不同点之间的涨落的相互联系，

本节将引入响应函数和关联函数。关联函数和响应函数的作用绝不限于讨论涨落，对平衡态中粒子的二体关联、非平衡态统计理论、相变理论，特别是临界点附近各种临界指数的讨论，它都起重要作用。

讨论一个封闭体系，其温度为 T，体积为 V。假定体系由一列状态参量 $\{A_i\}$ $(i=1,2,\cdots)$ 描述。现加入相应的恒定外场 $\{F_i\}$ $(i=1,2,\cdots)$，设在外场 $\{F_i\}$ 的作用下，体系的哈密顿量由原来的 H_0 变为

$$H = H_0 - \sum_j A_j F_j \tag{4.4.1}$$

记力学量 A_j 在体积元 $\boldsymbol{r}\to\boldsymbol{r}+\mathrm{d}\boldsymbol{r}$ 的密度为 $a_j(\boldsymbol{r})$，则

$$A_j = \int_V a_j(\boldsymbol{r})\mathrm{d}\boldsymbol{r} \tag{4.4.2}$$

式(4.4.1)可写成

$$H = H_0 - \sum_j \int a_j(\boldsymbol{r}) F_j \mathrm{d}\boldsymbol{r}$$

按定义，在有外场 F_j 存在的条件下，力学量 A_j 的平均值为

$$(\overline{A}_j)_{\{F_i\}} = \frac{\mathrm{tr}\ \mathrm{e}^{-\beta H} A_j}{\mathrm{tr}\ \mathrm{e}^{-\beta H}} \tag{4.4.3}$$

在经典情况下，阵迹 tr 可过渡为相空间积分。

定义等温线性响应函数 χ_{ji} 为

$$\chi_{ji} = \left(\frac{\partial \overline{A}_j}{\partial F_i}\right)_{\{F_j=0\},T,N} = \beta\left[\frac{\mathrm{tr}\ \mathrm{e}^{-\beta H_0} A_j A_i}{\mathrm{tr}\ \mathrm{e}^{-\beta H_0}} - \overline{A}_i \cdot \overline{A}_j\right] = \beta\overline{[(A_j-\overline{A}_j)\cdot(A_i-\overline{A}_i)]} \tag{4.4.4}$$

式中，χ_{ji} 表示由于存在外场 F_i 而引起的 A_i 的变化。在式(4.4.4)中令 $\{F_j=0\}$ 的目的在于略去外场的非线性部分对响应函数的影响，只保留线性响应。因此式(4.4.4)只适用于弱外场情况。

将式(4.4.2)代入式(4.4.4)，得

$$\chi_{ji} = \beta\int \mathrm{d}\boldsymbol{r}_1 \int \overline{[a_j(\boldsymbol{r}_1) - \overline{a}_j]\cdot[a_i(\boldsymbol{r}_2) - \overline{a}_i]}\mathrm{d}\boldsymbol{r}_2 \tag{4.4.5}$$

式中，$\overline{a}_j$ 表示 a_j 的系综平均值。假定体系均匀，具有空间平移不变性，则响应函数 χ_{ji} 只依赖于 $\boldsymbol{r}=\boldsymbol{r}_2-\boldsymbol{r}_1$，而与它们的绝对位置无关，即

$$\chi_{ji} = \beta V\int \overline{[a_j(\boldsymbol{r}) - \overline{a}_j]\cdot[a_i(0) - \overline{a}_i]}\mathrm{d}\boldsymbol{r} = \beta V\int C_{ji}(\boldsymbol{r})\mathrm{d}\boldsymbol{r} \tag{4.4.6}$$

式中

$$C_{ji}(\boldsymbol{r}) = \overline{[a_j(\boldsymbol{r}) - \overline{a}_j]\cdot[a_i(0) - \overline{a}_i]} \tag{4.4.7}$$

称为距离为 $\boldsymbol{r}$ 的两点之间的涨落(Δa_j)和(Δa_i)的关联函数。它表示力学量 a_i 在原点 $\boldsymbol{r}=0$ 处的偏差 Δa_i，对在 $\boldsymbol{r}$ 处力学量 a_j 的偏差的影响。显然，若在 $\boldsymbol{r}=0$ 处和 $\boldsymbol{r}=\boldsymbol{r}$ 处，两处的涨落互不相关，相互独立，则关联函数

$$C_{ji}(\boldsymbol{r}) = \overline{\Delta a_j(\boldsymbol{r})\cdot\Delta a_i(0)} = \overline{\Delta a_j(\boldsymbol{r})}\cdot\overline{\Delta a_i(0)} = 0 \tag{4.4.8}$$

因此，关联函数实际上来自粒子之间的关联，正因为粒子之间有动力学相互作用，以及由于全同粒子之间的不可区分性而导致的统计关联，使得 $\boldsymbol{r}=\boldsymbol{r}$ 的涨落将受到 $\boldsymbol{r}=0$ 处涨落的影响。反之，关联函数 C_{ji} 不为零。关联函数 $C_{ji}(\boldsymbol{r})$ 是粒子之间二体关联的反映。

显然，由于粒子之间的相互作用一般地将随粒子之间的距离的增大而减小，因此 $C_{ji}(\boldsymbol{r})$ 也将随 r 的增大而减小。若在 $r \leqslant \xi$ 的长度内，关联显著；而在 $r > \xi$ 时，关联很小，近似可以略去，则称 ξ 为关联长度，它是体系在空间中二体关联程度的量度，表示某处的涨落所产生的影响所涉及的空间范围。

记 $C_{ji}(\boldsymbol{r})$ 的傅里叶变换为 $G_{ji}(\boldsymbol{k})$，则

$$G_{ji}(\boldsymbol{k}) = \int \mathrm{e}^{\mathrm{i}\boldsymbol{k}\cdot\boldsymbol{r}} C_{ji}(\boldsymbol{r})\mathrm{d}\boldsymbol{r} \tag{4.4.9}$$

由式(4.4.6)，响应函数 χ_{ji} 和 $G_{ji}(\boldsymbol{k})$ 的关系是

$$\lim_{V\to\infty}\frac{\chi_{ji}}{V} = \beta G_{ji}(\boldsymbol{k}=0) \tag{4.4.10}$$

这说明，响应函数只决定于关联函数在 $\boldsymbol{k}=0$，即波长 $\lambda\to\infty$ 时的分量。长波长下的平衡的涨落完全决定了外场下的响应。

由于关联函数反映了粒子之间的二体关联，因此它不仅有助于考虑两不同点之间的涨落，而且有助于处理具有二体相互作用的体系，计算这些体系的热力学量。

由式(4.4.7)，在两不同位置 $\boldsymbol{r}$ 和 $\boldsymbol{r}'$ 上涨落 Δa 的关联函数是

$$C(\boldsymbol{r},\boldsymbol{r}') = \overline{\Delta a(\boldsymbol{r})\cdot\Delta a(\boldsymbol{r}')} = \overline{[a(\boldsymbol{r}) - \overline{a(\boldsymbol{r})}]\cdot[a(\boldsymbol{r}') - \overline{a(\boldsymbol{r}')}]} \tag{4.4.11}$$

若 $\boldsymbol{r}=\boldsymbol{r}'$，则

$$C(\boldsymbol{r},\boldsymbol{r}) = \overline{[\Delta a(\boldsymbol{r})]^2} \equiv a \tag{4.4.12}$$

这里 $a(\boldsymbol{r})$ 的方均偏差取为 a。由式(4.4.11)及式(4.4.12)可见，当 $\boldsymbol{r}'\to\boldsymbol{r}$，关联长度为零，此时其关联函数为

$$C(\boldsymbol{r},\boldsymbol{r}') = a\delta(\boldsymbol{r}-\boldsymbol{r}') \tag{4.4.13}$$

为方便起见，下面只讨论经典情况，设每个粒子有三个自由度，略去对计算二体关联函数并不重要的因子 $(h^{3N}\cdot N!)^{-1}$，由正则分布有

$$\rho_N(\boldsymbol{r}_1,\boldsymbol{r}_2,\cdots,\boldsymbol{r}_N,\boldsymbol{p}_1,\boldsymbol{p}_2,\cdots,\boldsymbol{p}_N) = \rho_N(\boldsymbol{r}_1,\boldsymbol{r}_2,\cdots,\boldsymbol{r}_N)\rho_N(\boldsymbol{p}_1,\boldsymbol{p}_2,\cdots,\boldsymbol{p}_N) \tag{4.4.14}$$

式中

$$\rho_N(\boldsymbol{r}_1,\boldsymbol{r}_2,\cdots,\boldsymbol{r}_N) = \frac{\mathrm{e}^{-\sum\limits_{i<j}\frac{u(\boldsymbol{r}_i-\boldsymbol{r}_j)}{kT}}}{\iint\cdots\int \mathrm{e}^{-\sum\limits_{i<j}\frac{u(\boldsymbol{r}_i-\boldsymbol{r}_j)}{kT}}\mathrm{d}\boldsymbol{r}_1\mathrm{d}\boldsymbol{r}_2\cdots\mathrm{d}\boldsymbol{r}_N} \tag{4.4.15}$$

$$\rho_N(\boldsymbol{p}_1,\boldsymbol{p}_2,\cdots,\boldsymbol{p}_N) = \frac{\mathrm{e}^{-\sum\limits_{i}\frac{p_i^2}{2mkT}}}{\iint\cdots\int \mathrm{e}^{-\sum\limits_{i}\frac{p_i^2}{2mkT}}\mathrm{d}\boldsymbol{p}_1\mathrm{d}\boldsymbol{p}_2\cdots\mathrm{d}\boldsymbol{p}_N} \tag{4.4.16}$$

计算粒子数密度的关联函数，在 $\boldsymbol{r}$ 处粒子的数密度是

$$n(\boldsymbol{r}) = \sum_{i=1}^{N}\delta(\boldsymbol{r}-\boldsymbol{r}_i) \tag{4.4.17}$$

因此，$n(\boldsymbol{r})$ 的系综平均值是

$$\begin{aligned}\overline{n(\boldsymbol{r})} &= \iint\cdots\int n(\boldsymbol{r})\rho_N(\boldsymbol{r}_1,\boldsymbol{r}_2\cdots,\boldsymbol{r}_N)\mathrm{d}\boldsymbol{r}_1\mathrm{d}\boldsymbol{r}_2\cdots\mathrm{d}\boldsymbol{r}_N \\ &= \iint\cdots\int\sum_{i=1}^{N}\delta(\boldsymbol{r}-\boldsymbol{r}_i)\rho_N(\boldsymbol{r}_1,\boldsymbol{r}_2,\cdots,\boldsymbol{r}_N)\mathrm{d}\boldsymbol{r}_1\mathrm{d}\boldsymbol{r}_2\cdots\mathrm{d}\boldsymbol{r}_N\end{aligned}$$

由于求和号中每一项积分的贡献相同，故有

$$\overline{n(\boldsymbol{r})} = N\int\delta(\boldsymbol{r}-\boldsymbol{r}_1)\mathrm{d}\boldsymbol{r}_1\int\cdots\int\rho_N(\boldsymbol{r}_1,\boldsymbol{r}_2,\cdots,\boldsymbol{r}_N)\mathrm{d}\boldsymbol{r}_2\cdots\mathrm{d}\boldsymbol{r}_N \tag{4.4.18}$$

定义

$$\rho_1(\boldsymbol{r}_1) = V\int\cdots\int\rho_N(\boldsymbol{r}_1,\boldsymbol{r}_2,\cdots,\boldsymbol{r}_N)\mathrm{d}\boldsymbol{r}_2\cdots\mathrm{d}\boldsymbol{r}_N \tag{4.4.19}$$

式(4.4.18)可写为

$$\overline{n(\boldsymbol{r})} = \frac{N}{V}\int\delta(\boldsymbol{r}-\boldsymbol{r}_1)\rho_1(\boldsymbol{r}_1)\mathrm{d}\boldsymbol{r}_1 = \frac{N}{V}\rho_1(\boldsymbol{r}) \tag{4.4.20}$$

式中，$\frac{N}{V}$表示体系的平均密度。在式(4.4.19)中，$\int\cdots\int\rho_N(\boldsymbol{r}_1,\boldsymbol{r}_2\cdots,\boldsymbol{r}_N)\mathrm{d}\boldsymbol{r}_2\cdots\mathrm{d}\boldsymbol{r}_N$ 表示第一个粒子出现在 $\boldsymbol{r}_1$ 处，不考虑其他粒子如何分布的概率。对于均匀系，ρ_N 只是粒子间相对坐标的函数，因此

$$\rho_1(\boldsymbol{r}_1) = \int\mathrm{d}\boldsymbol{r}_1\int\cdots\int\rho_N\mathrm{d}\boldsymbol{r}_2\cdots\mathrm{d}\boldsymbol{r}_N = 1 \tag{4.4.21}$$

$$\overline{n(\boldsymbol{r})} = \frac{N}{V} = \bar{n}$$

这是很合理的结果。因为它只不过是把粒子数 $n(\boldsymbol{r})$ 的系综平均值改一个方式写出来而已。

为考虑粒子间的关联，现在来计算乘积 $n(\boldsymbol{r})\cdot n(\boldsymbol{r}')$ 的平均值：

$$\begin{aligned}
\overline{n(\boldsymbol{r})n(\boldsymbol{r}')} &= \iint\cdots\int n(\boldsymbol{r})n(\boldsymbol{r}')\rho_N(\boldsymbol{r}_1,\boldsymbol{r}_2,\cdots,\boldsymbol{r}_N)\mathrm{d}\boldsymbol{r}_1\mathrm{d}\boldsymbol{r}_2\cdots\mathrm{d}\boldsymbol{r}_N \\
&= \iint\cdots\int\sum_{i,j}\delta(\boldsymbol{r}-\boldsymbol{r}_i)\delta(\boldsymbol{r}'-\boldsymbol{r}_j)\rho_N(\boldsymbol{r}_1,\boldsymbol{r}_2,\cdots,\boldsymbol{r}_N)\mathrm{d}\boldsymbol{r}_1\mathrm{d}\boldsymbol{r}_2\cdots\mathrm{d}\boldsymbol{r}_N \\
&= \iint\cdots\int\Big[\sum_{i}\delta(\boldsymbol{r}-\boldsymbol{r}_i)\delta(\boldsymbol{r}'-\boldsymbol{r}_i) + \sum_{i\neq j}\delta(\boldsymbol{r}-\boldsymbol{r}_i)\delta(\boldsymbol{r}-\boldsymbol{r}_j)\Big]\rho_N(\boldsymbol{r}_1,\boldsymbol{r}_N)\mathrm{d}\boldsymbol{r}_1\mathrm{d}\boldsymbol{r}_2\cdots\mathrm{d}\boldsymbol{r}_N \\
&= \bar{n}\delta(\boldsymbol{r}-\boldsymbol{r}') + N(N-1)\int\delta(\boldsymbol{r}-\boldsymbol{r}_1)\delta(\boldsymbol{r}'-\boldsymbol{r}_2)\mathrm{d}\boldsymbol{r}_1\mathrm{d}\boldsymbol{r}_2\int\cdots\int\rho_N(\boldsymbol{r}_1,\boldsymbol{r}_2,\cdots,\boldsymbol{r}_N)\mathrm{d}\boldsymbol{r}_3\cdots\mathrm{d}\boldsymbol{r}_N \\
&= \bar{n}\delta(\boldsymbol{r}-\boldsymbol{r}') + \frac{N(N-1)}{V^2}\rho_2(\boldsymbol{r},\boldsymbol{r}') \\
&\approx \bar{n}\delta(\boldsymbol{r}-\boldsymbol{r}') + \bar{n}^2\rho_2(\boldsymbol{r},\boldsymbol{r}')
\end{aligned} \tag{4.4.22}$$

式中

$$\rho_2(\boldsymbol{r}_1,\boldsymbol{r}_2) = V^2\int\cdots\int\rho_N(\boldsymbol{r}_1,\boldsymbol{r}_2,\cdots,\boldsymbol{r}_N)\mathrm{d}\boldsymbol{r}_3\cdots\mathrm{d}\boldsymbol{r}_N \tag{4.4.23}$$

式中，$\int\cdots\int\rho_N(\boldsymbol{r}_1,\boldsymbol{r}_2,\cdots,\boldsymbol{r}_N)\mathrm{d}\boldsymbol{r}_3\cdots\mathrm{d}\boldsymbol{r}_N$ 表示两个粒子分别处在 $\boldsymbol{r}_1$ 和 $\boldsymbol{r}_2$ 处，不问其他粒子的分布的概率。若粒子相互独立，则显然在不考虑交换对称性的经典情况下，$\rho_2(\boldsymbol{r}_1,\boldsymbol{r}_2)$ 亦应为1，因为 $\int\cdots\int\rho_N(\boldsymbol{r}_1,\boldsymbol{r}_2,\cdots,\boldsymbol{r}_N)\mathrm{d}\boldsymbol{r}_3\cdots\mathrm{d}\boldsymbol{r}_N$ 应等于$\frac{1}{V^2}$。对于均匀体系

$$\rho_2(\boldsymbol{r}_1,\boldsymbol{r}_2) = \rho_2(\boldsymbol{r}_1-\boldsymbol{r}_2) \tag{4.4.24}$$

利用式(4.4.20)及式(4.4.22)，可求出粒子数密度的关联函数是

$$\begin{aligned}
C_n(\boldsymbol{r},\boldsymbol{r}') &= \overline{\Delta n(\boldsymbol{r})\Delta n(\boldsymbol{r}')} = \overline{[n(\boldsymbol{r})-\bar{n}][n(\boldsymbol{r}')-\bar{n}]} \\
&= \overline{n(\boldsymbol{r})n(\boldsymbol{r}')} - \bar{n}^2 = \bar{n}^2[\rho_2(\boldsymbol{r}-\boldsymbol{r}')-1] + \bar{n}\delta(\boldsymbol{r}-\boldsymbol{r}')
\end{aligned} \tag{4.4.25}$$

式(4.4.25)表明，若二粒子概率分布 $\rho_2(\boldsymbol{r}-\boldsymbol{r}')$ 已知，则可算得关联函数 $C_n(\boldsymbol{r},\boldsymbol{r}')$。反之，若已知 $C_n(\boldsymbol{r},\boldsymbol{r}')$，也可由式(4.4.25)给出 $\rho_2(\boldsymbol{r}-\boldsymbol{r}')$，而 $\rho_2(\boldsymbol{r}-\boldsymbol{r}')$ 显然是二粒子相互作用的

反映。因此又再一次看到,关联函数确实反映了粒子的二体关联。

为方便起见,令

$$v(\boldsymbol{r}-\boldsymbol{r}')=\bar{n}\rho_2(\boldsymbol{r}-\boldsymbol{r}')-\bar{n} \tag{4.4.26}$$

则式(4.4.25)的两项可写成更相似的形式

$$C_n(\boldsymbol{r},\boldsymbol{r}')=\overline{\Delta n(\boldsymbol{r})\Delta n(\boldsymbol{r}')}=\bar{n}v(\boldsymbol{r}-\boldsymbol{r}')+\bar{n}\delta(\boldsymbol{r}-\boldsymbol{r}') \tag{4.4.27}$$

显然 $v(\boldsymbol{r}-\boldsymbol{r}')$ 也是反映粒子二体关联的量。若 $|\boldsymbol{r}-\boldsymbol{r}'|\to\infty$,二体关联可忽略,有 $v(\infty)=0$,$\rho_2(\infty)=1$。

下面证明,如果体系粒子间只存在二体相互作用,有了 v,或者说有了 ρ_2,不仅可以算出各种热力学量的涨落,而且还可以算出体系的各种热力学量。

先算粒子数 N 的相对涨落,考虑到

$$\int[n(\boldsymbol{r})-\bar{n}]\mathrm{d}\boldsymbol{r}=\int[n(\boldsymbol{r}')-\bar{n}]\mathrm{d}\boldsymbol{r}'=N-\bar{N}=\Delta N \tag{4.4.28}$$

式中,$\bar{N}=\bar{n}V$。在式(4.4.27)两端同时对 $\boldsymbol{r}$ 和 $\boldsymbol{r}'$ 做积分,有

$$\iint v(\boldsymbol{r}-\boldsymbol{r}')\mathrm{d}\boldsymbol{r}\mathrm{d}\boldsymbol{r}'=\frac{\overline{(\Delta N)^2}}{\bar{n}}-V \tag{4.4.29}$$

或

$$\int v(\boldsymbol{r})\mathrm{d}\boldsymbol{r}=\frac{\overline{(\Delta N)^2}}{\bar{N}}-1 \tag{4.4.30}$$

因此,体系粒子数 N 的相对涨落可写成

$$F_N=\frac{\overline{(\Delta N)^2}}{\bar{N}^2}=\frac{1}{\bar{N}}\left[\int v(\boldsymbol{r})\mathrm{d}\boldsymbol{r}+1\right] \tag{4.4.31}$$

对经典的理想气体,由式(4.1.12),$F_N=\dfrac{1}{\bar{N}}$,得

$$\int v(\boldsymbol{r})\mathrm{d}\boldsymbol{r}=0 \tag{4.4.32}$$

这个结果是非常合理的,因为按经典力学中理想气体的模型,粒子之间既无相互作用,又不必考虑它们之间的全同性,因此不同粒子坐标之间的相关性不存在。

对于液体,由于 $\overline{(\Delta N)^2}$ 与液体的压缩系数 $\dfrac{1}{V}\left(\dfrac{\partial V}{\partial p}\right)_T$ 成正比,而液体的压缩系数很小,因此式(4.4.30)中第一项比第二项小得多,可以略去,有

$$\int v(\boldsymbol{r})\mathrm{d}\boldsymbol{r}\approx-1 \tag{4.4.33}$$

把式(4.4.26)代入式(4.4.33)后可见,这时相当于把液体的分子看成是许多有一定体积的不可进入的刚球,在液体中分子的实际活动体积需把刚球紧密堆积起来的那部分体积减去。而式(4.4.33)的右端正好表示由于分子的不可入性所需减去的那部分体积对关联的影响。

现在利用 v 或 ρ_2,计算体系的其他热力学量。比如内能,按正则系综的热力学公式

$$U=-\frac{\partial\ln Q}{\partial\beta}=-\frac{\partial\ln Q_{\text{动能}}}{\partial\beta}-\frac{\partial\ln Q_{\text{位能}}}{\partial\beta} \tag{4.4.34}$$

式中，$Q_{动能}$表示相应于动能部分的配分函数；$Q_{位能}$表示相应于位能部分的配分函数。显然，对经典单原子分子气体，有

$$Q_{动能} = \iint\cdots\int e^{-\beta\sum_i \frac{p_i^2}{2m}} d\boldsymbol{p}_1 d\boldsymbol{p}_2\cdots d\boldsymbol{p}_N \tag{4.4.35}$$

所以

$$-\frac{\partial \ln Q_{动能}}{\partial\beta} = -\frac{1}{Q_{动能}}\cdot\frac{\partial Q_{动能}}{\partial\beta} = -\frac{1}{Q_{动能}}\int\left(-\sum_i\frac{p_i^2}{2m}\right)\cdot e^{-\beta\sum_i \frac{p_i^2}{2m}} d\boldsymbol{p}_1 d\boldsymbol{p}_2\cdots d\boldsymbol{p}_N$$

$$= \frac{\iint\cdots\int \sum_i \frac{p_i^2}{2m} e^{-\beta\sum_i \frac{p_i^2}{2m}} d\boldsymbol{p}_1 d\boldsymbol{p}_2\cdots d\boldsymbol{p}_N}{\iint\cdots\int e^{-\beta\sum_i \frac{p_i^2}{2m}} d\boldsymbol{p}_1 d\boldsymbol{p}_2\cdots d\boldsymbol{p}_N} \tag{4.4.36}$$

分子积分利用

$$\int_0^\infty x^2 e^{-\alpha x^2} dx = \frac{1}{4}\frac{\sqrt{\pi}}{\alpha^{\frac{3}{2}}} \tag{4.4.37}$$

分母积分利用

$$\int_0^\infty e^{-\alpha x^2} dx = \frac{1}{2}\sqrt{\frac{\pi}{\alpha}} \tag{4.4.38}$$

最后可得

$$-\frac{\partial \ln Q_{动能}}{\partial\beta} = \frac{3}{2}NkT \tag{4.4.39}$$

位能部分相应的配分函数为

$$Q_{位能} = \iint\cdots\int e^{-\beta\sum_{i<j} u(\boldsymbol{r}_i - \boldsymbol{r}_j)} d\boldsymbol{r}_1 d\boldsymbol{r}_2\cdots d\boldsymbol{r}_N \tag{4.4.40}$$

$$-\frac{\partial \ln Q_{位能}}{\partial\beta} = -\frac{1}{Q_{位能}}\cdot\frac{\partial Q_{动能}}{\partial\beta} = -\frac{1}{Q_{位能}}\iint\cdots\int\left[-\sum_{i<j} u(\boldsymbol{r}_i - \boldsymbol{r}_j)\right]\cdot e^{-\beta\sum_{i<j} u(\boldsymbol{r}_i - \boldsymbol{r}_j)} d\boldsymbol{r}_1 d\boldsymbol{r}_2\cdots d\boldsymbol{r}_N$$

$$= \frac{\iint\cdots\int \sum_{i<j} u(\boldsymbol{r}_i - \boldsymbol{r}_j)\cdot e^{-\beta\sum_{i<j} u(\boldsymbol{r}_i - \boldsymbol{r}_j)} d\boldsymbol{r}_1 d\boldsymbol{r}_2\cdots d\boldsymbol{r}_N}{\iint\cdots\int e^{-\beta\sum_{i<j} u(\boldsymbol{r}_i - \boldsymbol{r}_j)} d\boldsymbol{r}_1 d\boldsymbol{r}_2\cdots d\boldsymbol{r}_N} \tag{4.4.41}$$

又因为式(4.4.15)，式(4.4.41)可写为

$$-\frac{\partial \ln Q_{位能}}{\partial\beta} = \iint\cdots\int \sum_{i<j} u(\boldsymbol{r}_i - \boldsymbol{r}_j)\rho_N(\boldsymbol{r}_1, \boldsymbol{r}_2\cdots, \boldsymbol{r}_N) d\boldsymbol{r}_1 d\boldsymbol{r}_2\cdots d\boldsymbol{r}_N$$

$$= \frac{N(N-1)}{2}\iint\cdots\int u(\boldsymbol{r}_1 - \boldsymbol{r}_2)\rho_N(\boldsymbol{r}_1, \boldsymbol{r}_2, \cdots, \boldsymbol{r}_N) d\boldsymbol{r}_1 d\boldsymbol{r}_2\cdots d\boldsymbol{r}_N$$

$$= \frac{N(N-1)}{2}\iint u(\boldsymbol{r}_1 - \boldsymbol{r}_2) d\boldsymbol{r}_1 d\boldsymbol{r}_2 \int\cdots\int\rho_N(\boldsymbol{r}_1, \boldsymbol{r}_2, \cdots, \boldsymbol{r}_N) d\boldsymbol{r}_3\cdots d\boldsymbol{r}_N \tag{4.4.42}$$

由式(4.4.23)得

$$\int\cdots\int\rho_N(\boldsymbol{r}_1, \boldsymbol{r}_2, \cdots, \boldsymbol{r}_N) d\boldsymbol{r}_3\cdots d\boldsymbol{r}_N = \frac{1}{V^2}\rho_2(\boldsymbol{r}_1, \boldsymbol{r}_2) \tag{4.4.43}$$

将式(4.4.43)代入式(4.4.42)得

$$-\frac{\partial \ln Q_{位能}}{\partial\beta} = \frac{N(N-1)}{2}\iint u(\boldsymbol{r}_1 - \boldsymbol{r}_2)\frac{1}{V^2}\rho_2(\boldsymbol{r}_1, \boldsymbol{r}_2) d\boldsymbol{r}_1 d\boldsymbol{r}_2$$

对于均匀体系，$\rho_N(\boldsymbol{r}_1,\boldsymbol{r}_2,\cdots,\boldsymbol{r}_N)$只是粒子间相对坐标的函数，所以有

$$\rho_2(\boldsymbol{r}_1,\boldsymbol{r}_2)=\rho_2(\boldsymbol{r}_1-\boldsymbol{r}_2)$$

上式变为

$$\begin{aligned}-\frac{\partial \ln Q_{\text{位能}}}{\partial \beta}&=\frac{N(N-1)}{2V^2}\iint u(\boldsymbol{r}_1-\boldsymbol{r}_2)\rho_2(\boldsymbol{r}_1-\boldsymbol{r}_2)\mathrm{d}\boldsymbol{r}_1\mathrm{d}\boldsymbol{r}_2\\&\approx\frac{\bar{n}^2}{2}\iint u(\boldsymbol{r}_1-\boldsymbol{r}_2)\rho_2(\boldsymbol{r}_1-\boldsymbol{r}_2)\mathrm{d}\boldsymbol{r}_1\mathrm{d}\boldsymbol{r}_2\approx\frac{\bar{n}^2}{2}V\int u(\boldsymbol{r})\rho_2(\boldsymbol{r})\mathrm{d}\boldsymbol{r}\end{aligned}\tag{4.4.44}$$

所以，内能为

$$\begin{aligned}U&=-\frac{\partial \ln Q_{\text{动能}}}{\partial \beta}-\frac{\partial \ln Q_{\text{位能}}}{\partial \beta}=\frac{3}{2}NkT+\frac{\bar{n}^2}{2}V\int u(\boldsymbol{r})\rho_2(\boldsymbol{r})\mathrm{d}\boldsymbol{r}\\&=V\left[\frac{3}{2}\bar{n}kT+\frac{\bar{n}^2}{2}\int u(\boldsymbol{r})\rho_2(\boldsymbol{r})\mathrm{d}\boldsymbol{r}\right]\end{aligned}\tag{4.4.45}$$

式中，第一项表示动能部分的贡献；第二项来自二体关联。

§4.5　布朗运动

现在讨论另一类涨落理论，即关于布朗(Brown)运动的理论。如同在前几节中通过对热力学量均方偏差的讨论引入空间关联函数一样，在以后几节的讨论中，将通过对布朗运动的研究逐步引入时间关联函数。

1827 年，布朗观察到在液体中的花粉在不停地做无规则运动，这种花粉或其他直径约为 10^{-4} cm 的微小粒子的无规则运动称为布朗运动。做布朗运动的粒子称为布朗粒子。布朗运动是布朗粒子由于受到周围分子不平衡的碰撞而引起。一个布朗粒子，由于它的体积比分子大很多，分子的直径约为 10^{-8} cm，而布朗粒子的直径约为 10^{-4} cm，因此它将受到许多周围液体分子的碰撞，一般情况下，碰撞数约为 10^{21} 次/秒。布朗粒子相对于宏观物体来说，它又非常小，周围分子对它的碰撞所产生的力在各个不同方向上不能相互抵消。由于碰撞次数很多，因此碰撞在某个方向不平衡所产生的力有足够大的数值，可使布朗粒子运动。于是，在某一瞬间，布朗粒子可能在某一个方向上受到净余的作用力，而使它朝某一方向运动。在另一瞬间，又可能在另一个方向上受到另一个净余的作用力而被推向另一个方向运动。由于周围分子的热运动激烈，因此布朗粒子所受到的碰撞力是涨落不定的，这样，观察到的布朗粒子忽而朝东，忽而朝西，在做无规则运动。布朗运动虽然并不直接是分子的无规则运动，但它实质上是周围分子无规则运动的反映。并且，由于观测在宏观短而微观长的时间内进行，因此实际上观测到的是布朗粒子的一种平均运动。我们可以把布朗粒子看成是巨分子，即使在整个体系达到热平衡后，它仍旧在做无规则运动。

现在介绍布朗运动理论。先研究布朗粒子在空间的分布。在重力场下，布朗粒子的数密度 n 应遵循玻耳兹曼分布

$$n=n_0\mathrm{e}^{-\frac{\varphi}{kT}}\tag{4.5.1}$$

式中，φ 是重力场的势能；n_0 是 $\varphi=0$ 处的数密度。在液体中运动的布朗粒子，在垂直方向受到两个外力：重力和浮力。设布朗粒子的密度为 ρ，液体的密度为 ρ，布朗粒子在液体中离

底面的高度为 z，则势能 φ 是

$$\varphi = mgz\left(1 - \frac{\rho_0}{\rho}\right) \tag{4.5.2}$$

若布朗粒子是一个半径为 a 的球，则布朗粒子的质量 m 为

$$m = \frac{4}{3}\pi a^3 \rho \tag{4.5.3}$$

代入式(4.5.1)得

$$n = n_0 e^{-\frac{4\pi a^3 g}{3kT}(\rho - \rho_0) z} \tag{4.5.4}$$

在式(4.5.4)中，出现物理量 a。为测量布朗粒子的半径 a，可用斯托克斯(Stokes)公式。在黏度为 η 的流体中运动的半径为 a 的球状粒子，所受到的黏滞阻力与粒子的速度 v 成正比，其比例系数 α 为

$$\alpha = 6\pi a\eta \tag{4.5.5}$$

而在垂直方向布朗粒子的受力条件又给出

$$mg\left(1 - \frac{\rho_0}{\rho}\right) = \alpha v \tag{4.5.6}$$

由式(4.5.3)、式(4.5.5)及式(4.5.6)得

$$a^2 = \frac{9\eta v}{2g(\rho - \rho_0)} \tag{4.5.7}$$

由式(4.5.7)，测得 v、ρ、ρ_0 及 η 后就可求得 a。然后再把 a 代入式(4.5.4)，由于式(4.5.4)中的所有物理量均可测出，因此亦可用这个方法测量玻耳兹曼常量 k。例如，皮兰(Perrin)就曾用这个方法测量 k，他所用的布朗粒子的密度 $\rho = 1.194\ \mathrm{g/cm^3}$，水的密度 $\rho_0 = 1\ \mathrm{g/cm^3}$，在 15℃时水的黏度 $\eta = 0.001\ 14\ \mathrm{Pa \cdot s}$，测得的布朗粒子的下降速度 v 为 $4.98 \times 10^{-6}\ \mathrm{cm/s}$，由式(4.5.7)，得出布朗粒子的平均半径为 $3.67 \times 10^{-5}\ \mathrm{cm}$，再由式(4.5.4)，给出的玻耳兹曼常量 k 为 $1.16 \times 10^{-23} \sim 1.28 \times 10^{-23}\ \mathrm{J/K}$。

现在用朗之万的方法研究布朗粒子位移的平均平方偏差。

先分析一个质量为 m 的布朗粒子所受到的作用力。这些力有重力 mg，方向垂直向下；周围分子对布朗粒子的作用力。后一种力可分为三部分：一是浮力 $mg\rho_0/\rho$，方向向上；二是布朗粒子运动时所受到的阻力 $-\alpha \bar{v}$，它与布朗粒子的速度成正比，但方向相反；三是一种涨落很快，引起布朗粒子做无规则运动的力 $\boldsymbol{F} = (X, Y, Z)$。根据上述力的分析，可得在水平面 x 方向布朗粒子的运动方程是

$$m\frac{d^2 x}{dt^2} = -\alpha\frac{dx}{dt} + X \tag{4.5.8}$$

式(4.5.8)称为朗之万方程。朗之万方程的两端同乘 x，注意到

$$x\frac{dx}{dt} = \frac{1}{2}\frac{dx^2}{dt}, x\frac{d^2 x}{dt^2} = \frac{1}{2}\frac{d}{dt}\left(\frac{dx^2}{dt}\right) - \left(\frac{dx}{dt}\right)^2$$

可得

$$\frac{1}{2}m\frac{d}{dt}\left(\frac{dx^2}{dt}\right) - m\left(\frac{dx}{dt}\right)^2 = xX - \frac{1}{2}\alpha\frac{dx^2}{dt} \tag{4.5.9}$$

对式(4.5.9)的两端同时取平均后得

$$\frac{1}{2}\frac{d^2}{dt^2}\overline{mx^2} - \overline{m\left(\frac{dx}{dt}\right)^2} = \overline{xX} - \frac{1}{2}\alpha\frac{d\overline{x^2}}{dt} \tag{4.5.10}$$

在式(4.5.10)中,由于 xX 可正可负,它的数值对各个布朗粒子说来,是涨落不定的,因此它的平均值 $\overline{xX}=0$。再由能量均分定理得

$$\overline{\frac{1}{2}m\left(\frac{\mathrm{d}x}{\mathrm{d}t}\right)^2}=\frac{1}{2}kT \tag{4.5.11}$$

把这些结果代入式(4.5.10),化简整理后得

$$\frac{\mathrm{d}^2\overline{x^2}}{\mathrm{d}t^2}+\frac{\alpha}{m}\frac{\mathrm{d}\overline{x^2}}{\mathrm{d}t}-\frac{2kT}{m}=0 \tag{4.5.12}$$

这是一个关于$\overline{x^2}$的微分方程式,其通解为

$$\overline{x^2}=\frac{2kT}{\alpha}t+C_1\mathrm{e}^{-\frac{\alpha}{m}t}+C_2 \tag{4.5.13}$$

式中,C_1、C_2 是积分常数。若把布朗粒子看成是小球,则由式(4.5.5)可得

$$\frac{\alpha}{m}=\frac{6\pi a\eta}{m}=\frac{6\pi a\eta}{\frac{4\pi}{3}\rho a^3}=\frac{9\eta}{2a^2\rho}\sim 10^7\ \mathrm{s}^{-1}$$

因此即使 t 小至 10^{-6} s,式(4.5.13)中右端的第二项仍可略去。在略去 $C_1\mathrm{e}^{-\frac{\alpha}{m}t}$这一项后,可见 C_2 表示在 $t=0$ 时 x^2 的平均值。假定 x 取为从原点起计值,则$\overline{x^2}(t=0)=0$,即 C_2 为零,于是式(4.5.13)化为

$$\overline{x^2}=\frac{2kT}{\alpha}t=2Dt \tag{4.5.14}$$

式中

$$D=\frac{kT}{\alpha}=\frac{kT}{6\pi a\eta} \tag{4.5.15}$$

式(4.5.14)称为爱因斯坦公式。

用实验验证式(4.5.14)的方法如下:每隔一段时间 τ 测量一次布朗粒子的位移,在 $t=\xi\tau$ 内共测量了 ξ 次,设这 ξ 次的位移分别为 $\Delta x_1,\Delta x_2,\cdots,\Delta x_\xi$,则在 t 内总的位移是

$$x=\Delta x_1+\Delta x_2+\cdots+\Delta x_\xi \tag{4.5.16}$$

总位移的平方值是

$$x^2=\sum_{i=1}^{\xi}(\Delta x_i)^2+\sum_{i\neq j}\Delta x_i\cdot\Delta x_j \tag{4.5.17}$$

$$\overline{x^2}=\sum_i\overline{(\Delta x_i)^2}+\sum_{i\neq j}\overline{\Delta x_i\cdot\Delta x_j} \tag{4.5.18}$$

若 τ 足够大,两次相继测量得到的位移的数值可看成完全独立,与时间无关,$\overline{\Delta x_i\cdot\Delta x_j}=0$,式(4.5.18)化为

$$\overline{x^2}=\sum_i\overline{(\Delta x_i)^2}=\xi\overline{(\Delta x_i)^2} \tag{4.5.19}$$

即

$$\overline{(\Delta x_i)^2}=2D\tau \tag{4.5.20}$$

注意到式(4.5.15)、式(4.5.20)表明$\overline{(\Delta x_i)^2}$应与时间间隔 τ 成正比,与布朗粒子的半径 a 成反比,且与温度 T 及黏度 η 有关,但与布朗粒子的质量无关。皮兰的实验证实了上述结论。另外,由于在式(4.5.15)、式(4.5.20)中,所有物理量均可测量,因此亦可利用它

们来确定玻耳兹曼常量。皮兰实验给出的玻耳兹曼常量 $k=1.215\times10^{-23}$ J/K。它和标准值 $k=1.38\times10^{-23}$ J/K 近似一致。

最后讨论布朗运动和扩散的关系。可以证明，布朗粒子在液体中的迁移过程，其机制和粒子的扩散相同。扩散是由于粒子在空间的分布不均匀引起的，它满足

$$\boldsymbol{J}_n=-D\,\nabla n \tag{4.5.21}$$

式中，$\boldsymbol{J}_n$ 是扩散的粒子流密度；n 是粒子的数密度，由于粒子在空间的分布不均匀，因此 n 是坐标的函数，且由于在扩散过程中各点的粒子数密度不同，因此 n 也是时间的函数，即 $n=n(\boldsymbol{r},t)$；D 是扩散系数。另外，再注意到在扩散过程中，粒子数守恒，必须满足连续性方程

$$\nabla\boldsymbol{J}_n+\frac{\partial n(\boldsymbol{r},t)}{\partial t}=0 \tag{4.5.22}$$

同时对式(4.5.21)的两端取散度，再由式(4.5.22)得

$$\frac{\partial n(\boldsymbol{r},t)}{\partial t}=D\,\nabla^2 n(\boldsymbol{r},t) \tag{4.5.23}$$

式(4.5.23)是扩散方程。在一维情况下，式(4.5.23)是

$$\frac{\partial n(x,t)}{\partial t}=D\frac{\partial^2 n(x,t)}{\partial x^2} \tag{4.5.24}$$

要求解微分方程式(4.5.24)，应先给定初始条件。假定初始条件是在 $t=0$ 时，N 个粒子全部集中在 $x=0$ 处，即

$$n(x,0)=N\delta(x) \tag{4.5.25}$$

则抛物线型方程式(4.5.24)在满足初始条件式(4.5.25)下的解是

$$n(x,t)=N(4\pi Dt)^{-\frac{1}{2}}\mathrm{e}^{-\frac{x^2}{4}Dt} \tag{4.5.26}$$

由式(4.5.26)，可算出$\overline{x^2}$为

$$\overline{x^2}=\frac{\int_{-\infty}^{\infty}x^2n(x,t)\,\mathrm{d}x}{\int_{-\infty}^{\infty}n(x,t)\,\mathrm{d}x}=\frac{\int_{-\infty}^{\infty}x^2\mathrm{e}^{-\frac{x^2}{4}Dt}\,\mathrm{d}x}{\int_{-\infty}^{\infty}\mathrm{e}^{-\frac{x^2}{4}Dt}\,\mathrm{d}x}=2Dt \tag{4.5.27}$$

这个结果和朗之万方程的解式(4.5.14)一致。这说明，布朗运动实际上是布朗粒子的一种扩散运动。

此外，从式(4.5.26)还可看出，若固定一个时间 t，则布朗粒子在空间的分布是高斯分布。的确，将式(4.5.27)代入式(4.5.26)后得

$$n=\frac{N}{\sqrt{2\pi\overline{x^2}}}\mathrm{e}^{-\frac{x^2}{2\overline{x^2}}} \tag{4.5.28}$$

这正是高斯分布。布朗粒子在空间的分布是高斯分布这个结果并不奇怪。因为布朗运动实质上是个无规行走的问题。布朗粒子忽而朝东，忽而朝西，在做无规运动。这就好比一个人，从某一点出发，以步长 l 的步伐开始忽左忽右的无规行走，若他所走的向右的任意一步的概率为 p，则向左的概率应为 $1-p$。如果这个人喝醉了酒，因此他在走任何一步时都不记得前一步是怎么走的，也就是说，他前后各步都是彼此统计独立，互不相关的。假定这个人已经走了 N 步，则在这 N 步中有 n 步向右而其余的 $N-n$ 步向左的概率是

$$p_N(n)=\frac{N!}{n!\ (N-n)!}p^n(1-p)^{N-n} \tag{4.5.29}$$

比较式(4.5.29)和式(4.2.26)可见,这两个概率实际上是相同的。因此当 $N\to\infty$ 时,无规行走所满足的分布必为泊松分布。在§4.2 节中又曾指出,在涨落很小的情况下,泊松分布过渡到高斯分布。因为布朗粒子的运动也是忘记了"历史"的无规行走问题,所以它满足高斯分布式(4.5.26)。

§4.6　时间关联函数及涨落－耗散定理

§4.4 讨论了空间关联函数。空间关联函数反映的是空间中一点的扰动对空间中另一点的影响,而关联长度则表示这种影响实际上所能涉及的范围。显然,除了空间上的关联之外,还存在另一种关联,即时间上的关联。它表示在某一时刻的扰动对另一时刻物理量的影响。同样也存在一个关联时间,它表示这种影响所涉及的时间尺度。

以 $x(t)$ 表示某一物理量的值与其平均值之差,时间关联是指 x 在某一时刻 t 的值将影响它在另一时刻 $t'=t+\tau$ 时取各种不同值的概率,x 是个随机变量。定义这种随机变量的时间关联函数为

$$C(t,t')=\overline{x(t)x(t')}=\overline{x(t)x(t+\tau)} \tag{4.6.1}$$

式(4.6.1)中的平均值既可理解为系综的统计平均值,也可理解为在给定时间间隔 τ 下对时间 T 所做的时间平均值,即

$$\overline{x(t)x(t+\tau)}=\lim_{T\to\infty}\frac{1}{T}\int_0^T x(t)x(t+\tau)\mathrm{d}t \tag{4.6.1$'$}$$

这是由于第 2 章引入系综的概念时曾假定在统计意义下,时间平均和系综平均一致。

显然,若取 τ 足够长,则 $x(t)$ 和 $x(t+\tau)$ 不再相关,也就是说,无论是 $x(t)$ 的取值还是 $x(t+\tau)$ 的取值都是完全任意的,彼此不相互影响,这时有 $C(t,t+\tau)=0$。相反,若相关的时间间隔 τ 极短,相对于宏观的时间尺度来说 τ 趋于零,则有

$$C(t,t')=\overline{x(t)x(t')}=a\delta(t-t') \tag{4.6.2}$$

式(4.6.2)表明,当 $t=t'$,即 $\tau\to 0$ 时,$C(t,t')=\overline{x(t)^2}\equiv a$,$a$ 表示随机变量 x 的平均平方偏差(因为 $\bar{x}=0$)。因此 a 是 x 的涨落大小的度量,a 越大,涨落越大。

现在利用时间关联函数来讨论布朗运动。显然,涨落力 F 是一个随机变量,由涨落力引起的加速度 $a_0=\dfrac{F}{m}$ 也是一个随机变量。由式(4.5.8)可见,布朗粒子的速度也是一个随机变量,但它的行为与涨落力有所不同,它是平均的黏滞阻力和涨落力联合作用的结果。而黏滞阻力是时间相关的。将式(4.5.8)改写为

$$\dot{v}=-\tilde{\alpha}v+a_0(t) \tag{4.6.3}$$

式中,v 是布朗粒子的速度;$\tilde{\alpha}=\dfrac{\alpha}{m}$;$a_0(t)=\dfrac{X(t)}{m}$。设在 $t=t_0$ 时布朗粒子的运动速度为 v_0,则式(4.6.3)的解是

$$v(t)=v_0\mathrm{e}^{-\tilde{\alpha}(t-t_0)}+\mathrm{e}^{-\tilde{\alpha}t}\int_{t_0}^{t}a_0(\xi)\mathrm{e}^{\tilde{\alpha}\xi}\mathrm{d}\xi \tag{4.6.4}$$

式(4.6.4)对所有布朗粒子均成立。由于不同的布朗粒子受到的涨落力不同,因此对所有布朗粒子取平均后应有

$$\overline{a_0(\xi)} = 0$$

$$\overline{v(t)} = v_0 e^{-\alpha(t-t_0)} \tag{4.6.5}$$

式(4.6.5)表明,布朗粒子的平均速度将随着时间的增加而指数衰减。弛豫时间$\frac{1}{\tilde{\alpha}} = \frac{m}{\alpha} \approx 10^{-7}$ s。

现在求速度关联函数。在式(4.6.4)中令 $t_0 \to -\infty$,则式(4.6.4)右端的第一项可忽略,则有

$$v(t) = e^{-\tilde{\alpha}t}\int_{-\infty}^{t} a_0(\xi) e^{\tilde{\alpha}\xi} d\xi$$

$$\overline{v(t)v(t')} = \int_{-\infty}^{t} d\xi \int_{-\infty}^{t'} e^{-\tilde{\alpha}(t-\xi)} \cdot e^{-\tilde{\alpha}(t'-\xi')} \overline{a_0(\xi) a_0(\xi')} d\xi' \tag{4.6.6}$$

式(4.6.6)中,由于涨落力是个随机力,因此由涨落力带来的加速度 a_0 也是一个随机变量,时间关联函数$\overline{a_0(\xi)a_0(\xi')}$满足类似的式(4.6.2),$a$ 是随机变量涨落大小的度量,代入式(4.6.6)后得

$$\overline{v(t)v(t')} = \int_{-\infty}^{t} d\xi \int_{-\infty}^{t'} e^{-\tilde{\alpha}(t-\xi)} \cdot e^{-\tilde{\alpha}(t'-\xi')} a\delta(\xi - \xi') d\xi'$$

令 $\xi = t - \eta, \xi' = t' - \eta'$,上式化为

$$\begin{aligned}\overline{v(t)v(t')} &= a\int_{0}^{\infty} d\eta \int_{0}^{\infty} e^{-\tilde{\alpha}\eta} \cdot e^{-\tilde{\alpha}\eta'} \delta(t - t' - \eta + \eta') d\eta' \\ &= a e^{\tilde{\alpha}(t-t')} \int_{0}^{\infty} e^{-2\tilde{\alpha}\eta} d\eta \int_{0}^{\infty} \delta(t - t' - \eta + \eta') d\eta' \\ &= a e^{\tilde{\alpha}(t-t')} \int_{0}^{\infty} e^{-2\tilde{\alpha}\eta} \theta(\eta - t + t') d\eta \end{aligned} \tag{4.6.7}$$

且 $\theta(x)$ 是阶梯函数

$$\theta(x) = \begin{cases} 1 & x > 0 \\ 0 & x < 0 \end{cases} \tag{4.6.8}$$

将式(4.6.8)代入式(4.6.7)积分后得

$$\overline{v(t)v(t')} = \begin{cases} \dfrac{a}{2\tilde{\alpha}} e^{-\tilde{\alpha}(t-t')} & t > t' \\ \dfrac{a}{2\tilde{\alpha}} e^{-\tilde{\alpha}(t'-t)} & t < t' \end{cases}$$

或者写为

$$\overline{v(t)v(t')} = \frac{a}{2\tilde{\alpha}} e^{-\tilde{\alpha}|t-t'|} \tag{4.6.9}$$

式(4.6.9)表示布朗粒子运动速度的时间关联,其关联时间为$\frac{1}{\tilde{\alpha}}$,由布朗粒子在液体中所受的黏滞机制决定。此外,速度的时间关联函数的大小还与无规力强度 a 成正比。

现在来证明,由速度时间关联函数算得的布朗粒子位移的均方偏差和上节给出的结果

一致。为此,由式(4.6.9),布朗粒子在时间间隔$(0,\tau)$中所走的距离是

$$\Delta x = x(\tau) - x(0) = \int_0^\tau v(\xi)\mathrm{d}\xi$$

$$\overline{(\Delta x)^2} = \int_0^\tau\int_0^\tau \overline{v(\xi)v(\xi')}\mathrm{d}\xi\mathrm{d}\xi' = \frac{a}{2\tilde{\alpha}}\int_0^\tau\int_0^\tau \mathrm{e}^{-\tilde{\alpha}|\xi-\xi'|}\mathrm{d}\xi\mathrm{d}\xi' \tag{4.6.10}$$

令 $y=\xi-\xi'$,则

$$\overline{(\Delta x)^2} = \frac{a}{2\tilde{\alpha}}\int_0^\tau \mathrm{d}\xi'\int_{-\xi'}^{\tau-\xi'} \mathrm{e}^{-\tilde{\alpha}|y|}\mathrm{d}y + \int_0^\tau \mathrm{d}\xi'\int_0^{\tau-\xi'} \mathrm{e}^{-\tilde{\alpha}|y|}\mathrm{d}y$$

交换上式右端的积分次序后得

$$\overline{(\Delta x)^2} = \frac{a}{2\tilde{\alpha}}\left(\int_{-\tau}^0 \mathrm{e}^{-\tilde{\alpha}|y|}\mathrm{d}y\int_{-y}^\tau \mathrm{d}\xi' + \int_0^\tau \mathrm{e}^{-\tilde{\alpha}|y|}\mathrm{d}y\int_0^{\tau-y}\mathrm{d}\xi'\right) = \frac{a}{2\tilde{\alpha}}\cdot 2\left[\frac{\tau}{\tilde{\alpha}} - \frac{1}{\tilde{\alpha}^2}(1-\mathrm{e}^{-\tilde{\alpha}\tau})\right] \tag{4.6.11}$$

由于 $\tilde{\alpha}\sim 10^7$,则式(4.6.11)可近似写为

$$\overline{(\Delta x)^2} \approx \frac{a\tau}{\tilde{\alpha}^2} \tag{4.6.12}$$

式中,a 还有待确定,可由布朗粒子和介质达到热平衡的条件给出。布朗粒子达到热平衡时,它的速度平方的平均值可由能量均分定理算得

$$\overline{v^2(t)} = \frac{kT}{m}$$

把它代入式(4.6.9),取 $t'=t$,则

$$\overline{v^2} = \frac{a}{2\tilde{\alpha}^2} = \frac{kT}{m}$$

或

$$a = \frac{2\tilde{\alpha}kT}{m} = \frac{2\alpha kT}{m^2} \tag{4.6.13}$$

由式(4.6.12)及式(4.6.13)得

$$\overline{(\Delta x)^2} = \frac{2kT\tau}{\alpha} = 2D\tau$$

这正是式(4.5.20)。这样,就从时间关联函数的角度重新又给出了朗之万方程的解。当然,本节和上节对布朗运动的讨论本质上是完全相同的,所采用的近似也完全一样。上面的推导只不过是把布朗运动理论写得更普遍和更清晰。

由式(4.6.13),又可把式(4.6.9)写为

$$\overline{v(t)v(t')} = \frac{kT}{m}\mathrm{e}^{-\tilde{\alpha}|t-t'|} \tag{4.6.14}$$

这里还要对式(4.6.13)做一些说明:式(4.6.13)把 a 和 α 联系起来了。a 是加速度的方均偏差,它来自布朗粒子所受的无规则的涨落力,是随机运动涨落大小的量度;α 则来自阻尼力,是布朗粒子在液体中运动所受到的阻尼或者说是耗散机制的量度。式(4.6.13)把涨落和耗散联系起来了。耗散越强的体系,α 越大,则涨落力越强,反之亦然。这个结果称为涨落-耗散定理。它是涨落理论中极为重要的定理之一。

进一步,讨论时间关联函数的谱密度展式。将随机变量 $x(t)$ 做傅里叶(Fourier)变换

$$x(t) = \int_{-\infty}^{\infty} x(\omega)e^{i\omega t}d\omega \tag{4.6.15}$$

其逆变换是

$$x(\omega) = \frac{1}{2\pi}\int_{-\infty}^{\infty} x(t)e^{-i\omega t}dt$$

由于 $x(t)$ 是实数, $x(t) = x^*(t)$,因此有

$$x^*(t) = \int_{-\infty}^{\infty} x^*(\omega)e^{-i\omega t}d\omega = \int_{-\infty}^{\infty} x^*(\omega)e^{i\omega t}d\omega \tag{4.6.16}$$

比较式(4.6.15)和式(4.6.16)得

$$x(\omega) = x^*(-\omega) \text{或} x(\omega)x^*(\omega) = x^*(-\omega)x(-\omega) \tag{4.6.17}$$

这表明 $|x(\omega)|^2$ 是 ω 的偶函数。同样,对时间关联函数 $C(\tau) = \overline{x(t)x(t+\tau)}$ 也可做傅里叶变换

$$C(\tau) = \int_{-\infty}^{\infty} d\omega\int_{-\infty}^{\infty} d\omega' \overline{x(\omega)x(\omega')}e^{i\omega\tau} \cdot e^{i(\omega+\omega')t} = \int_{-\infty}^{\infty} C(\omega)e^{i\omega\tau}d\omega \tag{4.6.18}$$

即

$$C(\omega) = \int_{-\infty}^{\infty} \overline{x(\omega)x(\omega')}e^{i(\omega+\omega')t}d\omega' \tag{4.6.19}$$

上式左端只是 ω 的函数,不是 t 的函数,而右端积分号内含 t。因此当且仅当 $\omega \neq -\omega'$ 时 $\overline{x(\omega)x(\omega')} = 0$,上式才可能相等。这说明

$$\overline{x(\omega)x(\omega')} = \overline{x(\omega)x(-\omega)}\delta(\omega+\omega') = \overline{|x(\omega)|^2}\delta(\omega+\omega') \tag{4.6.20}$$

上式的最后一步利用了式(4.6.17)。将式(4.6.20)代入式(4.6.19),得

$$C(\omega) = \overline{|x(\omega)|^2} \tag{4.6.21}$$

由式(4.6.18)和式(4.6.21),得随机变量 $x(t)$ 的方均偏差 $\overline{x(t)^2}$ 满足

$$\overline{x(t)^2} = C(\tau=0) = \int_{-\infty}^{\infty} C(\omega)d\omega = \int_{-\infty}^{\infty} \overline{|x(\omega)|^2}d\omega \tag{4.6.22}$$

如果把谱密度表示式用于讨论布朗运动,也同样可求得速度关联函数的谱表示式。将式(4.6.3)两端同时做傅里叶变换,得

$$i\omega v(\omega) + \tilde{\alpha}v(\omega) = a_0(\omega) \tag{4.6.23}$$

$$v(\omega) = \frac{a_0(\omega)}{\tilde{\alpha} + i\omega}$$

因此速度关联函数的谱密度 $C_v(\omega)$ 为

$$C_v(\omega) = \overline{|v(\omega)|^2} = \frac{\overline{|a_0(\omega)|^2}}{\tilde{\alpha}^2 + \omega^2} \tag{4.6.24}$$

注意到

$$\overline{|a_0(\omega)|^2} = C_{a_0}(\omega) = \frac{1}{2\pi}\int C_{a_0}(\tau)e^{-i\omega\tau}d\tau = \frac{1}{2\pi}\int a\delta(\tau)e^{-i\omega\tau}d\tau = \frac{a}{2\pi} = \frac{kT}{\pi m}\tilde{\alpha} \tag{4.6.25}$$

将式(4.6.25)代入式(4.6.24)得

$$C_v(\omega) = \overline{|v(\omega)|^2} = \frac{kT}{\pi m}\frac{\tilde{\alpha}}{\tilde{\alpha}^2 + \omega^2} \tag{4.6.26}$$

最后,利用式(4.6.21)还可以把式(4.6.18)写成另一形式。由于$|x(\omega)|^2$是ω的偶函数,将式(4.6.21)代入式(4.6.18)后,得

$$C(\tau) = 2\int_0^{\infty} \overline{|x(\omega)|^2}\cos\omega\tau \mathrm{d}\omega \tag{4.6.27}$$

其逆变换是

$$C(\omega) = \overline{|x(\omega)|^2} = \frac{1}{\pi}\int_0^{\infty} C(\tau)\cos\omega\tau \mathrm{d}\tau \tag{4.6.28}$$

式(4.6.27)和式(4.6.28)称为维纳(Wiener)-辛钦(Khinchin)定理。它表示一个无规过程的两个重要特征:过程的谱强度和过程的关联函数之间的关系。

§4.7 马尔可夫过程

在前面我们说过,布朗运动是一种典型的随机过程。因此,该过程可以用一个概率分布函数来定义。

例如,在t时刻某物理量X的观察值在x_1与$x_1+\mathrm{d}x_1$之间的概率为

$$\omega_1(x_1,t)\mathrm{d}x = P\{x_1 \leqslant x_1(t) \leqslant x_1+\mathrm{d}x_1\} \tag{4.7.1}$$

式中,x_1为随机变量;$\omega_1(x_1,t)$为该随机变量的概率密度。

从物理上看,由于随机过程的不同时刻的分布之间可能存在着关联,因此,利用$\omega_1(x,t)$的知识还不能对随机过程做出完整的描述。还应该定义如下的联合概率密度:

$$\omega_2(x_2,t_2;x_1,t_1)\mathrm{d}x_1\mathrm{d}x_2 = P\{x_1\leqslant x_1(t_1)\leqslant x_1+\mathrm{d}x_1;x_2\leqslant x_2(t_2)\leqslant x_2+\mathrm{d}x_2\} \tag{4.7.2}$$

……

$$\begin{aligned}&\omega_n(x_n,t_n;\cdots;x_2,t_2;x_1,t_1)\mathrm{d}x_1\mathrm{d}x_2\cdots\mathrm{d}x_n\\ &= P\{x_1\leqslant x_1(t_1)\leqslant x_1+\mathrm{d}x_1;x_2<x_2(t)\leqslant x_2+\mathrm{d}x_2\cdots;x_n\leqslant x_n(t_n)\leqslant x_n+\mathrm{d}x_n\}\end{aligned} \tag{4.7.3}$$

很显然,ω_n有如下明显的性质:

(1)$\omega_n \geqslant 0$;

(2)$\omega_n(x_n,t_n;\cdots;x_2,t_2;x_1,t_1)$对于各组变量$x_i,t_i$是对称的;

(3)$\int \mathrm{d}x_{R+1}\cdots\mathrm{d}x_{n-1}\mathrm{d}x_n\omega_n(x_n,t_n;\cdots;x_2,t_2;x_1,t_1) = \omega_R(x_R,t_R;\cdots;x_2,t_2;x_1,t_1)$。

原则上,对于一个随机过程的描述,上面所定义的联合概率密度应当考虑到n很大,直至无穷,这在数学上为我们增加了实际的困难,因此,有必要对此做一些合理的简化。

首先,可以认为x_i,t_i的分布与过去和将来均无关系,即完全的无关联,各时刻之间毫无关联,即

$$\omega_2(x_2,t_2;x_1,t_1) = \omega_1(x_2,t_2)\omega_1(x_1,t_1) \tag{4.7.4}$$

一般地

$$\omega_n(x_n,t_n;\cdots;x_2,t_2;x_1,t_1) = \omega_1(x_1,t_1)\omega_1(x_2,t_2)\cdots\omega_1(x_n,t_n) \tag{4.7.5}$$

这是一种纯无规随机过程,是一种最为简单的情况,但在物理上是不实际的,因为在两个相继的时刻(Δt无穷小)之间,显然存在着相互关联。

因此,我们引入另一种近似,体系在t时刻的概率只与体系在t时刻及与t最近邻的前一个时刻的情况或状态有关,而与体系更早的历史无关的过程,该过程称为马尔可夫过程。

对于这种过程,体系在演化中的绝大部分记忆效应都已被略去。下面,我们将以这种观点来描述整个随机过程。

为了方便起见,在此我们引入跃迁概率密度(或条件概率密度)的概念,$P_2(x_2,t_2|x_1,t_1)$表示给定随机变量 x 在 t_1 时刻取值 x_1、在 t_2 时刻取值 x_2 的概率。即 $P_2(x_2,t_2|x_1,t_1)$,$P_3(x_3,t_3|x_2,t_2|x_1,t_1)$,…。

跃迁概率密度和概率密度 ω_1、联合概率密度 ω_2 之间存在着如下的关系:

$$\omega_2(x_2,t_2;x_1,t_1)=P_2(x_2,t_2|x_1,t_1)\omega_1(x_1,t_1) \tag{4.7.6}$$

$$\omega_3(x_3,t_3;x_2,t_2;x_1,t_1)=P_2(x_3,t_3|x_2,t_2)\omega_2(x_2,t_2;x_1,t_1) \tag{4.7.7}$$

$$\vdots$$

$$\omega_n(x_n,t_n;\cdots;x_1,t_1)=P_n(x_n,t_n|x_{n-1},t_{n-1})\omega_{n-1}(x_{n-1},t_{n-1};\cdots;x_1,t_1) \tag{4.7.8}$$

在数学上,跃迁概率密度有如下性质:

(1) $P_2(x_2,t_2|x_1,t_1)\geqslant 0$;

(2) $\int \mathrm{d}x_2 P_2(x_2,t_2|x_1,t_1)=1$;

(3) $\omega_1(x_2,t_2)=\int \mathrm{d}x_1 P_2(x_2,t_2|x_1,t_1)\omega_1(x_1,t_1)$。

对于马尔可夫过程来说

$$P_n(x_n,t_n|x_{n-1},t_{n-1}|\cdots|x_1,t_1)=P_2(x_n,t_n|x_{n-1},t_{n-1}) \quad (n\geqslant 2) \tag{4.7.9}$$

即跃迁概率密度从(x_1,t_1)跃迁到(x_n,t_n)只依赖于(x_{n-1},t_{n-1}),而与其以前的历史无关。

到此,我们可以看到,对于马尔可夫过程,所有的联合概率密度 $\omega_n(n\geqslant 3)$均可表示为 ω_2、ω_1。

例如:

$$\begin{aligned}\omega_3(x_3,t_3;x_2,t_2;x_1,t_1)&=P_3(x_3,t_3|x_2,t_2|x_1,t_1)\omega_2(x_2,t_2;x_1,t_1)\\&=P_2(x_3,t_3|x_2,t_2)\omega_2(x_2,t_2;x_1,t_1)\end{aligned} \tag{4.7.10}$$

假定 $t_1<t_2<t_3$,式(4.7.10)两端对 x_2 积分:

左端为

$$\int \omega_3(x_3,t_3;x_2,t_2;x_1,t_1)\mathrm{d}x_2=\omega_2(x_3,t_3;x_1,t_1)=P_2(x_3,t_3|x_1,t_1)\omega_1(x_1,t_1)$$

右端为

$$\int P_2(x_3,t_3|x_2,t_2)\omega_2(x_2,t_2;x_1,t_1)\mathrm{d}x_2=\int P_2(x_3,t_3|x_2,t_2)P_2(x_2,t_2|x_1,t_1)\omega_1(x_1,t_1)\mathrm{d}x_2$$

两边同时消去 $\omega_1(x_1,t_1)$,得到

$$P_2(x_3,t_3|x_1,t_1)=\int P_2(x_3,t_3|x_2,t_2)P_2(x_2,t_2|x_1,t_1)\mathrm{d}x_2 \tag{4.7.11}$$

式(4.7.9)称为斯莫鲁霍夫斯基(Smoluchowski)-查普曼(Chapman)-柯尔莫哥洛夫(Kolmgorov)方程。它表示从(x_1,t_1)到(x_3,t_3)的跃迁,可分解为从(x_1,t_1)到(x_2,t_2)的跃迁,再由(x_2,t_2)到(x_3,t_3)的跃迁两步。对于一个马尔可夫过程,相继两步的总的概率等于这两步各自的概率的乘积。在一个马尔可夫过程中,各步是彼此统计独立的。从(x_2,t_2)到(x_3,t_3)的跃迁并不受从(x_1,t_1)到(x_2,t_2)的跃迁的影响。

§4.8　福克－普朗克方程

在前面的讨论中已经看到，响应函数、关联函数在涨落理论中起重要作用。而在关联函数的讨论中，概率分布函数扮演着重要角色。在本节中，将讨论概率分布函数随时间的演化，建立概率分布函数随时间演化的方程。由于概率分布函数随时间变化，因此本质上是个非平衡态的问题。非平衡态理论在后面再详细讨论，这里将只讨论马尔可夫过程中概率分布函数随时间的演化。可从斯莫鲁霍夫斯基－查普曼－柯尔莫哥罗夫方程出发推导福克－普朗克方程。为方便起见，记 x_1 为 x，t_1 为 0；x_3 为 y，t_3 为 $t+\Delta t$；t_2 为 t，则式(4.7.9)为

$$P(x,0\,|\,y,t+\Delta t) = \int P(x,0\,|\,z,t)P(z,t\,|\,y,t+\Delta t)\,\mathrm{d}z \tag{4.8.1}$$

考虑积分

$$\int R(y)\frac{\partial P(x,0\,|\,y,t)}{\partial t}\mathrm{d}y$$

式中，$R(y)$是个任意函数，但要求这一函数在 $y\to\pm\infty$ 时足够快地趋于零。则

$$\begin{aligned}\int R(y)\frac{\partial P(x,0\,|\,y,t)}{\partial t}\mathrm{d}y &= \lim_{\Delta t\to 0}\frac{1}{\Delta t}\int[P(x,0\,|\,y,t+\Delta t)-P(x,0\,|\,y,t)]R(y)\,\mathrm{d}y\\ &= \lim_{\Delta t\to 0}\frac{1}{\Delta t}\Big[\int \mathrm{d}yR(y)\int P(x,0\,|\,z,t)P(z,t\,|\,y,t+\Delta t)\mathrm{d}z-\int R(z)P(x,0\,|\,z,t)\mathrm{d}z\Big]\end{aligned} \tag{4.8.2}$$

交换式(4.8.2)右端第一项的重积分次序：

$$\int \mathrm{d}yR(y)\int P(x,0\,|\,z,t)P(z,t\,|\,y,t+\Delta t)\,\mathrm{d}z = \int \mathrm{d}zP(x,0\,|\,z,t)\int R(y)P(z,t\,|\,y,t+\Delta t)\,\mathrm{d}y \tag{4.8.3}$$

再将 $R(y)$在 $R(z)$附近展开为$(y-z)$的幂级数：

$$R(y)=R(z)+(y-z)R'(z)+\frac{1}{2}(y-z)^2R''(z)+\cdots \tag{4.8.4}$$

假定每次跃迁的步长很小，z 很接近于 y，在式(4.8.4)中只准确到$(y-z)$的平方项。于是有

$$\begin{aligned}\int R(y)P(z,t\,|\,y,t+\Delta t)\,\mathrm{d}y\approx R(z)\int P(z,t\,|\,y,t+\Delta t)\,\mathrm{d}y+R'(z)\int(y-z)P(z,t\,|\,y,t+\Delta t)\,\mathrm{d}y+\\ \frac{1}{2}R''(z)\int(y-z)^2P(z,t\,|\,y,t+\Delta t)\,\mathrm{d}y\end{aligned} \tag{4.8.5}$$

引入 a_1、a_2，令

$$a_1(z,\Delta t)\equiv\int(y-z)P(z,t\,|\,y,t+\Delta t)\,\mathrm{d}y \tag{4.8.6}$$

$$a_2(z,\Delta t)\equiv\int(y-z)^2P(z,t\,|\,y,t+\Delta t)\,\mathrm{d}y \tag{4.8.7}$$

分别表示条件概率密度的一级矩和二级矩。在 $\Delta t\to 0$ 的极限下，显然矩 a_1 与 a_2 应和 Δt 成正比，记

$$A(z)=\lim_{\Delta t\to 0}\frac{a_1(z,\Delta t)}{\Delta t} \tag{4.8.8}$$

$$B(z)=\lim_{\Delta t\to 0}\frac{a_2(z,\Delta t)}{\Delta t} \tag{4.8.9}$$

将式(4.8.3)至式(4.8.9)代入式(4.8.2)，注意到

$$\lim_{\Delta t\to 0}P(z,t\,|\,y,t+\Delta t)=\delta(z-y)$$

则式(4.8.2)可写为

$$\int R(y)\frac{\partial P(x,0\,|\,y,t)}{\partial t}\mathrm{d}y=\int P(x,0\,|\,z,t)\left[R'(z)A(z)+\frac{1}{2}R''(z)B(z)\right]\mathrm{d}z \tag{4.8.10}$$

将式(4.8.10)右端做分部积分，并把积分变数由 z 改为 y，得

$$\int R(y)\left[\frac{\partial P(x,0\,|\,y,t)}{\partial t}+\frac{\partial}{\partial y}(AP)-\frac{1}{2}\frac{\partial^2(BP)}{\partial y^2}\right]\mathrm{d}y=0 \tag{4.8.11}$$

由于 $R(y)$ 是任意函数，式(4.8.11)可任意选择，但须满足 $R(y\to\infty)=0$，$\left.\frac{\partial R}{\partial y}\right|_{y\to\infty}\to 0$ 边界条件的 $R(y)$ 函数均成立，因此

$$\frac{\partial P(x,0\,|\,y,t)}{\partial t}+\frac{\partial}{\partial y}[A(y)P(x,0\,|\,y,t)]-\frac{1}{2}\frac{\partial^2}{\partial y^2}[B(y)P(x,0\,|\,y,t)]=0 \tag{4.8.12}$$

式(4.8.12)是关于条件概率密度函数随时间演化的福克－普朗克方程。

因为跃迁(条件)概率密度函数是在零时刻取值为 x 的条件下，在 t 时刻取值是 y 的概率密度，所以对 x 积分就得到 t 时刻取值为 y 的概率密度函数

$$P(y,t)=\int P(x,0\,|\,y,t)\mathrm{d}x$$

则得概率密度函数的福克－普朗克方程

$$\frac{\partial P(y,t)}{\partial t}+\frac{\partial}{\partial y}[A(y)P(y,t)]-\frac{1}{2}\frac{\partial^2}{\partial y^2}[B(y)P(y,t)]=0 \tag{4.8.13}$$

因为实际的布朗运动都是多维坐标的，因此需将以上福克－普朗克方程推广到多维坐标的情况，即将变量 y 由一组坐标 $q_1,q_2,\cdots,q_n$ 代替，则方程变为

$$\begin{aligned}\frac{\partial}{\partial t}P(q_1,q_2,\cdots,q_n,t)=&\Big\{-\sum_{i=1}^{n}\frac{\partial}{\partial q_i}[A_i(q_i)P(q_1,q_2,\cdots,q_i,\cdots,q_j,\cdots,q_n,t)]+\\&\frac{1}{2}\sum_{i=1}^{n}\sum_{j=1}^{n}\frac{\partial^2}{\partial q_i\partial q_j}[B_{ij}(q_i,q_j)P(q_1,q_2,\cdots,q_i,\cdots,q_j,\cdots,q_n,t]\Big\}\end{aligned} \tag{4.8.14}$$

依据式(4.8.6)和式(4.8.8)的定义，方程的系数为

$$A(q_i)=\lim_{\Delta t\to 0}\frac{1}{\Delta t}\int\Delta q_iP(q_1,t\,|\,q_i+\Delta q_i,t+\Delta t)\mathrm{d}(\Delta q_i)=\lim_{\Delta t\to 0}\frac{1}{\Delta t}\langle\Delta q_i\rangle$$

同理

$$B_{ij}(q_i,q_j)=\lim_{\Delta t\to 0}\frac{1}{\Delta t}\langle\Delta q_i\rangle\langle\Delta q_j\rangle$$

现在讨论最简单的实际情况,即只有一维坐标 x 和它的速度 v 的情况,得到两个变量的福克-普朗克方程。这时 Δq_i 只有 Δx 和 Δv。因此福克-普朗克方程为

$$\frac{\partial P(x,v,t)}{\partial t}=-\left[\frac{\partial}{\partial x}A_{\Delta x}(x,v)+\frac{\partial}{\partial v}A_{\Delta v}(x,v)\right]P(x,v,t)+\frac{1}{2}\left[\frac{\partial^2}{\partial x^2}B_{(\Delta x)^2}(x,v)+\frac{\partial^2}{\partial v^2}B_{(\Delta v)^2}(x,v)+\frac{\partial}{\partial x}\frac{\partial}{\partial v}B_{\Delta x\Delta v}(x,v)+\frac{\partial}{\partial v}\frac{\partial}{\partial x}B_{\Delta v\Delta x}(x,v)\right]P(x,v,t) \tag{4.8.15}$$

为了求出方程式(4.8.15)的系数,考查类似方程式(4.6.3)的朗之万方程

$$\dot{v}=-\frac{1}{m}\frac{\partial V}{\partial x}-\tilde{\alpha}v+a_0(t) \tag{4.8.16}$$

式中,$-\frac{1}{m}\frac{\partial V}{\partial x}$是外力项;$V$ 是位能。与式(4.6.3)中的表示一样,v 是布朗粒子的速度;$\tilde{\alpha}=\frac{\alpha}{m}$是约化黏滞系数;$\alpha$ 是介质黏滞系数;$a_0(t)$是无规力。

求式(4.8.16)的一阶差分

$$\Delta v=-\frac{1}{m}\frac{\partial V}{\partial x}\Delta t-\tilde{\alpha}v\Delta t+\int_t^{t+\Delta t}a_0(t')\,\mathrm{d}t'+o(\Delta t^2)$$

所以系数

$$A_{\Delta v}=\lim_{\Delta t\to 0}\frac{\langle\Delta v\rangle}{\Delta t}=-\frac{1}{m}\frac{\partial V}{\partial x}-\tilde{\alpha}v=-\frac{1}{m}\frac{\partial V}{\partial x}-\frac{\alpha}{m}v \tag{4.8.17}$$

又因为

$$\langle(\Delta v)^2\rangle=\left(\frac{1}{m}\frac{\partial V}{\partial x}\right)^2(\Delta t)^2+(\tilde{\alpha}v)^2(\Delta t)^2+2\frac{\tilde{\alpha}}{m}v\frac{\partial V}{\partial x}(\Delta t)^2+\int_t^{t+\Delta t}\mathrm{d}t\int_t^{t+\Delta t}\mathrm{d}t'\langle a_0(t)a_0(t')\rangle$$

而根据式(4.6.13),有

$$\langle a_0(t)a_0(t')\rangle=\frac{2\alpha kT}{m^2}\delta(t-t') \tag{4.8.18}$$

所以系数

$$B_{(\Delta v)^2}=\lim_{\Delta t\to 0}\frac{\langle(\Delta v)^2\rangle}{\Delta t}=\frac{2\alpha kT}{m^2} \tag{4.8.19}$$

已知 $\Delta x=v\Delta t$,故

$$A_{\Delta x}=\lim_{\Delta t\to 0}\frac{\langle\Delta x\rangle}{\Delta t}=v \tag{4.8.20}$$

同理,易求得

$$B_{(\Delta x)^2}=\lim_{\Delta t\to 0}\frac{\langle(\Delta x)^2\rangle}{\Delta t}\to 0 \tag{4.8.21}$$

$$B_{\Delta x\Delta v}=B_{\Delta v\Delta x}=\lim_{\Delta t\to 0}\frac{\langle\Delta x\Delta v\rangle}{\Delta t}\to\Delta t\to 0 \tag{4.8.22}$$

则式(4.8.15)的福克-普朗克方程变为

$$\frac{\partial P(x,v,t)}{\partial t}=-v\frac{\partial P(x,v,t)}{\partial x}-\frac{\partial}{\partial v}\left[\left(-\frac{1}{m}\frac{\partial V}{\partial x}-\frac{\alpha}{m}v\right)P(x,v,t)\right]+\frac{1}{2}\frac{\partial^2}{\partial v^2}\left[\frac{2\alpha kT}{m^2}P(x,v,t)\right]$$
$$=-v\frac{\partial P(x,v,t)}{\partial x}+\frac{1}{m}\frac{\partial V}{\partial x}\frac{\partial P(x,v,t)}{\partial v}+\frac{\partial}{\partial v}\left\{\left[\frac{\alpha}{m}v+\frac{\alpha kT}{m^2}\frac{\partial}{\partial v}\right]P(x,v,t)\right\} \tag{4.8.23}$$

这是一个基本方程,其在物理学、气象学、经济学甚至人口学等领域都有广泛的应用。

假如介质黏滞系数 α 很大时,在朗之万方程中,$\dot{v}$ 很小,作为近似可以忽略,此时朗之万方程简化为

$$\tilde{\alpha}v=-\frac{1}{m}\frac{\partial V}{\partial x}+a_0(t)$$

即

$$v=-\frac{1}{m\tilde{\alpha}}\frac{\partial V}{\partial x}+\frac{a_0(t)}{\tilde{\alpha}}$$

故

$$\Delta x=-\frac{1}{m\tilde{\alpha}}\frac{\partial V}{\partial x}\Delta t+\frac{a_0(t)}{\tilde{\alpha}}\Delta t$$

$$A_{\Delta x}=\lim_{\Delta t\to 0}\frac{\langle\Delta x\rangle}{\Delta t}=-\frac{1}{m\tilde{\alpha}}\frac{\partial V}{\partial x}$$

$$B_{(\Delta x)^2}=\lim_{\Delta t\to 0}\frac{\langle(\Delta x)^2\rangle}{\Delta t}=\frac{1}{m\tilde{\alpha}}\int_t^{t+\Delta t}\mathrm{d}t\int_t^{t+\Delta t}\mathrm{d}t'\langle a_0(t)a_0(t')\rangle$$

根据式(4.8.18),有

$$B_{(\Delta x)^2}=\frac{2kT}{m\tilde{\alpha}}$$

而系数 $A_{\Delta v}$、$B_{(\Delta v)^2}$、$B_{\Delta x\Delta v}$,$B_{\Delta v\Delta x}$均为零。这样得到著名的斯莫鲁霍夫斯基(Smoluchowski)方程

$$\frac{\partial P(x,t)}{\partial t}=\frac{1}{m\tilde{\alpha}}\frac{\partial}{\partial x}\left[\frac{\partial V}{\partial x}P(x,t)\right]+\frac{kT}{m\tilde{\alpha}}\frac{\partial^2 P(x,t)}{\partial x^2} \tag{4.8.24}$$

这里必须记住 $\tilde{\alpha}$ 是约化黏滞系数,它与介质黏滞系数 α 的关系是 $\tilde{\alpha}=\frac{\alpha}{m}$,$m$ 是体系的质量。斯莫鲁霍夫斯基方程因为求解容易,所以有广泛的应用。

作为讨论扩散和涨落问题的基本方程,福克-普朗克方程有着广泛的应用。现在举一个应用的例子,就是系统越过位垒的逃逸问题。这个问题在以下反应中真实存在:(1)原子核裂变和重离子融合反应;(2)化学反应,特别是单分子反应和催化反应;(3)电子学和其他有位垒的反应。现在让我们在某些合理的近似下,求出福克-普朗克方程的解析解。

§4.9　克莱默斯(Kramers)公式——福克－普朗克方程的解析解

在一维坐标变量的情况下,有一位垒如图 4.9.1 所示。

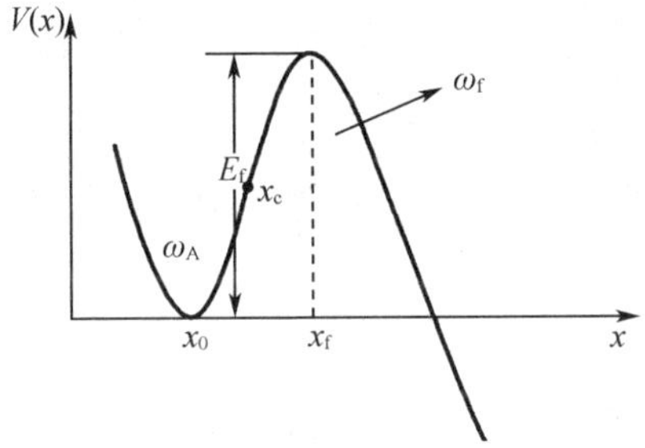

图 4.9.1

图 4.9.1 中,x_0 是位阱底部坐标;x_f 是位垒顶部坐标;x_c 是位阱和位垒的平滑连接点。假定位能 V 在 $x=x_0$ 处为 0,则位阱和位垒的表达式为

$$V(x)=\begin{cases}\dfrac{1}{2}m\omega_A^2x^2 & x\leqslant x_c\\ E_f-\dfrac{1}{2}m\omega_f^2(x-x_f)^2 & x>x_c\end{cases}\tag{4.9.1}$$

式中,E_f 是位垒高度;ω_A 和 ω_f 分别为位阱和位垒的曲率;m 是待研究系统的质量。

问题是假设初始时刻系统处于位阱 A,计算通过位垒的逃逸速率。

如果系统所处的温度很低,即 $kT\ll E_f$,这时通过位垒的逃逸速率很慢,即可近似认为位阱中粒子数不变,也就是取准稳态近似 $\dfrac{\partial P(x,v,t)}{\partial t}=0$。

于是福克－普朗克方程写成不显含时间的定态方程为

$$v\frac{\partial P(x,v)}{\partial x}-\frac{1}{m}\frac{\partial V}{\partial x}\frac{\partial P(x,v)}{\partial v}=\frac{\alpha}{m}v\frac{\partial P(x,v)}{\partial v}+\frac{\alpha}{m}P(x,v)+\frac{\alpha kT}{m^2}\frac{\partial^2P(x,v)}{\partial v^2}\tag{4.9.2}$$

假定:(1)在位阱中,系统分布达到平衡,即达到麦克斯韦－玻耳兹曼分布。

(2)在位垒以外系统密度很小,在位垒之上系统扩散逃逸流也很小,所以在位阱内系统始终保持总量不变。

当体系温度与位垒相比低得多时,以上两个假设是不难成立的,因此是物理上可取的。

这时,麦克斯韦－玻耳兹曼分布

$$P(x,v)=C\exp\left(-\frac{mv^2+2V}{2kT}\right)\tag{4.9.3}$$

满足福克－普朗克方程在位阱内的解。问题是人们需要求在位垒顶上(即鞍点)及其以后的分布函数。现假定这个分布函数是

$$P(x,v)=CF(x,v)\exp\left(-\frac{mv^2+2V}{2kT}\right) \tag{4.9.4}$$

其中,待求的函数 $F(x,v)$ 需满足边界条件:

$F(x,v)\approx 1$(在 $x\sim 0$ 时,即在位阱中);

$F(x,v)\approx 0$(在 $x\gg x_f$ 时,即远在鞍点之外)。

如果能求出满足以上条件的函数 $F(x,v)$,则在位垒上的分布函数即求得。

在位垒上位能是

$$V=E_f-\frac{1}{2}m\omega_f^2(x-x_f)^2 \tag{4.9.5}$$

因此在位垒上福克－普朗克方程为

$$v\frac{\partial P(x,v)}{\partial x}+\omega_f^2(x-x_f)\frac{\partial P(x,v)}{\partial v}=\frac{\alpha}{m}v\frac{\partial P(x,v)}{\partial v}+\frac{\alpha}{m}P(x,v)+\frac{\alpha kT}{m^2}\frac{\partial^2 P(x,v)}{\partial v^2} \tag{4.9.6}$$

为书写简单起见,在后面仍用 $\tilde{\alpha}=\frac{\alpha}{m}$,并且令

$$q=\frac{\alpha kT}{m^2},X=x-x_f$$

这样在位垒上的分布函数是

$$P(x,v)=CF(x,v)\mathrm{e}^{-\frac{E_f}{kT}}\exp\left[-\frac{m(v^2-\omega_f^2X^2)}{2kT}\right] \tag{4.9.7}$$

将式(4.9.7)带入式(4.9.6),得 $F(X,v)$ 满足的方程

$$v\frac{\partial F}{\partial X}+\omega_f^2X\frac{\partial F}{\partial v}=q\frac{\partial^2 F}{\partial v^2}-\tilde{\alpha}v\frac{\partial F}{\partial v} \tag{4.9.8}$$

方程的边界条件:当 $X\to-\infty$ 时(在位阱中),$F(X,v)\to 1$ 和当 $X\to+\infty$ 时(远在位垒之外),$F(X,v)\to 0$。式(4.9.8)中的函数 $F(X,v)$ 是变量 X 和 v 的函数。为了解出式(4.9.8),当取变数 a 为待定函数时,可设 $F(X,v)=F(v-aX)=F(\xi)$,这里 $\xi=v-aX$。这时式(4.9.8)变为

$$-(a-\tilde{\alpha})\left(v-\frac{\omega_f^2}{a-\tilde{\alpha}}X\right)\frac{\partial F}{\partial \xi}=q\frac{\partial^2 F}{\partial \xi^2} \tag{4.9.9}$$

当取待定数 $a=\frac{\omega_f^2}{a-\tilde{\alpha}}$ 时,式(4.9.9)变为单一变数 ξ 的方程

$$-(a-\tilde{\alpha})\xi\frac{\partial F}{\partial \xi}=q\frac{\partial^2 F}{\partial \xi^2} \tag{4.9.10}$$

因此,待定数 a 解出为

$$a=\frac{\tilde{\alpha}}{2}\pm\left(\frac{\tilde{\alpha}^2}{4}+\omega_f^2\right)^{\frac{1}{2}} \tag{4.9.11}$$

单一变量 ξ 的方程式(4.9.10)解出为

$$F=F_0\int^{\xi}\exp\left[-\frac{(a-\tilde{\alpha})\xi^2}{2q}\right]\mathrm{d}\xi \tag{4.9.12}$$

为了求出 F 的解，现在还存在以下两个问题：

(1)式(4.9.11)中的待定数 a 取正根还是取负根？

(2)如何确定式(4.9.12)中积分下限和 F_0 的值？

利用边界条件可解决这个问题。已知：

当 $X\to-\infty$ 时，$F(X,v)\to1$，即在位阱中；

当 $X\to+\infty$ 时，$F(X,v)\to0$，即在远离位垒之后。

若选取 $F_0=\left(\frac{a-\tilde{\alpha}}{2\pi q}\right)^{\frac{1}{2}}$ 和积分下限为 $-\infty$，以及 a 取正根，即 $a=\frac{\tilde{\alpha}}{2}\left(\frac{\tilde{\alpha}^2}{4}+\omega_{\mathrm{f}}^2\right)^{\frac{1}{2}}$，则能满足以上两个边界条件：

(1)当 $X\to-\infty$ 时，$\xi=v-aX\to+\infty$，则 $F=\left(\frac{a-\tilde{\alpha}}{2\pi q}\right)^{\frac{1}{2}}\int_{-\infty}^{+\infty}\exp\left[-\frac{(a-\tilde{\alpha})\xi^2}{2q}\right]\mathrm{d}\xi=1$；

(2)当 $X\to+\infty$ 时，$\xi=v-aX\to-\infty$，很显然 $F\to0$。

这样就得到式(4.9.8)的解

$$F=\left(\frac{a-\tilde{\alpha}}{2\pi q}\right)^{\frac{1}{2}}\int_{-\infty}^{\xi}\exp\left[-\frac{(a-\tilde{\alpha})\xi^2}{2q}\right]\mathrm{d}\xi \tag{4.9.13}$$

进而可得到在位垒顶上(鞍点上)的速度分布，在位垒顶上 $X=0$，$\xi=v-aX=v$，因此有速度分布函数

$$P(v,X=0)=c\left(\frac{a-\tilde{\alpha}}{2\pi q}\right)^{\frac{1}{2}}\mathrm{e}^{-\frac{E_{\mathrm{f}}}{kT}}\cdot\mathrm{e}^{-\frac{mv^2}{2kT}}\cdot\int_{-\infty}^{v}\exp\left[-\frac{(a-\tilde{\alpha})\xi^2}{2q}\right]\mathrm{d}\xi$$

式中，$q=\frac{\tilde{\alpha}kT}{m}$；$a=\frac{\tilde{\alpha}}{2}+\left(\frac{\tilde{\alpha}^2}{4}+\omega_{\mathrm{f}}^2\right)^{\frac{1}{2}}$。

如进一步令 $A=\frac{(a-\tilde{\alpha})m}{2\tilde{\alpha}kT}$，则在位垒($X=0$)上的速度分布为

$$P(v,X=0)=c\mathrm{e}^{-\frac{E_{\mathrm{f}}}{kT}}\cdot\mathrm{e}^{-\frac{mv^2}{2kT}}\cdot\left[\frac{1}{2}+\frac{1}{2}\mathrm{erf}(A^{\frac{1}{2}}v)\right] \tag{4.9.14}$$

其中，定义误差函数 $\mathrm{erf}\,x=\frac{2}{\sqrt{\pi}}\int_0^x\mathrm{e}^{-t^2}\mathrm{d}t$；$c$ 为平衡分布的归一化系数。

在位垒上的速度分布是个很重要的物理量，它受黏滞系数、温度和位垒形状的影响。当体系的黏滞系数很小时，即 $\tilde{\alpha}\to0$ 时，物理量 A 趋向于无穷大，这时误差函数 $\mathrm{erf}(A^{\frac{1}{2}}v)$ 为半迹麦克斯韦分布，即位垒上速度分布为半迹麦克斯韦分布；当体系的黏滞系数趋向于无穷大时，物理量 $A\to0$，这时误差函数 $\mathrm{erf}(A^{\frac{1}{2}}v)\to0$，位垒上的速度分布趋向于麦克斯韦分布；一般情况，速度分布介于两种特殊情况之间。

现在讨论位垒上的衰变概率流。由式(4.9.14)可以看出在位垒上的概率分布有两部分，一部分是平衡分布部分，另一部分是由误差函数表示的非平衡部分，这部分可造成位垒上的衰变概率流，即从鞍点流向外面的概率流。位垒上衰变概率流的定义是

$$R=\frac{\text{位垒上概率流 }J}{\text{粒子在位阱中总概率 }W}$$

$$J = \int_{-\infty}^{+\infty} vP(v, X = 0)\,\mathrm{d}v = c\left(\frac{a - \tilde{\alpha}}{2\pi q}\right)^{\frac{1}{2}} \cdot \mathrm{e}^{-\frac{E_\mathrm{f}}{kT}} \int_{-\infty}^{+\infty} v\exp\left(-\frac{mv^2}{2kT}\right) \int_{-\infty}^{+\infty} \exp\left[-\frac{(a - \tilde{\alpha})\xi^2}{2q}\right] \mathrm{d}v$$

利用分部积分法和概率积分公式,有

$$J = c\left(\frac{a - \tilde{\alpha}}{2\pi q}\right)^{\frac{1}{2}} \cdot \frac{kT}{m} \cdot \frac{\pi^{\frac{1}{2}}}{\left(\frac{m}{2kT} + A\right)^{\frac{1}{2}}} \cdot \mathrm{e}^{-\frac{E_\mathrm{f}}{kT}} \tag{4.9.15}$$

粒子在位阱中总概率

$$W = \int_{-\infty}^{+\infty} c\mathrm{d}v \int_{-\infty}^{+\infty} \mathrm{d}x \exp\left(-\frac{mv^2 + m\omega_\mathrm{A}^2 x^2}{2kT}\right) = c\,\frac{2kT\pi}{m\omega_\mathrm{A}} \tag{4.9.16}$$

式中,ω_A 是位阱曲率。

因此在位垒上的衰变概率流是

$$R = \frac{J}{W} = \left(\frac{a - \tilde{\alpha}}{2\pi q}\right)^{\frac{1}{2}} \cdot \frac{kT}{m} \cdot \frac{\pi^{\frac{1}{2}}}{\left(\frac{m}{2kT} + A\right)^{\frac{1}{2}}} \cdot \frac{m\omega_\mathrm{A}}{2\pi kT} \cdot \mathrm{e}^{-\frac{E_\mathrm{f}}{kT}} = \frac{\omega_\mathrm{A}}{2\pi\omega_\mathrm{f}} \cdot \left[\left(\frac{\tilde{\alpha}^2}{4} + \omega_\mathrm{f}^2\right)^{\frac{1}{2}} - \frac{\tilde{\alpha}}{2}\right] \cdot \mathrm{e}^{-\frac{E_\mathrm{f}}{kT}} \tag{4.9.17}$$

这就是有名的克莱默斯(Kramers)公式,是 1940 年由克莱默斯首先推出的。这个公式对于单分子反应、原子核裂变、重离子融合反应的反应率的计算具有重大意义。它和著名的玻尔 - 惠勒(Bohr - Wheeler)跃迁态理论具有同样的重要性,并且克莱默斯公式还考虑了黏滞性,即体系的动力学因素,因此它有更广泛的应用。例如,对原子核物理中的重离子引起的融合反应,克莱默斯公式可以给出很好的解释,而玻尔 - 惠勒的跃迁态理论则不适用。因此福克 - 普朗克方程是一个应用广泛的基本方程,它解决的基本问题是偏离平衡态不远的涨落问题,而以后要研究的玻耳兹曼方程则是研究非平衡的扩散问题。

第 5 章　非平衡态统计理论

力学系统如何由非平衡趋向平衡的问题是迄今尚未解决的问题。平衡态的统计力学，只用了一个基本假设就可以导出所有热力学函数。在平衡态附近，可以向平衡态做展开而得到结果，如果远离平衡态时，就会遇到严重的困难。在非平衡方面最早做过贡献的是刘维尔和彭加勒。

§5.1　刘维尔定理和彭加勒定理

考虑一个自由度为 N 的相当大的力学系统，其哈密顿量

$$H = H(q_1, q_2, \cdots, q_N; p_1, p_2, \cdots, p_N)$$

式中，广义坐标为 $q_1, q_2, \cdots, q_N$；广义动量为 $p_1, p_2, \cdots, p_N$。

这个宏观上的大系统，在任何时刻可以用 $2N$ 维相空间中一个点来表示。这一点代表某一时刻整个宏观系统的所有广义坐标和广义动量。代表点的运动在相空间描绘出一条轨迹，如图 5.1.1 所示。

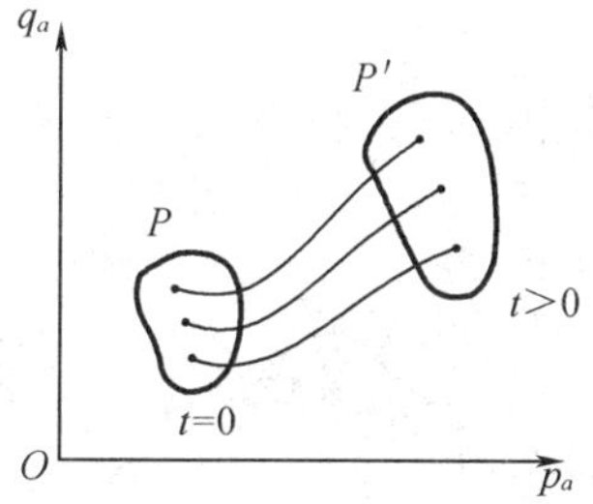

图 5.1.1

现在让 M 个同类的系统组成一系综，它由 p、q 空间中 M 个点的点集来表示。N 是确定的，相空间也就是确定的。若系统数 M 趋向无穷大，这些密集的点在相空间中的运动犹如流动的流体，可用流体力学方程来描述。

取相空间一体积元 $d\tau$，且

$$d\tau = \sum_{a=1}^{N} dq_a dp_a \tag{5.1.1}$$

令 $\rho(q_a, p_a, t) d\tau$ 表示在 $d\tau$ 体积元内点的数目，ρ 是小体积元内点的密度。随着时间的推移，这些点在相空间运动。现在我们来考察 ρ 的变化。为了简单起见，用 $2N$ 个坐标。

取

$$x_a = q_a,\quad x_{N+a} = p_a \quad a = 1, 2, \cdots, N$$
$$\rho = \rho(x_i, t) \quad i = 1, 2, \cdots, N, N+1, \cdots, 2N$$

在相空间速度为

$$v_a = \dot{q}_a,\quad v_{N+a} = \dot{p}_a$$

相空间某点即表示系统在某时刻的状态，经过 t 时刻，系统从 P 点运动到 P' 点。研究此系统的变化，即要考察系统的速度。

下面我们研究系综的运动情形。首先由于系统数是守恒的，可证明有以下关系存在：

$$\frac{\partial \rho}{\partial t} + \sum_{i=1}^{2N} \frac{\partial}{\partial x_i}(\rho v_i) = 0 \tag{5.1.2}$$

若某时刻在相空间内固定一容积 ω，则片刻后在容积 ω 内的系统数变化率是 ω 容积内系统的减少数

$$-\frac{\partial}{\partial t}\int_{\omega} \rho \mathrm{d}\tau \tag{5.1.3}$$

显然这些减少数是流出容积 ω 的数

$$\oint_{s} \rho \boldsymbol{v} \cdot \mathrm{d}\boldsymbol{S} \tag{5.1.4}$$

式中，$\mathrm{d}\boldsymbol{S}$ 面积元的方向是法线方向(图 5.1.2)。即有

$$\oint_{S} \rho \boldsymbol{v} \cdot \mathrm{d}\boldsymbol{S} = -\frac{\partial}{\partial t}\int_{\omega} \rho \mathrm{d}\tau \tag{5.1.5}$$

按照高斯定理面积分可改写成体积分：

$$\oint_{S} \rho \boldsymbol{v} \cdot \mathrm{d}\boldsymbol{S} = \sum_{i=1}^{2N} \int \frac{\partial}{\partial x_i}(\rho v_i) \mathrm{d}\tau \tag{5.1.6}$$

所以

$$\int \frac{\partial}{\partial t}\rho \mathrm{d}\tau + \sum_{i=1}^{2N} \int \frac{\partial}{\partial x_i}(\rho v_i) \mathrm{d}\tau = 0 \tag{5.1.7}$$

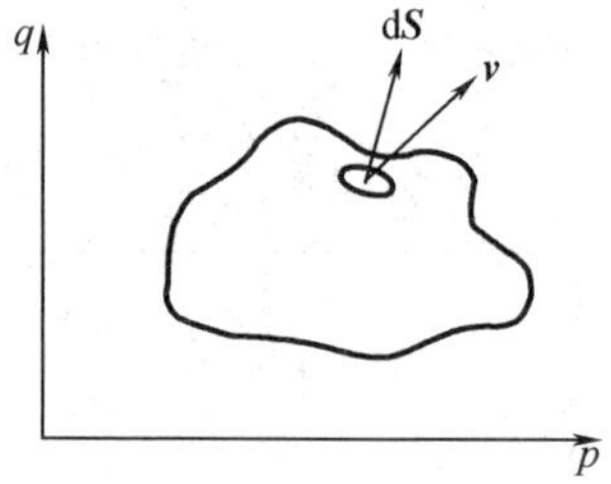

图 5.1.2

故

$$\frac{\partial \rho}{\partial t} + \sum_{i=1}^{2N} \frac{\partial}{\partial x_i}(\rho v_i) = 0 \tag{5.1.8}$$

另外，由哈密顿方程知

$$\dot{q}_a = \frac{\partial H}{\partial p_a},\quad \dot{p}_a = -\frac{\partial H}{\partial q_a} \tag{5.1.9}$$

对以上两式中的 q_a 和 p_a 分别进行微商，有

$$\frac{\partial \dot{q}_a}{\partial q_a}+\frac{\partial \dot{p}_a}{\partial p_a}=0 \tag{5.1.10}$$

即

$$\sum_{i=1}^{2N}\frac{\partial v_i}{\partial x_i}=0 \quad i=1,2,\cdots,2N;a=1,2,\cdots,N \tag{5.1.11}$$

由定义知有

$$\frac{D\rho}{Dt}\equiv\left(\frac{\partial\rho}{\partial t}\right)_{x_i}+\sum_{i=1}^{2N}v_i\left(\frac{\partial\rho}{\partial x_i}\right)_t \tag{5.1.12}$$

但由式(5.1.8)知

$$\frac{\partial\rho}{\partial t}+\sum_{i=1}^{2N}\frac{\partial}{\partial x_i}(\rho v_i)=0$$

即

$$\frac{\partial\rho}{\partial t}+\sum_{i=1}^{2N}v_i\left(\frac{\partial\rho}{\partial x_i}\right)_t+\sum_{i=1}^{2N}\rho_i\frac{\partial v_i}{\partial x_i}=0 \tag{5.1.13}$$

由式(5.1.11)即可得下面定理：

刘维尔定理

$$\frac{D\rho}{Dt}=\left(\frac{\partial\rho}{\partial t}\right)_{x_i}+\sum_{i=1}^{2N}v_i\left(\frac{\partial\rho}{\partial x_i}\right)_t=0 \tag{5.1.14}$$

这就是刘维尔定理，又称密度不变原理或流体不可压缩定理。它表示，如果跟随流体一道运动，发现流体密度是不变的，即液体是不可压缩的。

刘维尔定理对经典统计力学有两个作用：(1)刘维尔定理对等概率假设是个有力的支持。相空间中一个系统的不同微观状态相当于相空间的相点。如果这些相点在某一时刻是均匀分布的，则任何时刻也是均匀的，既不会扩张，也不会缩小。这是相密度守恒的自然结果。相密度的物理意义是表示在某时刻在相等的体积内找到的概率量度。所以，密度不变即表示等概率假设是成立的。(2)刘维尔定理可以推出彭加勒周期的存在。

彭加勒定理　对一有限体积的宏观系统，假定其哈密顿量 $H(q_a,p_a)$ 有界，则它的广义坐标和广义动量均有限。这对一般的系统来说并不是苛刻的条件。

彭加勒定理在数学上的表述是：若 $t=0$ 时，系统从相空间一固定点 P 出发，则对空间中任意一小距离 ε(即在 $2N$ 维空间的一小距离)，该系统在一有限时间 $T(\varepsilon)$ 内，必然经过相空间另一点 P'，而距离 $|PP'|<\varepsilon$。

彭加勒定理对某具体系统而言，即跟随系统运动，则熵不是永远增加的，只要时间足够长，系统总会恢复到原来系统的状态。不过对一般宏观系统，这时间是极其长的，比宇宙寿命还要大若干数量级，人类是根本不会遇到这种情况的。

§5.2　*H*　定　理

考虑一个系综是由 N 个系统组成的。每个系统的哈密顿量都是相同的，记为 $H(i)$，其中 $i=1,2,\cdots,n$。系综的总哈密顿量是

$$\mathcal{H} = \sum_{i=1}^{N} H(i) + H_1$$

式中,H_1 是系统之间的微扰。

设 $H(i) = H_0$,且

$$H_0\psi_n = E_n\psi_n \tag{5.2.1}$$

并假设 H_1 满足以下两个条件:

(1)与 H_0 相比 H_1 是无穷小量。可以取$(H_1)_{nn} = 0$,因为它总可以吸收到 H_0 中去。但是

$$(H_1)_{nm} \neq 0 \tag{5.2.2}$$

它导致各态之间的跃迁。

(2)H_1 使得各不同系统之间的状态的相位是随机的。这是一个很苛刻的假设。

在这两个假设下,可以证明以下方程成立:

$$\frac{\mathrm{d}N_n(t)}{\mathrm{d}t} = \sum_{m\neq n} T_{mn}(N_m - N_n)$$

$$T_{mn} = T_{nm}$$

式中,T_{mn}是由 H_1 微扰所引起的,它表示单位时间内从第 m 个态跃迁到第 n 个态的概率。

现在我们来构筑一个函数$\mathcal{H}$,即

$$\mathcal{H} \equiv \sum_n N_n \ln N_n \tag{5.2.3}$$

式中,N_n 表示处在 ψ_n 态的系统数,且

$$\sum_n N_n \equiv N \quad (\text{常数})$$

为系综内系统总数。

对式(5.2.3)求时间微商得

$$\begin{aligned}\frac{\mathrm{d}H}{\mathrm{d}t} &= \sum_n \frac{\mathrm{d}N_n}{\mathrm{d}t}(\ln N_n + 1)\\ &= \sum_n \frac{\mathrm{d}N_n}{\mathrm{d}t}\ln N_n\\ &= \sum_n \sum_{m\neq n} T_{mn}(N_m - N_n)\ln N_n\\ &= \frac{1}{2}\sum_n \sum_m T_{mn}(N_m \ln N_n - N_n \ln N_n - N_m \ln N_m + N_n \ln N_m)\\ &= -\frac{1}{2}\sum_n \sum_m T_{mn}(N_m - N_n)\ln\frac{N_m}{N_n} \leqslant 0\end{aligned} \tag{5.2.4}$$

不等式(5.2.4)之所以成立是因为:$N_m > N_n$ 时,$\ln\left(\frac{N_m}{N_n}\right)$为正;$N_m < N_n$ 时,$\ln\left(\frac{N_m}{N_n}\right)$为负;$N_m = N_n$ 时等号成立。

由式(5.2.4)可知,$\mathcal{H}$是一个随时间递减的函数,只有当 $N_m = N_n$ 时,$\frac{\mathrm{d}H}{\mathrm{d}t}$才为零。

试考虑$\mathcal{H}$与熵的关系:对于固定$\{N_m\}$的分布,在不固定系统处在那些态上时,系综的态数为

$$\Omega = \frac{N!}{\prod_m N_m!}$$

而

$$N = \sum_m N_m \tag{5.2.5}$$

所以

$$\ln \Omega = N\ln N - N - \sum_m N_m \ln N_m + \sum_m N_m = N\ln N - \sum_m N_m \ln N_m \tag{5.2.6}$$

由系统熵公式有

$$S = \frac{k}{N}\ln \Omega = k\ln N - \frac{k\sum_m N_m \ln N_m}{N} = k\ln N - \frac{k}{N}H \tag{5.2.7}$$

所以

$$\frac{\mathrm{d}S}{\mathrm{d}t} = -\frac{k}{N}\cdot\frac{\mathrm{d}H}{\mathrm{d}t} \geqslant 0 \tag{5.2.8}$$

S 单调上升，$\mathcal{H}$ 单调下降。这就是著名的 H 定理。它说明热力学熵增加的原理。

应注意的是 H 定理是在以下假设下成立的：(1) 一个大系统受到外来 H_1 随机的干扰，而 H_1 与系统能量相比是很微小的。(2) H_1 随机地使系统的相位无规化。

对于假设(1)，我们认为是合理的。尽管 H_1 在这里是外加给系统的，而不是系统本身的，但假设(2)却是非常苛刻，实际上是难以做到的。虽然看上去分子的碰撞是非常无规的，但是这种无规不一定是相位无规。

19 世纪 50 年代费密等人用当时的计算机对这个问题进行了探讨。计算机演示表明，只要给定了相互作用 H_1 的形式，则不论 H_1 多么微弱，系统的相位就不再是随机无规的。因此 H 定理的基础是有待进一步研究的。

§5.3　Ehrenfest　模　型

彭加勒定理告诉我们，一有限系统，只要经过足够长的时间，定会重新回复到离原来状态任意接近的状态。这可由哈密顿方程的时间反演不变直接推论得到。另由 H 定理知，一个不平衡系统它总是单调地趋向平衡，随着时间的推移，$\mathcal{H}$ 越来越小，熵逐渐增加。看上去这两者是互相矛盾的。在本节里，我们引用一个具体的数学模型计算彭加勒周期，结果表明彭加勒定理与 H 定理并不矛盾。

有两个盒子 A 与 B，两盒内共有 $2N$ 个编了号码的小球，如图 5.3.1 所示。

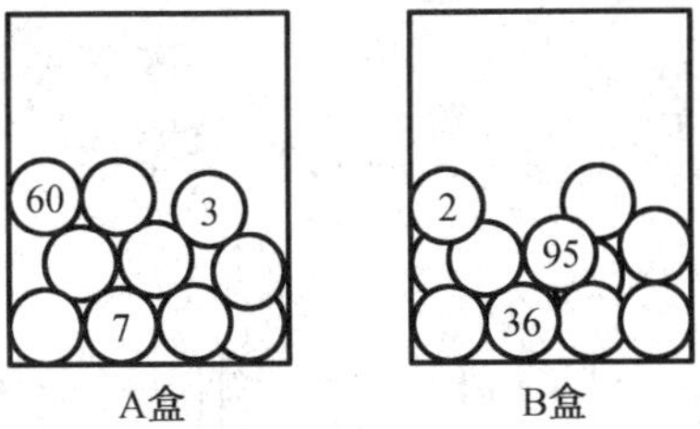

图 5.3.1

$t=0$ 时刻，将 n_0 个球置于 A 盒内，$2N-n_0$ 个球置于 B 盒内。然后在 $2N$ 个编码之中任取一号码(如可采用随机抽签的方法),再将盒内与此号码相同的球更换到另一盒。这一过程为一步。今求重复 s 步后,A 盒中有 n 个球的概率。

令$\langle n|p(s)|n_0\rangle$表示开始 A 盒内有 n_0 个球,s 步后 A 盒中出现 n 个球的概率。显然

$$\sum_n \langle n|p(s)|n_0\rangle = 1 \tag{5.3.1}$$

如 s 步后 A 盒有 n 个球,可能是在第 $s-1$ 步 A 盒有$(n+1)$个球或$(n-1)$个球。如是前者,那一定是从 A 盒取出一球置于 B 盒。如是后者,那一定是从 B 盒$[2N-(n-1)]$球中取出一球置于 A 盒。于是可得一递推公式:

$$\langle n|p(s)|n_0\rangle = \langle n+1|p(s-1)|n_0\rangle\frac{n+1}{2N} + \langle n-1|p(s-1)|n_0\rangle\frac{2N-(n-1)}{2N} \tag{5.3.2}$$

式中,$\frac{n+1}{2N}$表示从 A 盒中的$(n+1)$个球取走一球的概率;$\frac{2N-(n-1)}{2N}$是从 B 盒 $2N-(n-1)$ 球中取来一个球的概率。

定义 5.3.1(平均数)

$$\langle n\rangle_s \equiv \sum_n n\langle n|p(s)|n_0\rangle$$

表示 s 步后 A 盒中的平均球数。

$$\langle n\rangle_s = \sum_n [(n+1)-1]\frac{n+1}{2N}\langle n+1|p(s-1)|n_0\rangle + \sum_n [(n-1)+1]\cdot \frac{2N-(n-1)}{2N}\langle n-1|p(s-1)|n_0\rangle \tag{5.3.3}$$

式中,n 是在 0 与 $2N$ 范围内变化。

如取 $n<0$ 或 $n>2N$,则

$$\langle n|p(s)|n_0\rangle = 0$$

因此求和号可以扩大到 $\pm\infty$,即

$$\sum_n = \sum_{-\infty}^{+\infty}$$

所以

$$\langle n\rangle_s = \frac{1}{2N}[\langle n^2\rangle_{s-1} - \langle n\rangle_{s-1}] + \langle n\rangle_{s-1} + 1 - \frac{1}{2N}[\langle n^2\rangle_{s-1} + \langle n\rangle_{s-1}] \tag{5.3.4}$$

即

$$\langle n\rangle_s = \langle n\rangle_{s-1}\left(1-\frac{1}{N}\right) + 1 \tag{5.3.5}$$

这是一差分方程,其一试验解:

$$\langle n\rangle_s = a + b\left(1-\frac{1}{N}\right)^s \tag{5.3.6}$$

式中,a、b 系数是常数,则

$$\langle n\rangle_s = \left[a + b\left(1-\frac{1}{N}\right)^{s-1}\right]\left(1-\frac{1}{N}\right) + 1 \tag{5.3.7}$$

令式(5.3.6)等于式(5.3.7)得

$$a + b\left(1-\frac{1}{N}\right)^s = a\left(1-\frac{1}{N}\right) + b\left(1-\frac{1}{N}\right)^{s-1}\left(1-\frac{1}{N}\right) + 1 \tag{5.3.8}$$

比较系数得

$$a = a\left(1 - \frac{1}{N}\right) + 1 \tag{5.3.9}$$

给出

$$a = N \tag{5.3.10}$$

当 $s = 0$ 时,则$\langle n \rangle_{s=0} = n_0$,所以

$$a + b = n_0 \tag{5.3.11}$$

所以

$$\langle n \rangle_s = a + b\left(1 - \frac{1}{N}\right)^s = N + (n_0 - N)\left(1 - \frac{1}{N}\right)^s$$

当 $s \to \infty$ 时,则

$$\left(1 - \frac{1}{N}\right)^s \to 0$$

所以

$$\lim_{s\to\infty} \langle n \rangle_s = N$$

这表明不论开始 A 盒球数是多少,经过足够多的步数后,总可以达到整体球数的一半,与 n_0 无关,因此是趋向平衡的。

现问,要多久可趋向平衡呢?

令 $s \equiv N\tau$, $N \gg 1$, τ 是固定的数值。即 s 步数与 N 是同量级的。

$$\langle n \rangle_s \cong N + (n_0 - N)\mathrm{e}^{-\tau}$$

令 $\tau = 6$,显然有

$$\langle n \rangle_s \cong N + (n_0 - N)\mathrm{e}^{-6}$$

显然第二项是个很小的数值。故结论是:趋向平衡的快慢程度是与 N 同量级的。即趋向平衡的时间基本上与系统的大小成正比,即 $s \sim o(N)$。

经过较冗长的推导,彭加勒周期为 2^{2N}。取单位体积的粒子数为 10^{23} 量级,代替 $2N$,则一个周期经过的长度约为 $2^{10^{23}}$,取通常原子反应的时间 $\sim 10^{-12}$ s,则可以具体求出彭加勒周期,周期 $T \sim 10^{-12} \times 2^{10^{23}} \gg$宇宙年龄。

对一宏观系统来说这是根本不会发生的情况。由此可见,趋向平衡与彭加勒周期并不矛盾。前者是与 N 同量级,后者是指数上的量级。因此,两者相差极为悬殊,不能比拟。

这样如能跟着系统观察熵的变化,就会发觉熵不是永远增加的,一定有熵减少的时刻。不过出现熵减少的概率极小,实际上也可认为根本不发生。

前面提到过,一系统受一外加的干扰,虽然干扰很小,但它可以把整个系统的相位弄乱,变成随机的,那么 H 定理是成立的。但是实际上让相位随机化是办不到的,因此,H 定理值得怀疑。

§5.4　碰壁数、平均碰撞频率及平均自由程

第 4 章讨论了平衡态附近的涨落、空间关联函数、时间关联函数等涉及偏离平衡态不远

的非平衡态,但尚未建立非平衡态理论。在统计物理学中,非平衡态统计理论比平衡态统计理论更普遍。但是要严格建立一般情况下的非平衡态统计理论十分困难。本节从分子运动论的观点出发讨论问题,但数学处理仍然比较复杂。而非平衡态统计理论所给出的结果却比平衡态统计理论更丰富、更普遍、更深刻。

为了使分子运动有一个比较直观的物理图像,现在来计算气体达到平衡态时的分子的碰壁数、平均碰撞频率和平均自由程。在平衡态时,气体分子服从麦克斯韦速度分布律。单位体积内,速度在 $\boldsymbol{v}\to\boldsymbol{v}+\mathrm{d}\boldsymbol{v}$ 内的分子数为

$$f_0\mathrm{d}\boldsymbol{v}=n\left(\frac{m}{2\pi kT}\right)^{\frac{3}{2}}\exp\left(-\frac{mv^2}{2kT}\right)\mathrm{d}\boldsymbol{v} \tag{5.4.1}$$

式中,n 为气体分子的数密度。

1. 碰壁数

首先讨论气体分子对器壁的碰撞。取器壁的法线方向为 x 方向,考虑器壁上的一个面积元 $\mathrm{d}A$,设 $\mathrm{d}\Gamma\mathrm{d}t\mathrm{d}A$ 为在 $\mathrm{d}t$ 时间内速度在速度间隔 $\boldsymbol{v}\to\boldsymbol{v}+\mathrm{d}\boldsymbol{v}$ 内碰到 $\mathrm{d}A$ 面积上的分子数,显然,只有那些位在以 $\mathrm{d}A$ 为底、以 $v_x\mathrm{d}t$ 为高的柱体内,速度在 $\boldsymbol{v}\to\boldsymbol{v}+\mathrm{d}\boldsymbol{v}$ 间隔内的分子,在 $\mathrm{d}t$ 时间内可以碰到 $\mathrm{d}A$ 面上。由式(5.4.1)可知,在单位体积内,速度在 $\mathrm{d}\boldsymbol{v}$ 间隔内的分子数是 $f_0\mathrm{d}\boldsymbol{v}$,因此在体积为 $v_x\mathrm{d}t\mathrm{d}A$ 的柱体内,速度在 $\mathrm{d}\boldsymbol{v}$ 内的分子数是 $v_x\mathrm{d}A\mathrm{d}tf_0\mathrm{d}\boldsymbol{v}$,故有

$$\mathrm{d}\Gamma\mathrm{d}t\mathrm{d}A=v_xf_0\mathrm{d}\boldsymbol{v}\mathrm{d}t\mathrm{d}A$$

单位时间内,碰到器壁单位面积上的总分子数为

$$\Gamma=\int_{-\infty}^{+\infty}\mathrm{d}v_z\int_{-\infty}^{+\infty}\mathrm{d}v_y\int_0^{+\infty}v_xf_0\mathrm{d}v_x \tag{5.4.2}$$

式(5.4.2)对 v_x 的积分取在$(0,+\infty)$内,因为速度 $v_x<0$ 的分子反向运动,不能和器壁碰撞。将式(5.4.1)代入式(5.4.2)积分后得

$$\Gamma=\int_{-\infty}^{+\infty}\mathrm{d}v_z\int_{-\infty}^{+\infty}\mathrm{d}v_y\int_0^{+\infty}n\left(\frac{m}{2\pi kT}\right)^{\frac{3}{2}}v_x\exp\left(-\frac{mv^2}{2kT}\right)\mathrm{d}v_x=n\left(\frac{kT}{2\pi m}\right)^{\frac{1}{2}}=\frac{1}{4}n\bar{v} \tag{5.4.3}$$

式中,$\bar{v}$ 表示分子的平均速率;Γ 称为碰壁数。

2. 平均碰撞频率

一个速度为 $\boldsymbol{v}$ 的分子在单位时间内和其他分子的碰撞次数称为碰撞频率,用 Θ 表示。Θ 对分子所有可能的速度取平均后,给出一个分子的平均碰撞频率,用 $\overline{\Theta}$ 表示。

现从弹性刚球模型出发求分子的平均碰撞频率 $\overline{\Theta}$。弹性刚球模型是把气体中每个分子都看成是刚性的小球,相互之间做弹性碰撞,碰撞时球的大小和形状都不改变。在弹性刚球模型中,两个分子碰撞的概率显然应与刚球直径有关。观察某一分子 A,设 A 以平均速率 $\bar{v}$ 运动,分子的直径为 σ。假定除我们所观察的这个分子 A 外,其他所有分子都固定不动。在这种情形下,分子 A 将只和那些中心在和 A 运动时其中心所经过的轨迹相距小于或等于 σ 的分子相碰撞。即在单位时间内,分子 A 将只和中心在底面积为 $\pi\sigma^2$,高为 $\bar{v}\cdot 1$ 的柱体内的所有分子相碰。设 n 为分子的数密度,则在这柱体内的分子数是 $n\pi\sigma^2\bar{v}$。因此单位时间的平均碰撞次数即平均碰撞频率 $\overline{\Theta}$ 为

$$\overline{\Theta}=n\pi\sigma^2\bar{v} \tag{5.4.4}$$

当然,这个模型是很粗糙的。因为它假定其他分子都固定不动而只有一个分子在以平

均速率运动，实际上所有分子都在运动。若考虑所有粒子均运动，则实际碰撞次数将比式(5.4.4)所计算的次数多，可以证明，计及其他分子的运动后，平均碰撞频率 $\overline{\Theta}$ 为

$$\overline{\Theta}=\sqrt{2}n\pi\sigma^2\overline{v} \tag{5.4.5}$$

式(5.4.5)证明如下：取两个相互碰撞的分子的速度分别为 $\boldsymbol{v}_1=(v_{1x},v_{1y},v_{1z})$ 和 $\boldsymbol{v}_2=(v_{2x},v_{2y},v_{2z})$，两个分子的相对速度 $\boldsymbol{u}=\boldsymbol{v}_2-\boldsymbol{v}_1$。如图 5.4.1 所示，设 $\hat{\boldsymbol{e}}_n$ 为两个分子碰撞时由分子 1 到分子 2 的中心方向上的单位矢量，θ 为 $\hat{\boldsymbol{e}}_n$ 与 $-\boldsymbol{u}$ 之间的夹角，则 $-\hat{\boldsymbol{e}}_n\cdot\boldsymbol{u}=-\hat{\boldsymbol{e}}_n\cdot(\boldsymbol{v}_2-\boldsymbol{v}_1)=u\cos\theta, u=|\boldsymbol{u}|$。在碰撞时，第二个分子的中心必在虚球上。在单位时间内，和分子 1 相碰撞，碰到以 $\hat{\boldsymbol{e}}_n$ 为轴的立体角 $\mathrm{d}\Omega$ 内，速度为 $\boldsymbol{v}_2$ 的分子，一定位于体积为

$$\mathrm{d}\tau=\sigma^2\mathrm{d}\Omega u\cos\theta$$

的柱体内，在气体密度不太高，分子只在碰撞时有相互作用的条件下，可认为分布函数仍满足式(5.4.1)。因此，一个速度为 $\boldsymbol{v}_1$ 的分子，在单位时间内，与速度为 $\boldsymbol{v}_2\to\boldsymbol{v}_2+\mathrm{d}\boldsymbol{v}_2$ 的分子，在立体角元 $\mathrm{d}\Omega$ 内的碰撞数是

$$\mathrm{d}\Theta=f(\boldsymbol{v}_2)\mathrm{d}\boldsymbol{v}_2\sigma^2u\cos\theta\mathrm{d}\Omega$$

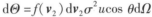

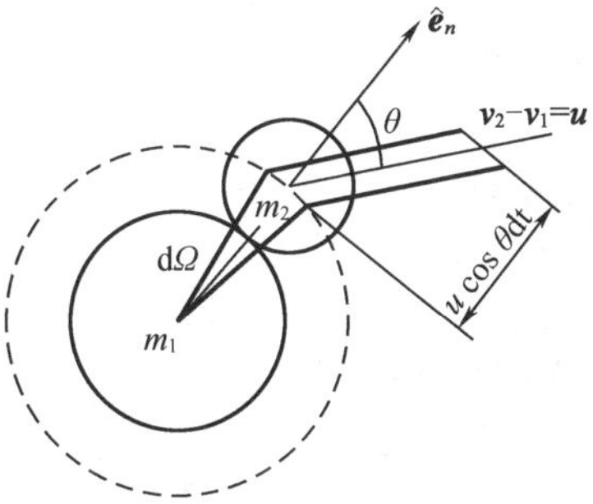

图 5.4.1

对 $\mathrm{d}\boldsymbol{v}_2$ 和 $\mathrm{d}\Omega$ 积分后，得碰撞频率为

$$\Theta=\iint f(\boldsymbol{v}_2)\sigma^2u\cos\theta\mathrm{d}\Omega\mathrm{d}\boldsymbol{v}_2 \tag{5.4.6}$$

由于

$$\int\cos\theta\mathrm{d}\Omega=\int_0^{2\pi}\mathrm{d}\varphi\int_0^{\frac{\pi}{2}}\cos\theta\sin\theta\mathrm{d}\theta=\pi$$

因此有

$$\Theta=\pi\sigma^2\int f(\boldsymbol{v}_2)u\mathrm{d}\boldsymbol{v}_2 \tag{5.4.7}$$

又因为

$$\mathrm{d}\boldsymbol{v}_2=v_2^2\mathrm{d}v_2\sin\theta\mathrm{d}\theta\mathrm{d}\varphi,\quad u^2=v_1^2+v_2^2-2v_1v_2\cos\theta$$

则

$$\Theta=2\pi^2\sigma^2n\left(\frac{m}{2\pi kT}\right)^{\frac{3}{2}}\int_0^{+\infty}v_2^2\mathrm{d}v_2\mathrm{e}^{-\frac{mv_2^2}{2kT}}\int_0^{\frac{\pi}{2}}u\sin\theta\mathrm{d}\theta \tag{5.4.8}$$

将式(5.4.8)中积分变数 θ 改为 u，由于 $u\mathrm{d}u=v_1v_2\sin\theta\mathrm{d}\theta$，故有

$$\int_0^{\frac{\pi}{2}}u\sin\theta\mathrm{d}\theta=\frac{1}{v_1v_2}\int_{|v_1-v_2|}^{|v_1+v_2|}u^2\mathrm{d}u=\begin{cases}\dfrac{2}{v_1v_2}\left(v_1^2v_2+\dfrac{1}{3}v_2^3\right) & v_1>v_2\\[2ex]\dfrac{2}{v_1v_2}\left(v_2^2v_1+\dfrac{1}{3}v_1^3\right) & v_1<v_2\end{cases}$$

将上式代入式(5.4.8)后得

$$\Theta = (2\pi)^{\frac{1}{2}}\sigma^2 n\left(\frac{m}{kT}\right)^{\frac{3}{2}}\left[\int_0^{v_1} e^{-\frac{mv_2^2}{2kT}}\frac{v_2^2}{v_1}\left(\frac{1}{3}v_2^2+v_1^2\right)dv_2+\int_{v_1}^{+\infty} e^{-\frac{mv_2^2}{2kT}}v_2\left(v_2^2+\frac{1}{3}v_1^2\right)dv_2\right]$$

$$= n\sigma^2\left(\frac{2\pi kT}{m}\right)^{\frac{1}{2}}\varphi(x) \tag{5.4.9}$$

式中

$$\varphi(x) = e^{-x^2}+\left(2x+\frac{1}{x}\right)\int_0^x e^{-y^2}dy \tag{5.4.10}$$

$$x=\left(\frac{m}{2kT}\right)^{\frac{1}{2}}v_1$$

Θ 是一个速度为 $\boldsymbol{v}_1$ 的分子与其他分子的碰撞频率,它与 $\boldsymbol{v}_1$ 有关。一个分子的平均碰撞频率为

$$\overline{\Theta} = \frac{1}{n}\int\Theta f(\boldsymbol{v}_1)d\boldsymbol{v}_1 = \left(\frac{m}{2\pi kT}\right)^{\frac{3}{2}}\int_0^{+\infty}\Theta e^{-\frac{mv_1^2}{2kT}}4\pi v_1^2 dv_1$$

$$= 4\sqrt{2}n\sigma^2\left(\frac{kT}{m}\right)^{\frac{1}{2}}\left[\int_0^{+\infty}e^{-2x^2}x^2dx+\int_0^{+\infty}e^{-x^2}(2x^2+1)xdx\int_0^x e^{-y^2}dy\right]$$

$$= 2n\sigma^2\sqrt{2}\left(\frac{2\pi kT}{m}\right)^{\frac{1}{2}} \tag{5.4.11}$$

由于 $\bar{v}=\sqrt{\frac{8kT}{\pi m}}$,因此式(5.4.11)可写成

$$\overline{\Theta}=\sqrt{2}n\pi\sigma^2\bar{v}$$

这正是式(5.4.5)。利用式(5.4.5),在273 K和标准大气压下,若氧分子的直径为 $\sigma=3.62\times10^{-8}$ cm,$n=2.677\,90\times10^{19}$(洛施密特数)可算得一个氧分子的平均碰撞频率为

$$\overline{\Theta}=6.65\times10^9\ s^{-1}$$

而单位体积内全部氧分子在单位时间内的碰撞次数 y 是

$$y=\frac{1}{2}n\overline{\Theta}=8.94\times10^{28}\ s^{-1}$$

式中,$n=2.677\,90\times10^{19}$ 是洛施密特数,乘 $\frac{1}{2}$ 是因为每次碰撞均涉及两个分子。

3. 平均自由程

分子在相继两次碰撞间所走过的路程称为自由程。由于分子运动状态经常在变化,因此自由程只有经过统计才有意义。自由程的统计平均值称为平均自由程。在 dt 时间内,速率为 v 的分子所走过的路程为 vdt,而速率为 v 的分子的碰撞频率是 Θ,因此每碰一次所需要的时间是 $\frac{1}{\Theta}$,故自由程为

$$l(v)=\frac{v}{\Theta} \tag{5.4.12}$$

它与分子的速率 v 有关。而平均自由程是

$$\bar{l}_T=\overline{\left(\frac{v}{\Theta}\right)}=\frac{1}{n}\int\frac{v}{\Theta}fd\boldsymbol{v}$$

$$= \frac{1}{n\sigma^2}\left(\frac{m}{2\pi kT}\right)^{\frac{1}{2}}\int \frac{v}{\varphi(x)}\left(\frac{m}{2\pi kT}\right)^{\frac{3}{2}} e^{-\frac{mv^2}{2kT}} 4\pi v^2 dv$$

$$= \frac{4}{\pi n\sigma^2}\int_0^{\infty} \frac{x^3 e^{-x^2}}{\varphi(x)} dx$$

这个积分可以通过数值积分算得,结果是

$$l_T = \frac{0.677}{\pi n\sigma^2} \tag{5.4.13}$$

式(5.4.13)称为泰特(Tait)平均自由程。从上面的推导可看出,泰特平均自由程的计算涉及数值积分,比较麻烦。因此,近似地取

$$\bar{l}_m = \overline{\left(\frac{v}{\Theta}\right)} \approx \frac{\bar{v}}{\bar{\Theta}}$$

由式(5.4.5)得

$$\bar{l}_m = \frac{1}{\sqrt{2}\pi n\sigma^2} = \frac{0.707}{\pi n\sigma^2} \tag{5.4.14}$$

与泰特平均自由程的结果相差不大。

§5.5　玻耳兹曼微积分方程

从本节开始,将真正进入非平衡态统计理论领域。先在气体分子运动论的基础上,从弹性刚球模型出发,研究由近独立的粒子组成的体系的非平衡态问题。

非平衡统计理论的关键问题在于如何确定非平衡态的分布函数。由于体系处在非平衡态,因此分布函数将不仅是速度 $\boldsymbol{v}$ 的函数,还可能与坐标 $\boldsymbol{r}$、时间 t 有关,即

$$f = f(\boldsymbol{r}, \boldsymbol{v}, t)$$

下面将在一些简化假设下导出 $f(\boldsymbol{r}, \boldsymbol{v}, t)$ 所满足的方程,然后通过求解这一方程,给出 $f(\boldsymbol{r}, \boldsymbol{v}, t)$,再通过求统计平均的手段求出各种物理量并解释宏观实验规律。

记在时刻 $t+dt$,在坐标空间 $\boldsymbol{r}$ 处的体积元 $d\boldsymbol{r}$ 内,速度为 $\boldsymbol{v}$,速度间隔为 $d\boldsymbol{v}$ 的分子数为 $f(\boldsymbol{r}, \boldsymbol{v}, t+dt)d\boldsymbol{r}d\boldsymbol{v}$,当 dt 很小时,对函数 $f(\boldsymbol{r}, \boldsymbol{v}, t+dt)$ 做泰勒展开,准确到一级项,得

$$f(\boldsymbol{r}, \boldsymbol{v}, t+dt)d\boldsymbol{r}d\boldsymbol{v} = \left\{f(\boldsymbol{r}, \boldsymbol{v}, t) + \frac{\partial f}{\partial t}dt\right\}d\boldsymbol{r}d\boldsymbol{v} \tag{5.5.1}$$

因此在 dt 时间内,在 $d\boldsymbol{r}d\boldsymbol{v}$ 内分子数的变化为 $\frac{\partial f}{\partial t}dtd\boldsymbol{r}d\boldsymbol{v}$。引起分子数变化的来源有两个:第一个是由于分子的运动。分子既然具有速度 $\boldsymbol{v}$,在 dt 时间内总要走过一定的距离,因而总有一些分子通过运动进入体积元 $d\boldsymbol{r}$,也总有一些分子通过运动而离开体积元 $d\boldsymbol{r}$,同理,由于分子在运动过程中速度通常会有所变化,在速度空间看来,也总有一些分子的速度进入速度间隔 $d\boldsymbol{v}$ 或离开 $d\boldsymbol{v}$。或者用 μ 空间的语言来说,总有一些代表点由于运动而进入 μ 空间的六维体积元 $d\boldsymbol{r}d\boldsymbol{v}$ 或离开 $d\boldsymbol{r}d\boldsymbol{v}$,由于代表点的运动,从而引起分布函数的变化,记这部分变化为 $\left(\frac{\partial f}{\partial t}\right)_d$。第二个是由于分子之间的碰撞。由于分子的碰撞,使得某些分子在 dt 时间内,经

过碰撞后它们的坐标和速度处在 d$\boldsymbol{r}$d$\boldsymbol{v}$，也有某些原来坐标和速度处在 d$\boldsymbol{r}$d$\boldsymbol{v}$ 的分子，经过碰撞而离开 d$\boldsymbol{r}$d$\boldsymbol{v}$，这同样也会引起分布函数的变化，记这部分变化为$\left(\frac{\partial f}{\partial t}\right)_{\mathrm{c}}$，于是有

$$\frac{\partial f}{\partial t}=\left(\frac{\partial f}{\partial t}\right)_{\mathrm{d}}+\left(\frac{\partial f}{\partial t}\right)_{\mathrm{c}} \tag{5.5.2}$$

先来求$\left(\frac{\partial f}{\partial t}\right)_{\mathrm{d}}$。由于分子的运动，在 $t+\mathrm{d}t$ 时刻处在 $\boldsymbol{r}$ 处单位体积元内的分子是由在 t 时刻处在 $\boldsymbol{r}-\boldsymbol{v}\mathrm{d}t$ 处的分子经过 dt 时间后运动而来。同样，在 $t+\mathrm{d}t$ 时刻速度为 $\boldsymbol{v}$ 处单位速度间隔中的分子是由 t 时刻速度为 $\boldsymbol{v}-\dot{\boldsymbol{v}}\mathrm{d}t$ 的分子经过 dt 时间后加速而来的。而原来在 t 时刻，在$(\boldsymbol{r},\boldsymbol{v})$处在体积元 d$\boldsymbol{r}d\boldsymbol{v}$ 间隔中的分子经过 dt 时间后，由于分子的运动而要离开$(\boldsymbol{r},\boldsymbol{v})$处。因此，由于分子运动使得在 d$t$ 时间内在$(\boldsymbol{r},\boldsymbol{v})$处，在 d$\boldsymbol{r}d\boldsymbol{v}$ 体积元内分子数的变化是

$$(\mathrm{d}f)_{\mathrm{d}}=f(\boldsymbol{r}-\boldsymbol{v}\mathrm{d}t,\boldsymbol{v}-\dot{\boldsymbol{v}}\mathrm{d}t,t)-f(\boldsymbol{r},\boldsymbol{v},t)$$

若 dt 很小，对$f(\boldsymbol{r}-\boldsymbol{v}\mathrm{d}t,\boldsymbol{v}-\dot{\boldsymbol{v}}\mathrm{d}t,t)$做泰勒展开，准确到一级项，得

$$(\mathrm{d}f)_{\mathrm{d}}=f(\boldsymbol{r},\boldsymbol{v},t)-\boldsymbol{v}\frac{\partial f}{\partial \boldsymbol{r}}\mathrm{d}t-\dot{\boldsymbol{v}}\frac{\partial f}{\partial \boldsymbol{v}}\mathrm{d}t-f(\boldsymbol{r},\boldsymbol{v},t)=-\boldsymbol{v}\frac{\partial f}{\partial \boldsymbol{r}}\mathrm{d}t-\dot{\boldsymbol{v}}\frac{\partial f}{\partial \boldsymbol{v}}\mathrm{d}t$$

即

$$\left(\frac{\partial f}{\partial t}\right)_{\mathrm{d}}=-\boldsymbol{v}\frac{\partial f}{\partial \boldsymbol{r}}-\dot{\boldsymbol{v}}\frac{\partial f}{\partial \boldsymbol{v}} \tag{5.5.3}$$

在式(5.5.3)中记$\frac{\partial f}{\partial \boldsymbol{r}}=\nabla_r f$表示 f 在坐标空间中的梯度，$\frac{\partial f}{\partial \boldsymbol{v}}=\nabla_v f$，表示 f 在速度空间中的梯度。$\dot{\boldsymbol{v}}$ 是分子的加速度，根据牛顿定律它等于分子的单位质量所受的外力，以 $\boldsymbol{F}$ 表示，则有

$$\left(\frac{\partial f}{\partial t}\right)_{\mathrm{d}}=-\boldsymbol{v}\frac{\partial f}{\partial \boldsymbol{r}}-\boldsymbol{F}\frac{\partial f}{\partial \boldsymbol{v}} \tag{5.5.4}$$

将式(5.5.4)代入式(5.5.2)得

$$\frac{\partial f}{\partial t}+\boldsymbol{v}\frac{\partial f}{\partial \boldsymbol{r}}+\boldsymbol{F}\frac{\partial f}{\partial \boldsymbol{v}}=\left(\frac{\partial f}{\partial t}\right)_{\mathrm{c}} \tag{5.5.5}$$

这一分布函数 f 所满足的方程称为玻耳兹曼方程，$\left(\frac{\partial f}{\partial t}\right)_{\mathrm{c}}$ 表示由于分子间碰撞所引起的分布函数随时间的变化。为了求出$\left(\frac{\partial f}{\partial t}\right)_{\mathrm{c}}$，先对分子的弹性碰撞做些必要的讨论。

两个质量相同的经典的分子之间的弹性碰撞有哪些特点呢？

为方便起见，只讨论质量相等的分子在无外力场的自由空间中的二体碰撞。令原来入射的两分子的速度分别为 $\boldsymbol{v}_1$ 和 $\boldsymbol{v}_2$，碰撞后出射的速度分别为 $\boldsymbol{v}_1'$ 和 $\boldsymbol{v}_2'$。由于碰撞是弹性碰撞，满足动量守恒定律和能量守恒定律，有

$$\begin{gathered}\boldsymbol{v}_1+\boldsymbol{v}_2=\boldsymbol{v}_1'+\boldsymbol{v}_2'\\ v_1^2+v_2^2=v_1'^2+v_2'^2\end{gathered} \tag{5.5.6}$$

由式(5.5.6)得

$$v_1^2+v_2^2+2\boldsymbol{v}_1\cdot\boldsymbol{v}_2=v_1'^2+v_2'^2+2\boldsymbol{v}_1'\cdot\boldsymbol{v}_2'$$

或

$$\boldsymbol{v}_1\cdot\boldsymbol{v}_2=\boldsymbol{v}_1'\cdot\boldsymbol{v}_2' \tag{5.5.7}$$

$$|\boldsymbol{v}_2-\boldsymbol{v}_1|^2=|\boldsymbol{v}_2'-\boldsymbol{v}_1'|^2 \tag{5.5.8}$$

式(5.5.8)表明，弹性碰撞前后相对速度的模不变，相对速率对弹性碰撞是个不变量。

令 $\hat{e}_n$ 为第一个分子和第二个分子碰撞方向上的单位向量,则有

$$(\boldsymbol{v}_2' - \boldsymbol{v}_1') \cdot \hat{\boldsymbol{e}}_n = -(\boldsymbol{v}_2 - \boldsymbol{v}_1) \cdot \hat{\boldsymbol{e}}_n \tag{5.5.9}$$

即碰撞前后相对速度在碰撞方向上的投影变号。

若一对速度为 $\boldsymbol{v}_1$ 和 $\boldsymbol{v}_2$ 的分子沿 $\hat{\boldsymbol{e}}_n$ 方向做弹性碰撞,碰后速度为 $\boldsymbol{v}_1'$和 $\boldsymbol{v}_2'$,则由于式(5.5.6),可证明若一对速度为 $\boldsymbol{v}_1'$和 $\boldsymbol{v}_2'$的分子沿 $-\hat{\boldsymbol{e}}_n$ 方向做弹性碰撞,其碰后速度必为 $\boldsymbol{v}_1$ 和 $\boldsymbol{v}_2$。若把前者称为正碰撞,后者称为逆碰撞,则逆碰撞实际上是正碰撞的反演或沿相反方向的重复。

引入新变数

$$\boldsymbol{v} = \frac{1}{2}(\boldsymbol{v}_1 + \boldsymbol{v}_2) \tag{5.5.10}$$

$$\boldsymbol{u} = \boldsymbol{v}_2 - \boldsymbol{v}_1 \tag{5.5.11}$$

使从实验室坐标系过渡到相对坐标系,则由式(5.5.6)及式(5.5.8)可见,对质心坐标系有

$$\begin{gathered} \boldsymbol{v} = \boldsymbol{v}' \\ |\boldsymbol{u}| = |\boldsymbol{u}'| \end{gathered} \tag{5.5.12}$$

碰撞前后质心坐标系速度和相对速率不变。为直观起见,可用图示法表示式(5.5.12)。如图5.5.1 所示,由于$|\boldsymbol{u}| = |\boldsymbol{u}'|$,因此向量 $\boldsymbol{u}$ 和 $\boldsymbol{u}'$都是球的直径,弹性碰撞的结果仅是把 $\boldsymbol{u}$ 转到 $\boldsymbol{u}'$,而不改变它的大小。阐明 $\boldsymbol{v}$、$\boldsymbol{u}$ 及 $\boldsymbol{u}'$的转角 θ、φ 的关系就完全决定了碰撞后的情况,θ、φ 称为散射角。

在质心坐标系讨论二体碰撞问题显然比实验室坐标系优越。因为在一般散射问题中,总可以选择一个和质心相对静止的坐标系,即质心坐标系,使质心速度 $\boldsymbol{v}=0$,按式(5.5.12),$\boldsymbol{v}'=0$,在质心坐标系中只需讨论相对速度 $\boldsymbol{u}$ 和 $\boldsymbol{u}'$。因此,如图 5.5.2 所示,在实验室坐标系中的一个二体问题,在质心坐标系中看来实际上就成了单体问题,因为分子 2 的运动是分子 1 运动的相反的情况。知道了分子 1 的运动,就可推知分子 2 的运动,而分子 1 的运动实际上等价于一个分子被固定的力心(图 5.5.2 中的质心 O)散射。

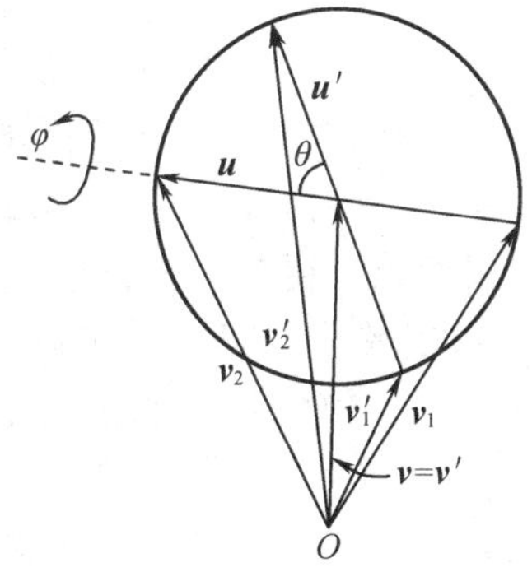

图 5.5.1

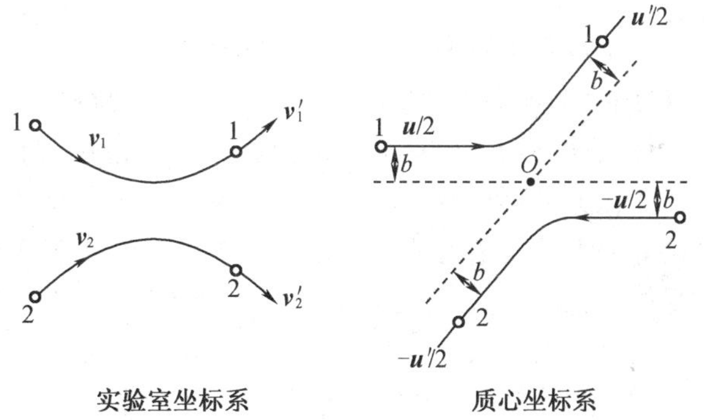

图 5.5.2

为了在质心坐标系中讨论这种散射,想象有一分子以速度 $\boldsymbol{u}$ 接近散射中心 O,它与 O 的垂直距离记为 b,b 称为碰撞参数。如图 5.5.3 所示,选择一个和质心 O 相固定的坐标系,使 O 点就是坐标系的原点,z 轴与入射速度 $\boldsymbol{u}$ 平行,由于$|\boldsymbol{u}| = |\boldsymbol{u}'|$,因此散射后的末态可由两个散射角 θ 和 φ 决定。其中 θ 是 $\boldsymbol{u}'$和 z 轴的夹角,φ 是 $\boldsymbol{u}'$和 z 轴的方向角。必须指出,弹性碰撞的末速度不能由式(5.5.6)完全决定。由于能量守恒和动量守恒合起来只有四个方

程式，而末态的 $\boldsymbol{v}_1'$ 和 $\boldsymbol{v}_2'$ 共有六个分量，有六个未知数，因此还必须给出速度为 $\boldsymbol{v}_1$ 和 $\boldsymbol{v}_2$ 的两个分子的碰撞方向。在质心坐标系看来，就是还需要给定碰撞参数 b。在实验室坐标系中，所有初速度为 $\boldsymbol{v}_1$ 和 $\boldsymbol{v}_2$ 的粒子由于碰撞方向不同所给出的所有可能碰撞，在质心系中相当于碰撞参数 b 取所有可能值的轨迹。这些轨迹可以想象为均匀分布在空间的所有初速度为 $\boldsymbol{u}=\boldsymbol{v}_2-\boldsymbol{v}_1$ 的粒子流，按不同的碰撞参数 b 向固定力心 O 入射，而被 O 散射的情况（图 5.5.3）。

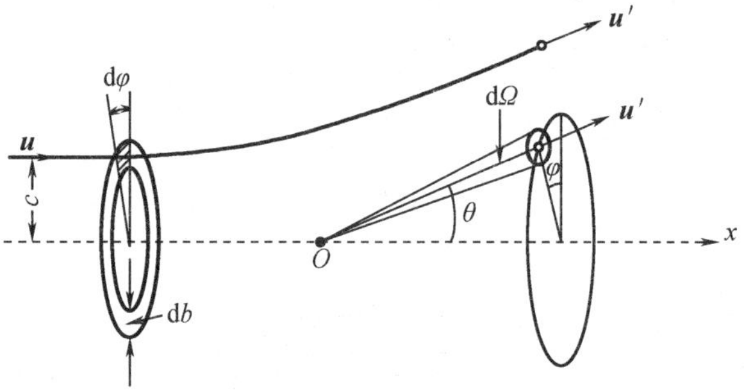

图 5.5.3

在单位时间内，通过垂直于入射方向的单位面积上的分子数为 I，I 称为入射粒子流的通量。在单位时间内，散射到 (θ,φ) 方向，$\mathrm{d}\Omega$ 立体角内的分子数为 $I\sigma(\Omega)\mathrm{d}\Omega$。其中，$\sigma(\Omega)$ 称为微分散射截面，它的物理意义是当入射粒子流的通量 $I=1$ 时，散射到 (θ,φ) 方向上单位立体角内的粒子数，或者说，$\sigma(\Omega)$ 代表一个粒子散射到 (θ,φ) 方向上单位立体角内的概率。显然，散射的关键问题是如何求出 $\sigma(\Omega)$。由图 5.5.3 可见，散射到 (θ,φ) 方向，$\mathrm{d}\Omega$ 立体角内的粒子必然是那些能通过与入射粒子流方向垂直的平面上，面积为 $b\mathrm{d}b\mathrm{d}\varphi$（图 5.5.3 中的阴影部分）的粒子，即

$$I\sigma(\Omega)\mathrm{d}\Omega = Ib\mathrm{d}b\mathrm{d}\varphi \tag{5.5.13}$$

把 $\sigma(\Omega)$ 对全部立体角的积分定义为总散射截面

$$\sigma_{\mathrm{T}} = \int\sigma(\Omega)\mathrm{d}\Omega \tag{5.5.14}$$

易见 $\sigma(\Omega)$，σ_{T} 均依赖于 $|\boldsymbol{u}|$。应当指出，微分散射截面是个在实验上可直接测量的物理量，可以用探测器测量散射到各个不同方向上的粒子数，从而给出 $\sigma(\Omega)$。若分子之间的相互作用势已知，$\sigma(\Omega)$ 也可从理论上算出。因此 $\sigma(\Omega)$ 这个量，在原子核物理学，基本粒子物理学以及在原子、分子物理学中，都起着非常重要的作用。利用实验上得出的 $\sigma(\Omega)$，还可从理论上用各种反散射的方法推求粒子之间的相互作用势，或求出粒子之间相互作用势必须满足的条件。当然，微分散射截面的严格计算应该建立在量子力学的基础上，但本节只讨论经典的处理方法。

先考察微分散射截面 $\sigma(\Omega)$ 所具有的对称性，为此，记

$$\sigma(\Omega) \equiv \sigma(\boldsymbol{v}_1,\boldsymbol{v}_2|\boldsymbol{v}_1',\boldsymbol{v}_2') \tag{5.5.15}$$

Ω 表示 $\boldsymbol{v}_2-\boldsymbol{v}_1$ 和 $\boldsymbol{v}_2'-\boldsymbol{v}_1'$ 之间的方向角 (θ,φ)，显然，对于弹性碰撞，$\sigma(\boldsymbol{v}_1,\boldsymbol{v}_2|\boldsymbol{v}_1',\boldsymbol{v}_2')$ 具有下述性质。

1. 时间反演不变性

将时间 $t\to -t$，每个分子的速度将相反，由图 5.5.2 可见，在质心坐标系看来，碰撞情况与原来相同，微分散射截面不变，即有

$$\sigma(\boldsymbol{v}_1,\boldsymbol{v}_2|\boldsymbol{v}_1',\boldsymbol{v}_2') = \sigma(-\boldsymbol{v}_1',-\boldsymbol{v}_2'|-\boldsymbol{v}_1,-v_2) \tag{5.5.16}$$

2. 正碰撞和逆碰撞之间的不变性

按弹性碰撞的性质，一对初速度为$(\boldsymbol{v}_1,\boldsymbol{v}_2)$的分子，沿$\hat{\boldsymbol{e}}_n$方向经正碰撞而变为一对末速度为$(\boldsymbol{v}_1',\boldsymbol{v}_2')$的分子；则一对初速度为$(\boldsymbol{v}_1',\boldsymbol{v}_2')$的分子，沿$-\hat{\boldsymbol{e}}_n$方向经逆碰撞必变为一对末速度为$(\boldsymbol{v}_1,\boldsymbol{v}_2)$的分子，即

$$(\boldsymbol{v}_1,\boldsymbol{v}_2)\underset{-\hat{\boldsymbol{e}}_n,\text{逆碰撞}}{\overset{\hat{\boldsymbol{e}}_n,\text{正碰撞}}{\rightleftarrows}}(\boldsymbol{v}_1',\boldsymbol{v}_2')$$

因此，正碰撞的微分散射截面必定和逆碰撞的微分散射截面相等，即

$$\sigma(\boldsymbol{v}_1,\boldsymbol{v}_2|\boldsymbol{v}_1',\boldsymbol{v}_2')=\sigma(\boldsymbol{v}_1',\boldsymbol{v}_2'|\boldsymbol{v}_1,\boldsymbol{v}_2) \tag{5.5.17}$$

3. 空间转动不变性和相对于某一给定平面的空间反演不变性

记$\boldsymbol{v}^*$为$\boldsymbol{v}$由经过一个给定的空间转动后而得到的速度矢量；或者是由$\boldsymbol{v}$相对于某一给定的平面做空间反演后而得到的速度矢量，则有

$$\sigma(\boldsymbol{v}_1,\boldsymbol{v}_2|\boldsymbol{v}_1',\boldsymbol{v}_2')=\sigma(\boldsymbol{v}_1^*,\boldsymbol{v}_2^*|\boldsymbol{v}_1'^*,\boldsymbol{v}_2'^*) \tag{5.5.18}$$

应该指出，微分散射截面的这些对称性是相互联系的。

下面利用弹性碰撞的这些特点计算$\left(\dfrac{\partial f}{\partial t}\right)_c$。先引入下述简化假设：

(1)设气体足够稀薄，三个分子碰在一起的概率可以忽略，只需讨论二体碰撞。

(2)假设气体的体积足够大，因而只需考虑气体分子之间的碰撞，气体分子和器壁的碰撞可以忽略不计。

(3)由于外力、外场的因素已在分子的运动过程中做过考虑，因此我们近似地略去外力对碰撞过程中微分散射截面的影响 。

(4)分子混沌性假设：分子运动的速度和位置是两个独立变量，假定分子的分布函数不因在体积元$\mathrm{d}\boldsymbol{r}$内其他分子的速度不同而不同。任何分子的速度分布函数都只是$\boldsymbol{r}$、$\boldsymbol{v}$、t的函数：$f=f(\boldsymbol{r},\boldsymbol{v},t)$，不受附近其他分子的影响，二体相关函数可分解为两个单粒子分布函数的乘积，即

$$F(\boldsymbol{r}_1,\boldsymbol{r}_2,\boldsymbol{v}_1,\boldsymbol{v}_2,t)=f(\boldsymbol{r}_1,\boldsymbol{v}_1,t)f(\boldsymbol{r}_2,\boldsymbol{v}_2,t) \tag{5.5.19}$$

若体系处于平衡态，由于分子运动足够混乱，在速度为$\boldsymbol{v}$的分子附近，平均来说，若有一个速度为$\boldsymbol{v}_1$的分子对它施加影响，就必然能找到另一个速度为$-\boldsymbol{v}_1$的分子对它施加相反的影响，从而使总的效果相互抵消，使得式(5.5.19)总能够得到满足。对非平衡态，一般说来，二体关联是非常重要的。一般地，式(5.5.19)不一定成立。只有在体系偏离平衡态不远的情况下，近似地可认为式(5.5.19)得到满足。通常把满足式(5.5.19)的假设称为分子混沌性假设，因为它表示由于分子运动足够混沌而可略去所有其他分子的关联对$f(\boldsymbol{r},\boldsymbol{v},t)$的影响。

记由于碰撞在单位时间内碰进$\mathrm{d}\boldsymbol{r}\mathrm{d}\boldsymbol{v}$的分子数为$J_{\mathrm{i}}$及由于碰撞在单位时间内碰出$\mathrm{d}\boldsymbol{r}\mathrm{d}\boldsymbol{v}$的分子数为$J_0$。先来计算$J_0$：按照前面的讨论，一个速度为$\boldsymbol{v}_1$的分子在单位时间内与速度在速度间隔$\boldsymbol{v}_2\to\boldsymbol{v}_2+\mathrm{d}\boldsymbol{v}_2$的分子的碰撞数，在质心坐标系中看来应等于通过面积元$b\mathrm{d}b\mathrm{d}\varphi$的入射粒子流$Ib\mathrm{d}b\mathrm{d}\varphi$。而速度在速度间隔$\boldsymbol{v}_2\to\boldsymbol{v}_2+\mathrm{d}\boldsymbol{v}_2$的分子的入射粒子流的通量$I$为

$$I=f(\boldsymbol{r},\boldsymbol{v}_2,t)\mathrm{d}\boldsymbol{v}_2|\boldsymbol{v}_1-\boldsymbol{v}_2|$$

$$Ib\mathrm{d}b\mathrm{d}\varphi=f(\boldsymbol{r},\boldsymbol{v}_2,t)\mathrm{d}\boldsymbol{v}_2|\boldsymbol{v}_1-\boldsymbol{v}_2|b\mathrm{d}b\mathrm{d}\varphi$$

由式(5.5.13)可得

$$Ib\mathrm{d}b\mathrm{d}\varphi=f(\boldsymbol{r},\boldsymbol{v}_2,t)\mathrm{d}\boldsymbol{v}_2|\boldsymbol{v}_1-\boldsymbol{v}_2|\sigma(\Omega)\mathrm{d}\Omega \tag{5.5.20}$$

将式(5.5.20)对 $\boldsymbol{v}_2$ 及立体角 Ω 积分，就得出一个速度为 $\boldsymbol{v}_1$ 的分子的碰撞数。

由于速度在速度间隔 $\boldsymbol{v}_1 \to \boldsymbol{v}_1 + \mathrm{d}\boldsymbol{v}_1$ 的分子数为 $f(\boldsymbol{r},\boldsymbol{v}_1,t)\mathrm{d}\boldsymbol{v}_1$，因此在单位时间内由于碰撞碰出 $\mathrm{d}\boldsymbol{v}_1$ 的分子数是

$$J_0 = f(\boldsymbol{r},\boldsymbol{v}_1,t)\mathrm{d}\boldsymbol{v}_1 \iint f(\boldsymbol{r},\boldsymbol{v}_2,t)\,|\boldsymbol{v}_2 - \boldsymbol{v}_1|\,\sigma(\Omega)\,\mathrm{d}\Omega\mathrm{d}\boldsymbol{v}_2 \tag{5.5.21}$$

再来计算 J_i。由于碰撞是弹性碰撞，若由 $(\boldsymbol{v}_1,\boldsymbol{v}_2)$ 经正碰撞变为速度 $(\boldsymbol{v}_1',\boldsymbol{v}_2')$，则经过弹性碰撞能变回速度为 $(\boldsymbol{v}_1,\boldsymbol{v}_2)$ 的分子必是那些原来速度为 $(\boldsymbol{v}_1',\boldsymbol{v}_2')$ 的分子，也就是经逆碰撞而来的分子。用和推导式(5.5.21)同样的考虑可知，只需将式(5.5.21)中的所有碰前速度 $(\boldsymbol{v}_1,\boldsymbol{v}_2)$ 改为碰后速度 $(\boldsymbol{v}_1',\boldsymbol{v}_2')$，就可得出 J_i，即

$$J_i = f(\boldsymbol{r},\boldsymbol{v}'_1,t)\mathrm{d}\boldsymbol{v}'_1 \iint f(\boldsymbol{r},\boldsymbol{v}'_2,t)\,|\boldsymbol{v}'_2 - \boldsymbol{v}'_1|\,\sigma'(\Omega')\,\mathrm{d}\Omega'\mathrm{d}\boldsymbol{v}'_2 \tag{5.5.22}$$

式中，Ω' 是碰后相对速度与碰前相对速度之间的方向角。由式(5.5.12)、式(5.5.17)得

$$|\boldsymbol{v}_2 - \boldsymbol{v}_1| = |\boldsymbol{v}'_2 - \boldsymbol{v}'_1| \tag{5.5.23}$$

$$\sigma'(\Omega') = \sigma(\Omega)$$

再由式(5.5.10)和式(5.5.11)，得

$$\mathrm{d}\boldsymbol{v}'_1\mathrm{d}\boldsymbol{v}'_2 = \mathrm{d}\boldsymbol{v}'\mathrm{d}\boldsymbol{u}' = \mathrm{d}\boldsymbol{v}'\,|\boldsymbol{u}'|^2\mathrm{d}\,|\boldsymbol{u}'|\,\mathrm{d}\Omega' = \mathrm{d}\boldsymbol{v}\,|\boldsymbol{u}|^2\mathrm{d}\,|\boldsymbol{u}|\,\mathrm{d}\Omega = \mathrm{d}\boldsymbol{v}\mathrm{d}\boldsymbol{u} = \mathrm{d}\boldsymbol{v}_1\mathrm{d}\boldsymbol{v}_2 \tag{5.5.24}$$

将式(5.5.23)及式(5.5.24)代入式(5.5.22)，得在单位时间内，在 $\boldsymbol{r}$ 处的单位体积中，速度在速度间隔 $\boldsymbol{v}_1 \to \boldsymbol{v}_1 + \mathrm{d}\boldsymbol{v}$ 的分子由于碰撞而引起的分布函数的变化是

$$\left(\frac{\partial f(\boldsymbol{r},\boldsymbol{v}_1,t)}{\partial t}\right)\mathrm{d}\boldsymbol{v}_1 = J_i - J_0 = \iint (f'_1f'_2 - f_1f_2)\,|\boldsymbol{v}_2 - \boldsymbol{v}_1|\,\sigma(\Omega)\,\mathrm{d}\Omega\mathrm{d}\boldsymbol{v}_1\mathrm{d}\boldsymbol{v}_2 \tag{5.5.25}$$

右端的积分是对速度 $\boldsymbol{v}_2$ 和立体角 Ω 进行的积分。两端消去 $\mathrm{d}\boldsymbol{v}_1$，并改变记号：记 $\boldsymbol{v}_1$ 为 $\boldsymbol{v}$，$\boldsymbol{v}_2$ 为 $\boldsymbol{v}_1$，式(5.5.25)可改写为

$$\left(\frac{\partial f}{\partial t}\right)_c = \iint (f'f'_1 - ff_1)\,u\sigma(\Omega)\,\mathrm{d}\Omega\mathrm{d}\boldsymbol{v}_1 \tag{5.5.26}$$

式中，$f' \equiv f(\boldsymbol{r},\boldsymbol{v}',t)$；$f \equiv f(\boldsymbol{r},\boldsymbol{v},t)$；$f'_1 \equiv f(\boldsymbol{r},\boldsymbol{v}'_1,t)$；$f_1 \equiv f(\boldsymbol{r},\boldsymbol{v}_1,t)$，将式(5.5.26)代入式(5.5.5)后得

$$\frac{\partial f}{\partial t} + \boldsymbol{v}\frac{\partial f}{\partial \boldsymbol{r}} + \boldsymbol{F}\frac{\partial f}{\partial \boldsymbol{v}} = \iint (f'f'_1 - ff_1)\,u\sigma(\Omega)\,\mathrm{d}\Omega\mathrm{d}\boldsymbol{v}_1 \tag{5.5.27}$$

式(5.5.27)称为玻耳兹曼微分积分方程。它决定了非平衡态的速度分布函数随 $\boldsymbol{r}$、$\boldsymbol{v}$、t 的变化，求解这个方程，原则上就应给出非平衡态的分布函数 $f(\boldsymbol{r},\boldsymbol{v},t)$，并由 $f(\boldsymbol{r},\boldsymbol{v},t)$ 求出相应的热力学量。

实际上，要严格求解式(5.5.27)是十分困难的。这不仅因为它本身是个微分积分方程，求解很不容易，而且因为要从式(5.5.27)中解出 $f(\boldsymbol{r},\boldsymbol{v},t)$，必须先知道 $f(\boldsymbol{r},\boldsymbol{v}_1,t)$、$f(\boldsymbol{r},\boldsymbol{v}',t)$、$f(\boldsymbol{r},\boldsymbol{v}'_1,t)$。这些分布函数 f_1、f'_1、f' 都和分布函数 f 具有相同的函数形式，不同的仅是宗量。如果这些函数已知，就意味着非平衡态的分布函数已知，不必再去求分布函数。从式(5.5.27)出发求分布函数，首先又必须知道分布函数，这本身是个逻辑循环。玻耳兹曼微分积分方程虽然形式上很优美，但实际应用时却只能采取各种近似方法求解。通常采用的是逐步渐近法。由于玻耳兹曼方程只适用于偏离平衡态不远的情况，因此可将平衡态分布函数作为零级近似，假定

$$f' \equiv f^{(0)}(\boldsymbol{r},\boldsymbol{v}',t), \quad f'_1 \equiv f^{(0)}(\boldsymbol{r},\boldsymbol{v}'_1,t), \quad f_1 \equiv f^{(0)}(\boldsymbol{r},\boldsymbol{v}_1,t)$$

$f^{(0)}$ 是麦克斯韦分布，然后由(5.5.27)式解出一级近似下的 $f = f^{(1)}$，再把 f_1、f'_1、f' 用

$f_1^{(1)}$、$f_1'^{(1)}$ 和 $f'^{(1)}$ 代替,代入式(5.5.27)求出二级近似下的 $f=f^{(2)}$……如此反复迭代,直至最后求出满意的解为止。

当然,这样求解是非常麻烦的。通常为简单起见,在偏离平衡态不远的条件下,可设

$$\left(\frac{\partial f}{\partial t}\right)_{\mathrm{c}}=-\frac{f-f^{(0)}}{\tau} \tag{5.5.28}$$

使玻耳兹曼方程简化为

$$\frac{\partial f}{\partial t}+\boldsymbol{v}\frac{\partial f}{\partial \boldsymbol{r}}+\boldsymbol{F}\frac{\partial f}{\partial \boldsymbol{v}}=-\frac{f-f^{(0)}}{\tau} \tag{5.5.29}$$

式中,$f^{(0)}$ 表示平衡态的分布函数。当 $f=f^{(0)}$ 时,体系达到平衡,分子碰撞而引起的分布函数的变化应当为零,这时分子运动足够混乱,单位时间内由于碰撞进入 $\mathrm{d}\boldsymbol{r}\mathrm{d}\boldsymbol{v}$ 的分子数必然等于由于碰撞出去的分子数。因此,选择式(5.5.28)的形式来表示 $\left(\frac{\partial f}{\partial t}\right)_{\mathrm{c}}$ 是适当的。显然,τ 具有时间的量纲。式(5.5.28)右端出现负号是因为希望取 $\tau>0$:当 $f<f^{(0)}$ 时,随着时间的增加($\mathrm{d}t>0$),分子碰撞的结果总是使得体系自发地达到平衡态,因而总是使 f 增加,即 $\left(\frac{\partial f}{\partial t}\right)_{\mathrm{c}}>0$。同理,当 $f>f^{(0)}$ 时,碰撞的结果总是使 f 减小,即 $\left(\frac{\partial f}{\partial t}\right)_{\mathrm{c}}<0$。式(5.5.28)的近似相当于把微分用差分来代替。为了看清楚 τ 的物理意义,注意到平衡态时,$\frac{\partial f^{(0)}}{\partial t}=0$,可将式(5.5.28)改写为

$$\left[\frac{\partial(f-f^{(0)})}{\partial t}\right]_{\mathrm{c}}=-\frac{f-f^{(0)}}{\tau} \tag{5.5.30}$$

解为

$$(f-f^{(0)})=(f-f^{(0)})_0\mathrm{e}^{-\frac{t}{\tau}} \tag{5.5.31}$$

$(f-f^{(0)})_0$ 表示在 $t=0$ 时 $(f-f^{(0)})$ 的值。式(5.5.31)表明,若在 $t=0$ 时取消外来作用,由于碰撞总是使体系趋向平衡态,使 f 接近于 $f^{(0)}$,即使 $f-f^{(0)}$ 越来越小。τ 表示当 $f-f^{(0)}$ 减小为 $t=0$ 时的 $(f-f^{(0)})_0$ 的值的 $\frac{1}{\mathrm{e}}$ 时所需的时间,这就是弛豫时间。通常可近似取 $\tau=\frac{l}{v}$,甚至可取 $\tau=\frac{\bar{l}}{\bar{v}}$ 来进行讨论。

§5.6　BBGKY 理论

由相空间的概念可知,一个由 N 个有相互作用的粒子组成的体系,具有 $6N$ 个独立的位置和动量坐标,它们的运动由哈密顿方程唯一地确定。但是对于实际的 N 个粒子系统,我们很难严格地知道它处于什么状态,而只能知道它处于相空间某一点上的概率,于是状态点可看作是一个随机变量,从而把研究相空间中 N 个粒子系统的哈密顿动力学运动问题变成一个研究概率密度运动问题。经典系统的 N 体概率密度包含的信息比我们需要的多。实际上概率密度的主要应用是求各种观测量的期望值或关联函数,而物理上所涉及的观测

量一般是一体或二体算符,为了求它的期望值,只需要知道一体或二体概率密度。前面我们已讨论过的两种形式的动力学方程(福克－普朗克(Fokker－Planck)方程或玻耳兹曼(Boltzmann)方程)其概率密度函数都是一体的,它们在粒子相互作用方面都有各自的假设,因此适用范围都有限制。例如,玻耳兹曼方程认为粒子间仅出现两体短程相互作用,所以严格讲此方程仅适用于中性稀薄气体(及高温情况)和三体碰撞不重要情况;福克－普朗克方程则认为粒子间主要为多体弱相互作用,完全略去近碰撞,所以此方程不适用高密度情况。因此讨论一般性动力学方程是需要的。这就是从 N 体概率密度的运动方程出发,通过对多余自由度积分,即"约化"步骤得到一体概率密度、二体概率密度至 n 体概率密度的运动方程,这组方程称 BBGKY 系列(依发现者 Bogoliubov、Born、Green、Kirkwood 及 Yvon 而得名)。

为推导一体概率密度、二体概率密度至 n 体的概率密度方程,我们先讨论 N 粒子系统的概率密度分布函数

$$f_N(\boldsymbol{\xi}_1,\boldsymbol{\xi}_2,\cdots,\boldsymbol{\xi}_N,t)$$

归一化条件

$$\frac{1}{V^N}\iint\cdots\int_T f_N(\boldsymbol{\xi}_1,\boldsymbol{\xi}_2,\cdots,\boldsymbol{\xi}_N,t)\,\mathrm{d}^6\xi_1\mathrm{d}^6\xi_2\cdots\mathrm{d}^6\xi_N = 1 \tag{5.6.1}$$

式中,$\boldsymbol{\xi}_1,\xi_2,\cdots,\boldsymbol{\xi}_N$ 为粒子在相空间 Γ 中的坐标,每个 $\boldsymbol{\xi}=(\boldsymbol{r},\boldsymbol{p})$;$V$ 是粒子的相空间体积,实际是归一化因子,有的书上取 V 等于 1。

从 N 粒子系统的概率密度分布函数可以分解出 l 粒子系统概率密度分布函数

$$f_l(\boldsymbol{\xi}_1,\xi_2,\cdots,\boldsymbol{\xi}_l,t) = V^{l-N}\iint\cdots\int f_N(\boldsymbol{\xi}_1,\boldsymbol{\xi}_2,\cdots,\boldsymbol{\xi}_N,t)\,\mathrm{d}^6\xi_{l+1}\mathrm{d}^6\xi_{l+2}\cdots\mathrm{d}^6\xi_N \tag{5.6.2}$$

很容易推出 f_l 也满足相似的归一化关系

$$\frac{1}{V^l}\int f_l(\boldsymbol{\xi}_1,\xi_2,\cdots,\boldsymbol{\xi}_l,t)\,\mathrm{d}^6\xi_1\mathrm{d}^6\xi_2\cdots\mathrm{d}^6\xi_l = 1 \tag{5.6.3}$$

为了推导多粒子系统概率密度分布函数满足的动力学方程,也就是 BBGKY 系列(有时称 BBGKY 链),引入多体系统的哈密顿量

$$H_N = \sum_{i=1}^{N}\left(\frac{p_i^2}{2m}+\varphi(\boldsymbol{r}_i)\right)+\sum_{1\leqslant i\leqslant j\leqslant N}V_{ij} \tag{5.6.4}$$

式中,$\frac{p_i^2}{2m}$是动能项;$\varphi(\boldsymbol{r}_i)$是只与 $\boldsymbol{r}_i$ 有关的位能项(外场部分);V_{ij}是两体相互作用能项。

定义经典泊松括号{ }如下:

$$\{A,B\} = \sum_k\left(\frac{\partial A}{\partial \boldsymbol{r}_k}\cdot\frac{\partial B}{\partial \boldsymbol{p}_k}-\frac{\partial A}{\partial \boldsymbol{p}_k}\cdot\frac{\partial B}{\partial \boldsymbol{r}_k}\right) \tag{5.6.5}$$

为了推导 BBGKY 方程系列,首先计算两个有用的积分:

(1)积分计算多体哈密顿量动能和平均场对多体概率密度函数的泊松括号

$$\begin{aligned}\iint\cdots\int\left\{\left[\frac{p_i^2}{2m}+\varphi(\boldsymbol{r}_i)\right],f_N\right\}\mathrm{d}^6\xi_i &= \iint\left[\nabla_{\boldsymbol{r}_i}-\varphi(\boldsymbol{r}_i)\cdot\nabla_{\boldsymbol{p}_i}f_N-\frac{\boldsymbol{p}_i}{m}\nabla_{\boldsymbol{r}_i}f_N\right]\mathrm{d}\boldsymbol{r}_i\mathrm{d}\boldsymbol{p}_i\\ &= \int\nabla_{\boldsymbol{r}_i}\varphi(\boldsymbol{r}_i)f_N\Big|_{\boldsymbol{p}_i=-\infty}^{\boldsymbol{p}_i=+\infty}\mathrm{d}\boldsymbol{r}_i-\int\frac{\boldsymbol{p}_i}{m}f_N\Big|_{\boldsymbol{r}_i=-\infty}^{\boldsymbol{r}_i=+\infty}\mathrm{d}\boldsymbol{p}_i\end{aligned}$$

因为 f_N 是归一化的,即

$$f_N(\boldsymbol{r}\rightarrow\pm\infty,\boldsymbol{p}\rightarrow\pm\infty)=0$$

故积分

$$\iint\cdots\int\left\{\left[\frac{p_i^2}{2m}+\varphi(\boldsymbol{r}_i)\right],f_N\right\}\mathrm{d}^6\xi_i=0 \tag{5.6.6}$$

(2)积分两体相互作用对多体概率密度函数的泊松括号

$$\begin{aligned}
&\iint\cdots\int\{V_{ij},f_N\}\mathrm{d}^6\xi_i\mathrm{d}^6\xi_j\\
&=\iiiint[\nabla_{r_i}V_{ij}\cdot\nabla_{p_i}f_N+\nabla_{r_j}V_{ij}\cdot\nabla_{p_j}f_N-\nabla_{p_i}V_{ij}\cdot\nabla_{r_i}f_N-\nabla_{p_j}V_{ij}\cdot\nabla_{r_j}f_N]\mathrm{d}\boldsymbol{r}_i\mathrm{d}\boldsymbol{r}_j\mathrm{d}\boldsymbol{p}_i\mathrm{d}\boldsymbol{p}_j\\
&=\iiint\nabla_{r_i}V_{ij}f_N\Big|_{p_i=-\infty}^{p_i=+\infty}\mathrm{d}\boldsymbol{r}_i\mathrm{d}\boldsymbol{r}_j\mathrm{d}\boldsymbol{p}_j+\iiint\nabla_{r_j}V_{ij}f_N\Big|_{p_j=-\infty}^{p_j=+\infty}\mathrm{d}\boldsymbol{r}_i\mathrm{d}\boldsymbol{r}_j\mathrm{d}\boldsymbol{p}_i\\
&=0
\end{aligned} \tag{5.6.7}$$

有了以上两个积分的结果，现在推导 BBGKY 方程系列。出发点是 N 粒子系统的刘维尔方程(省略推导)

$$\frac{\partial f_N}{\partial t}=\{H_N,f_N\} \tag{5.6.8}$$

式中，哈密顿量见式(5.6.4)。

对式(5.6.8)的$(N-l)$个相空间坐标进行积分，便得 l 个粒子动力学方程

$$\begin{aligned}
\frac{\partial f_l}{\partial t}&=V^{l-N}\iint\cdots\int\frac{\partial}{\partial t}f_N(\boldsymbol{\xi}_1,\boldsymbol{\xi}_2\cdots,\boldsymbol{\xi}_N)\mathrm{d}^6\xi_{l+1}\mathrm{d}^6\xi_{l+2}\cdots\mathrm{d}^6\xi_N\\
&=V^{l-N}\iint\cdots\int\left\{\sum_{i=1}^{N}\left[\frac{p_i^2}{2m}+\varphi_i(\boldsymbol{r}_i)\right],f_N\right\}\mathrm{d}^6\xi_{l+1}\mathrm{d}^6\xi_{l+2}\cdots\mathrm{d}^6\xi_N+\\
&\quad V^{l-N}\iint\cdots\int\left\{\sum_{1\leqslant i\leqslant j\leqslant N}V_{ij},f_N\right\}\mathrm{d}^6\xi_{l+1}\mathrm{d}^6\xi_{l+2}\cdots\mathrm{d}^6\xi_N\\
&=V^{l-N}\iint\cdots\int\left\{\sum_{i=1}^{N}\left[\frac{p_i^2}{2m}+\varphi_i(\boldsymbol{r}_i)\right],f_N\right\}\mathrm{d}^6\xi_{l+1}\mathrm{d}^6\xi_{l+2}\cdots\mathrm{d}^6\xi_N+\\
&\quad V^{l-N}\iint\cdots\int\left\{\sum_{1\leqslant i\leqslant j\leqslant l}V_{ij},f_N\right\}\mathrm{d}^6\xi_{l+1}\mathrm{d}^6\xi_{l+2}\cdots\mathrm{d}^6\xi_N+\\
&\quad V^{l-N}\iint\cdots\int\sum_{i=1}^{l}\sum_{j=l+1}^{N}\left(\frac{\partial}{\partial\boldsymbol{r}_i}V_{ij}\frac{\partial}{\partial\boldsymbol{p}_i}f_N-\frac{\partial}{\partial\boldsymbol{p}_i}V_{ij}\frac{\partial}{\partial\boldsymbol{r}_i}f_N\right)\mathrm{d}^6\xi_{l+1}\mathrm{d}^2\xi_{l+2}\cdots\mathrm{d}^6\xi_N+\\
&\quad V^{l-N}\iint\cdots\int\sum_{i=l+1}^{N}\sum_{j=1}^{l}\left(\frac{\partial}{\partial\boldsymbol{r}_i}V_{ij}\frac{\partial}{\partial\boldsymbol{p}_i}f_N-\frac{\partial}{\partial\boldsymbol{p}_i}V_{ij}\frac{\partial}{\partial\boldsymbol{r}_i}f_N\right)\mathrm{d}^6\xi_{l+1}\mathrm{d}^6\xi_{l+2}\cdots\mathrm{d}^6\xi_N
\end{aligned} \tag{5.6.9}$$

在式(5.6.9)的前两项的推导中，使用了式(5.6.6)和式(5.6.7)，即

$$\iint\cdots\int\left\{\sum_{i=l+1}^{N}\left[\frac{p_i^2}{2m}+\varphi(\boldsymbol{r}_i)\right],f_N\right\}\mathrm{d}^6\xi_{l+1}\mathrm{d}^6\xi_{l+2}\cdots\mathrm{d}^6\xi_N=0$$

和

$$\iint\cdots\int\{\sum_{l+1\leqslant i\leqslant j\leqslant N}V_{ij},f_N\}\mathrm{d}^6\xi_{l+1}\mathrm{d}^6\xi_{l+2}\cdots\mathrm{d}^6\xi_N=0$$

对式(5.6.9)的后两项，我们注意到有微分$\frac{\partial}{\partial\boldsymbol{p}_i}V_{ij}$的项应为零，再对最后一项的前面一部分做计算，因为 $i=l+1,l+2,\cdots,N$，故

$$V^{l-N}\iint\cdots\int\sum_{i=l+1}^{N}\sum_{j=1}^{l}\left(\frac{\partial}{\partial\boldsymbol{r}_i}V_{ij}\frac{\partial}{\partial\boldsymbol{p}_i}f_N\right)\mathrm{d}^6\xi_{l+1}\mathrm{d}^6\xi_{l+2}\cdots\mathrm{d}^6\xi_N$$

$$= V^{l-N}\iint\cdots\int\Big(\sum_{i=l+1}^{N}\sum_{j=1}^{l}\frac{\partial}{\partial \boldsymbol{r}_i}V_{ij}f_N\Big|_{\boldsymbol{p}_i=-\infty}^{\boldsymbol{p}_i=+\infty}\Big)\mathrm{d}\boldsymbol{r}_{l+1}\mathrm{d}\boldsymbol{r}_{l+2}\cdots\mathrm{d}\boldsymbol{r}_N = 0$$

式(5.6.9)变为

$$\frac{\partial f_l}{\partial t} = V^{l-N}\iint\cdots\int\Big\{\Big[\sum_{i=1}^{l}\Big(\frac{p_i^2}{2m}+\varphi_i(\boldsymbol{r}_i)\Big)+\sum_{1\leqslant i\leqslant j\leqslant l}V_{ij}\Big],f_N\Big\}\mathrm{d}^6\xi_{l+1}\mathrm{d}^6\xi_{l+2}\cdots\mathrm{d}^6\xi_N +$$
$$V^{l-N}\iint\cdots\int\sum_{i=1}^{l}\sum_{j=l+1}^{N}\Big(\frac{\partial}{\partial \boldsymbol{r}_i}V_{ij}\frac{\partial}{\partial \boldsymbol{p}_i}f_N\Big)\mathrm{d}^6\xi_{l+1}\mathrm{d}^6\xi_{l+2}\cdots\mathrm{d}^6\xi_N \qquad (5.6.10)$$

利用式(5.6.2)

$$f_l(\boldsymbol{\xi}_1,\boldsymbol{\xi}_2,\cdots,\boldsymbol{\xi}_l,t) = V^{l-N}\int f_N(\boldsymbol{\xi}_1,\boldsymbol{\xi}_2,\cdots,\boldsymbol{\xi}_N,t)\,\mathrm{d}^6\xi_{l+1}\mathrm{d}^6\xi_{l+2}\cdots\mathrm{d}^6\xi_N$$

得

$$\frac{\partial f_l}{\partial t} = \Big\{\Big[\sum_{i=1}^{l}\Big(\frac{p_i^2}{2m}+\varphi_i(\boldsymbol{r}_i)\Big)+\sum_{1\leqslant i\leqslant j\leqslant l}V_{ij}\Big],f_l\Big\}+V^{l-N}\iint\cdots\int\sum_{i=1}^{l}\sum_{j=l+1}^{N}(\nabla_{\boldsymbol{r}_i}V_{ij})(\nabla_{\boldsymbol{p}_i}f_N)\mathrm{d}^6\xi_{l+1}\mathrm{d}^6\xi_{l+2}\cdots\mathrm{d}^6\xi_N \qquad (5.6.11)$$

因为函数 $f_N(\boldsymbol{\xi}_1,\boldsymbol{\xi}_2,\cdots,\boldsymbol{\xi}_N,t)$ 对 $\boldsymbol{\xi}_i$ 和 $\boldsymbol{\xi}_j$ 有好的对称性，并且两体相互作用 $V_{ij}(\boldsymbol{r}_i,\boldsymbol{r}_j)$ 对 $\boldsymbol{r}_i$ 和 $\boldsymbol{r}_j$ 有好的对称性，所以对 j 求和 $\sum_{j=l+1}^{N}$ 可以变成乘因子 $(N-l)$，这样两重求和变成一重求和，并且 V_{ij} 可认为等于 $V_{i,l+1}$。

于是

$$\frac{\partial f_l}{\partial t} = \Big\{\Big[\sum_{i=1}^{l}\Big(\frac{p_i^2}{2m}+\varphi_i(\boldsymbol{r}_i)\Big)+\sum_{1\leqslant i\leqslant j\leqslant l}V_{ij}\Big],f_l\Big\}+$$
$$(N-l)V^{l-N}\iint\cdots\int\sum_{i=1}^{l}(\nabla_{\boldsymbol{r}_i}V_{i,l+1})(\nabla_{\boldsymbol{p}_i}f_N)\mathrm{d}^6\xi_{l+1}\mathrm{d}^6\xi_{l+2}\cdots\mathrm{d}^6\xi_N \qquad (5.6.12)$$

注意在式(5.6.12)最后一项中只有函数 $f_N(\boldsymbol{\xi}_1,\boldsymbol{\xi}_2,\cdots,\boldsymbol{\xi}_N,t)$ 含变量 $\xi_{l+1}^6\xi_{l+2}^6\cdots\xi_N^6$，因此可利用公式

$$f_{l+1}(\boldsymbol{\xi}_1,,\boldsymbol{\xi}_2,\cdots,\boldsymbol{\xi}_{l+1},t) = V^{l+1-N}\iint\cdots\int f_N(\boldsymbol{\xi}_1,\boldsymbol{\xi}_2,\cdots,\boldsymbol{\xi}_{l+1},t)\,\mathrm{d}^6\xi_{l+2}\mathrm{d}^6\xi_{l+2}\cdots\mathrm{d}^6\xi_N$$

消去其中的变量 $\xi_{l+2}^6\cdots\xi_N^6$。

这样一来，积分

$$\iint\cdots\int\sum_{i=1}^{l}(\nabla_{\boldsymbol{r}_i}V_{i,l+1})(\nabla_{\boldsymbol{p}_i}f_N)\mathrm{d}^6\xi_{l+1}\xi_{l+2}^6\cdots\mathrm{d}^6\xi_N$$
$$=\iint\cdots\int\sum_{i=1}^{l}(\nabla_{\boldsymbol{r}_i}V_{i,l+1})\mathrm{d}^6\xi_{l+1}(\nabla_{\boldsymbol{p}_i}f_N)\mathrm{d}^6\xi_{l+2}\cdots\mathrm{d}^6\xi_N$$
$$=\iint\cdots\int\sum_{i=1}^{l}(\nabla_{\boldsymbol{r}_i}V_{i,l+1})\frac{1}{V^{l+1-N}}(\nabla_{\boldsymbol{p}_i}f_{l+1})\mathrm{d}^6\xi_{l+1} \qquad (5.6.13)$$

BBGKY 方程系列为

$$\frac{\partial f_l}{\partial t} = \{H_l,f_l\} + \frac{N-l}{V}\iint\cdots\int\sum_{i=1}^{l}(\nabla_{\boldsymbol{r}_i}V_{i,l+1})(\nabla_{\boldsymbol{p}_i}f_{l+1})\mathrm{d}^6\xi_{l+1} \qquad (5.6.14)$$

这是与刘维尔方程等价的精确的一般性方程。从方程可知，若要求单粒子概率密度分布函数 $f_1(\boldsymbol{\xi}_1,t)$，就必须知道两体分布函数 $f_2(\boldsymbol{\xi}_1,\boldsymbol{\xi}_2,t)$，要想知道 f_l，必须先知道 f_{l+1}，以此类推。

因此这是一组隐式方程。但是在许多实际物理问题中,我们可以假设或近似知道二级或更高级相关函数,从而使问题得到解决。因此通常的做法是要截断 BBGKY 链,问题的关键是引入什么假设,使方程封闭。现在来看有两种简单情况。

(1)首先考虑一级 BBGKY 系列方程,称为 Vlasov 方程,它是描述单粒子概率分布函数随时间演化的方程。

在式(5.6.14)中,当 $l=1$ 时,概率密度分布函数 $f_1(\boldsymbol{r}_1,\boldsymbol{p}_1,t)$ 满足的 BBGKY 方程是

$$\frac{\partial f_1}{\partial t}=\left\{\left[\frac{p_1^2}{2m}+\varphi(\boldsymbol{r}_1)\right],f_1\right\}+\frac{N-1}{V}\iint[\nabla_{r_1}V(\boldsymbol{r}_1,\boldsymbol{r}_2)]\cdot[\nabla_{p_1}f_2(\boldsymbol{r}_1,\boldsymbol{p}_1,\boldsymbol{r}_2,\boldsymbol{p}_2,t)\mathrm{d}\boldsymbol{r}_2\mathrm{d}\boldsymbol{p}_2] \tag{5.6.15}$$

对于统计物理的对象 $N\gg1$,所以 $N-1\approx N$。

现在讨论两粒子概率密度函数 $f_2(\boldsymbol{r}_1,\boldsymbol{p}_1,\boldsymbol{r}_2,\boldsymbol{p}_2,t)$ 的性质。因为 f_2 表示在 t 时刻 1 个粒子处在 $(\boldsymbol{r}_1,\boldsymbol{p}_1)$ 处,另一个粒子处在 $(\boldsymbol{r}_2,\boldsymbol{p}_2)$ 处的概率,当 $f_2(\boldsymbol{r}_1,\boldsymbol{p}_1,\boldsymbol{r}_2,\boldsymbol{p}_2,t)=f_1(\boldsymbol{r}_1,\boldsymbol{p}_1,t)f_1(\boldsymbol{r}_2,\boldsymbol{p}_2,t)$ 时表示处在 $(\boldsymbol{r}_1,\boldsymbol{p}_1)$ 处的粒子与处在 $(\boldsymbol{r}_2,\boldsymbol{p}_2)$ 处的粒子完全没有关联,即彼此独立,这就是单粒子情况。这样一来,式(5.6.15)的第二部分成为

$$\begin{aligned}&\frac{N}{V}\iint[\nabla_{r_1}V(\boldsymbol{r}_1,\boldsymbol{r}_2)\cdot\nabla_{p_1}f_1(\boldsymbol{r}_1,\boldsymbol{p}_1,t)f_1(\boldsymbol{r}_2,\boldsymbol{p}_2,t)]\mathrm{d}\boldsymbol{r}_2\mathrm{d}\boldsymbol{p}_2\\&=\frac{N}{V}\nabla_{r_1}\left[\iint V(\boldsymbol{r}_1,\boldsymbol{r}_2)f_1(\boldsymbol{r}_2,\boldsymbol{p}_2,t)\mathrm{d}\boldsymbol{r}_2\mathrm{d}\boldsymbol{p}_2\right]\cdot\nabla_{p_1}f_1(\boldsymbol{r}_1,\boldsymbol{p}_1,t)\\&=\nabla_{r_1}\Phi(\boldsymbol{r}_1)\cdot\nabla_{p_1}f_1(\boldsymbol{r}_1,\boldsymbol{p}_1,t)\end{aligned}$$

这里,令

$$\Phi(\boldsymbol{r}_1)=\frac{N}{V}\iint V(\boldsymbol{r}_1,\boldsymbol{r}_2)f_1(\boldsymbol{r}_2,\boldsymbol{p}_2,t)\mathrm{d}\boldsymbol{r}_2\mathrm{d}\boldsymbol{p}_2$$

$\Phi(\boldsymbol{r}_1)$ 表示 t 时刻处于 $(\boldsymbol{r}_1,\boldsymbol{p}_1)$ 的粒子受周围其他粒子作用势之和,相当于平均场。

因此式(5.6.15)有

$$\frac{\partial f_1(\boldsymbol{r}_1,\boldsymbol{p}_1,t)}{\partial t}+\left\{\frac{\boldsymbol{p}_1}{m}\nabla_{r_1}-\nabla_{r_1}[\varphi(\boldsymbol{r}_1)+\Phi(\boldsymbol{r}_1)]\cdot\nabla_{p_1}\right\}f_1(\boldsymbol{r}_1,\boldsymbol{p}_1,t)=0$$

省略下角标 1,于是有

$$\frac{\partial f(\boldsymbol{r},\boldsymbol{p},t)}{\partial t}+\left\{\frac{\boldsymbol{p}}{m}\nabla_{r}-\nabla_{r}[\varphi(\boldsymbol{r})+\Phi(\boldsymbol{r})]\cdot\nabla_{p}\right\}f(\boldsymbol{r},\boldsymbol{p},t)=0 \tag{5.6.16}$$

这就是有名的 Vlasov 方程。在这一方程中碰撞项 $\Phi(\boldsymbol{r})$ 起到一个平均场的作用,与外场势能项 $\varphi(\boldsymbol{r})$ 合并。这个方程对时间是可逆的,即将 $t\to-t,\boldsymbol{p}\to-\boldsymbol{p}$,结果得到的关于 $f(\boldsymbol{r},-\boldsymbol{p},-t)$ 的方程形式与式(5.6.16)相同,所以它不能用来描述趋向平衡过程。BBGKY 方程系列的第一级方程就是 Vlasov 方程,这是 BBGKY 方程系列最简单的情况。

(2)现在研究 BBGKY 方程系列的第二组方程,即 $l=2$ 时 $f_2(\boldsymbol{r}_1,\boldsymbol{p}_1;\boldsymbol{r}_2,\boldsymbol{p}_2,t)$ 应满足的方程

$$\frac{\partial f_2}{\partial t}=\{H_2,f_2\}+\frac{N-2}{V}\iint\sum_{i=1}^{2}(\nabla_{r_i}V_{i,3})\cdot(\nabla_{p_i}f_3)\mathrm{d}\boldsymbol{r}_3\mathrm{d}\boldsymbol{p}_3 \tag{5.6.17}$$

式中

$$H_2=\sum_{i=1}^{2}\left[\frac{p_i^2}{2m}+\varphi(\boldsymbol{r}_i)\right]+V_{12}$$

故

$$\frac{\partial f_2}{\partial t} = \nabla_{r_1}[\varphi(\boldsymbol{r}_1) + V(|\boldsymbol{r}_1 - \boldsymbol{r}_2|)] \cdot \nabla_{p_1} f_2 - \frac{\boldsymbol{p}_1}{m} \cdot \nabla_{r_1} f_2 + \nabla_{r_2}[\varphi(\boldsymbol{r}_2) + V(|\boldsymbol{r}_1 - \boldsymbol{r}_2|)] \cdot \nabla_{p_2} f_2 - \frac{\boldsymbol{p}_2}{m} \cdot \nabla_{r_2} f_2 + \frac{N}{V}\iint [\nabla_{r_1} V(|\boldsymbol{r}_1 - \boldsymbol{r}_3|) \cdot \nabla_{p_1} f_3 + \nabla_{r_2} V(|\boldsymbol{r}_2 - \boldsymbol{r}_3|) \cdot \nabla_{p_2} f_3] \mathrm{d}\boldsymbol{r}_3 \mathrm{d}\boldsymbol{p}_3 \tag{5.6.18}$$

现在引入一些物理假定来截断 BBGKY 链。

(1)假定三次碰撞不重要,即 $f_3=0$。如果物质密度不是非常大,或压力不是非常大,这个假定一般是成立的。这样式(5.6.18)变为

$$\frac{\partial f_2}{\partial t} + \left(\frac{\boldsymbol{p}_1}{m} \cdot \nabla_{r_1} f_2 + \frac{\boldsymbol{p}_2}{m} \cdot \nabla_{r_2} f_2\right) - (\nabla_{r_1}\varphi(\boldsymbol{r}_1) \cdot \nabla_{p_1} f_2 + \nabla_{r_2}\varphi(\boldsymbol{r}_2) \cdot \nabla_{p_2} f_2) = \nabla_{r_1} V(|\boldsymbol{r}_1 - \boldsymbol{r}_2|) \cdot \nabla_{p_1} f_2 + \nabla_{r_2}(|\boldsymbol{r}_1 - \boldsymbol{r}_2|) \cdot \nabla_{p_2} f_2 \tag{5.6.19}$$

这就是一般的两体玻耳兹曼方程,其中等式左边第二项是漂移项,第三项是由外场造成的扩散项,等式右边是两体相互作用项。

(2)如果对两体相互作用的形式加以限制,即做进一步简化,认为两体相互作用是一种碰撞机制且碰撞时间远小于两次碰撞之间的时间间隔,即碰撞是瞬时的短程力 $|\boldsymbol{r}_1 - \boldsymbol{r}_2| \leqslant R_0$,$R_0$ 是待研究体系特征尺度。在这种情况下,外场 $\varphi(\boldsymbol{r})$ 变化很小,可认为 $\nabla_{r_1}\varphi(\boldsymbol{r}_1) \approx 0$,$\nabla_{r_2}\varphi(\boldsymbol{r}_2) \approx 0$,同时可视为 f_2 随时间变化慢,即 $\frac{\partial f_2}{\partial t} \approx 0$。

因此,式(5.6.19)可进一步简化为

$$\left\{[\nabla_{r_1} V(|\boldsymbol{r}_1 - \boldsymbol{r}_2|)] \cdot \nabla_{p_1} + [\nabla_{r_2} V(|\boldsymbol{r}_1 - \boldsymbol{r}_2|)] \cdot \nabla_{p_2} - \frac{\boldsymbol{p}_1}{m} \cdot \nabla_{r_1} - \frac{\boldsymbol{p}_2}{m} \cdot \nabla_{r_2}\right\} \cdot f_2(\boldsymbol{r}_1, \boldsymbol{p}_1; \boldsymbol{r}_2, \boldsymbol{p}_2, t) = 0 \tag{5.6.20}$$

这是考虑粒子间短程相互作用的两体玻耳兹曼方程。

总之,BBGKY 方程系列可根据物理需要和可能做的物理近似得到相应的封闭方程。

第6章　量子力学路径积分方法

路径积分途径是 R. P. Feynman 首先提出来的。这个问题的提出源于一个思想，就是找寻经典力学和量子力学的联系。众所周知，经典力学研究的对象是粒子轨迹，而量子力学则研究粒子出现的概率振幅。发展一种理论途径将两者紧密联系起来，这是 Feynman 长期思考的问题。他在著名的 California Institute of Technology 院校教授量子力学时，就采用了这种新的思路。在此期间他的学生 A. R. Hibbs 进一步研究了路径积分方法，并整理出一套笔记，形成了《量子力学和路径积分》一书。现在这个理论已经得到广泛发展，并在统计物理、量子场论、核物理等方面得到广泛应用。现在就从量子力学的基本概念出发，对路径积分的基本理论和推演方法做一简单介绍。

1. 粒子运动描述

假定一个粒子在初始时刻 t_a 处在位置 x_a，在 t_b 时刻运动到位置 x_b，表示经典运动轨迹的函数 $x(t)$，故有 $x(t_a)=x_a, x(t_b)=x_b$。

而量子力学描述粒子存在用波函数 $\psi(x)$，粒子在某处 x 出现的概率写为 $P(x)=\psi^*(x)\psi(x)$。对于粒子从 a 点运动到 b 点的量子力学描述，是用一个概率振幅，称为传播子，表述为 $K(b,a)$。它包括了所有从 a 点到 b 点运动轨迹贡献的总和。这与经典力学情况不同。在经典力学中，从 a 点到 b 点运动只有一条特定的轨道，称为经典轨道，表述为 $\bar{x}(t)$。量子力学的概率振幅是一个事件可能发生的各种选择的概率之和，当我们讨论一个粒子从 a 点到 b 点的运动时，把它看成是时间和空间的函数，因此概率振幅将与每个可能运动联系起来，总概率将是每个可能路径贡献之和。

2. 经典作用量

已知从 a 点到 b 点存在许多可能的运动路径(轨道)，其中有一条特殊的路径，满足最小作用量原理，这条轨道称为经典轨道。从力学中可知，每条轨道都有作用量

$$S=\int_{t_a}^{t_b} L(\dot{x},x,t)\,\mathrm{d}t \tag{6.1}$$

式中，$L(\dot{x},x,t)$ 是拉氏量。对质量为 m，在势能 $V(x,t)$ 中运动的粒子，拉氏量为

$$L=\frac{1}{2}m\dot{x}^2-V(x,t) \tag{6.2}$$

现在寻找使作用量 S 极小的那条经典轨道 $\bar{x}(t)$，这一般通过变分法来实现。

令 $\delta x(t)$ 表示与路径 $\bar{x}(t)$ 的偏离量。因为 $\bar{x}(t)$ 的两个端点 x_a、x_b 固定，所以要求

$$\delta x(t_a)=\delta x(t_b)=0 \tag{6.3}$$

路径 $\bar{x}$ 使作用量 S 是极值的条件是

$$\delta S=S(\bar{x}+\delta x)-S(\bar{x})=0 \tag{6.4}$$

展开到 δx 的一级并根据 $S(x)$ 的定义，有

$$S(x+\delta x) = \int_{t_a}^{t_b} L(\dot{x}+\delta\dot{x}, x+\delta x, t)\,\mathrm{d}t$$
$$= \int_{t_a}^{t_b} \left[L(\dot{x},x,t) + \delta\dot{x}\frac{\partial L}{\partial \dot{x}} + \delta x \frac{\partial L}{\partial x} \right]\mathrm{d}t$$
$$= S(x) + \int_{t_a}^{t_b}\left(\delta\dot{x}\frac{\partial L}{\partial \dot{x}} + \delta x\frac{\partial L}{\partial x}\right)\mathrm{d}t \tag{6.5}$$

通过分部积分,S 的变分为

$$\delta S = \int_{t_a}^{t_b}\delta L(\dot{x},x,t)\,\mathrm{d}t = \int_{t_a}^{t_b}\left(\delta\dot{x}\frac{\partial L}{\partial \dot{x}} + \delta x\frac{\partial L}{\partial x}\right)\mathrm{d}t = \delta x\frac{\partial L}{\partial \dot{x}}\bigg|_{t_a}^{t_b} - \int_{t_a}^{t_b}\delta x\left[\frac{\mathrm{d}}{\mathrm{d}t}\left(\frac{\partial L}{\partial \dot{x}}\right) - \frac{\partial L}{\partial x}\right]\mathrm{d}t \tag{6.6}$$

因为 $\delta x(t_b)=\delta x(t_a)=0$,所以式(6.6)第一项为零。

又因为在两端点中间 δx 是任意值,因此要使 δS 为零,必须有

$$\frac{\mathrm{d}}{\mathrm{d}t}\left(\frac{\partial L}{\partial \dot{x}}\right) - \frac{\partial L}{\partial x} = 0 \tag{6.7}$$

这就是经典的拉格朗日运动方程。在经典力学中,作用量积分 S 是很重要的,不仅对计算相应经典轨道的作用量 S_{cl} 重要,而且为了找到最小作用量轨道取什么样的作用量积分很重要,这不仅涉及相应经典轨道作用量 S_{cl} 的计算,而且还涉及为了找寻最小作用量轨道必须知道与它相邻的其他轨道的作用量计算。在量子力学中,作用量积分的形式和特定作用量 S_{cl} 的值都是重要的。现在列举两个经典作用量积分 S_{cl} 计算的例子:

【例 6.1】 计算相应自由粒子经典轨道的作用量。

对自由粒子有

$$L = \frac{1}{2}m\dot{x}^2$$
$$T = t_b - t_a$$
$$S_{\mathrm{cl}} = \frac{1}{2}m\frac{(x_b - x_a)^2}{t_b - t_a}$$

【例 6.2】 谐振子。

$$L = \frac{1}{2}m\dot{x}^2 - \frac{1}{2}m\omega^2x^2$$
$$T = t_b - t_a$$
$$S_{cl} = \frac{m\omega}{2\sin\omega T}(x_a^2 + x_b^2)\cos\omega T - 2x_ax_b \tag{6.8}$$

3. 量子力学的概率振幅

现在可以给出量子力学的规则了。我们必须知道,在从 a 点运动到 b 点的过程中,每个轨道对总概率振幅的贡献的多少;其实不仅是那条特定的经典极值路径有贡献,而是所有路径都有贡献。所有轨道对总概率振幅贡献的大小是相等的,但贡献的相角却不相同。给定路径对相角的贡献等于该路径的作用量除以量子力学作用量 $\hbar$。概括来说,从时刻 t_a 的点 x_a 到时刻 t_b 的点 x_b 的概率 $P(b,a)$ 是 a 到 b 的概率振幅的绝对值平方:$P(b,a)=|K(b,a)|^2$。概率振幅 $K(b,a)$ 是每条路径的贡献 $\phi[x(t)]$ 之和:

$$K(b,a) = \sum_{\text{从}a\text{点到}b\text{点的所有路径}} \phi[x(t)] \tag{6.9}$$

一条路径的贡献具有一个与作用量 S 成正比的相角：

$$\phi[x(t)]=\text{常数}\cdot e^{\left(\frac{i}{\hbar}\right)S[x(t)]} \tag{6.10}$$

这个作用量 S 就是相应的经典系统的作用量(式(6.1))。为了方便,我们选择该式(6.10)中的常数来使 K 归一化,下面再讨论路径求和的问题。

4. 路径求和

虽然概率振幅是每条路径贡献之和的定性概念是清楚的,但是对这样求和给出精确数学定义是需要着重讨论的。可以先来简单地看一下普通的黎曼积分,一个曲线下的面积 A 是曲线上所有纵坐标乘一个小间隔 $\hbar$ 之积的和

$$A=\lim\left|\hbar\sum_i f(x_i)\right| \tag{6.11}$$

我们可以按照类似的方法来定义对全部路径求和的概念。首先选择全部路径的一个子集。为做到这一点,我们将时间自变量分成宽为 ε 的各个区间,于是在 t_a 和 t_b 之间得到一系列间距为 ε 的 t_i 值,在每一时刻 t_i,选定某个特殊点 x_i,将所有点用折线连接起来,就构造了一条路径。对这种方式构造的全部路径定义一个求和是可能的,办法是对 1 到 $N-1$ 之间 i 的所有 x_i 值取多重积分,这里

$$\begin{gathered}N_\varepsilon=t_b-t_a,\varepsilon=t_{i+1}-t_i\\ t_0=t_a,t_N=t_b,x_0=x_a,x_N=x_b\end{gathered} \tag{6.12}$$

得出的方程为

$$K(b,a)\sim\iint\cdots\int\varphi[x(t)]\,dx_1dx_2\cdots dx_{N-1} \tag{6.13}$$

我们并不对 x_0 和 x_N 积分,因为它们是固定的端点 x_a 和 x_b,这个方程与式(6.11)相当。在目前情况下,使 ε 更小就可得到更能代表 a 和 b 之间所有可能路径完全集的表达式。但是还需考虑依赖于 ε 的归一化因子。对于一般情况定义这样一个归一化因子是困难的。但是对于许多有实际价值的情况,我们能够给出归一化因子的定义。例如,考虑表达式(6.2)给出的拉氏函数的情况,可以给出归一化因子为 A^{-N},这里

$$A=\left(\frac{2\pi i\hbar\varepsilon}{m}\right)^{\frac{1}{2}} \tag{6.14}$$

以后我们会看到这个结果是怎样得到的,有了这个因子可以写出

$$K(b,a)=\lim_{\varepsilon\to0}\frac{1}{A}\iint\cdots\int e^{\left(\frac{i}{\hbar}S[b,a]\right)}\frac{dx_1}{A}\frac{dx_2}{A}\cdots\frac{dx_{N-1}}{A} \tag{6.15}$$

其中

$$S[b,a]=\int_{t_a}^{t_b}L(\dot{x},x,t)\,dt \tag{6.16}$$

是通过点 x_i 的轨道上的线积分,在各点间可取直线段。当然也可用更精致的办法来定义这个路径,就是在 i 与 $i+1$ 之间可以不用直线段,而用经典轨道的相应节段。这样一来,对 $S[b,a]$ 的积分可以用沿经典轨道的积分,用特殊符号 $Dx(t)$ 表示对 $dx_1dx_2\cdots dx_{N-1}$ 积分,因此式(6.15)写成

$$K[b,a]=\int_a^b e^{\left(\frac{i}{\hbar}S[b,a]\right)}Dx(t) \tag{6.17}$$

它被称为路径积分。这就是简单的路径积分的一般概念。

5. 计算路径积分的实例

在讨论路径积分一般概念的基础上，本节给出计算路径积分的实际例子。首先考虑一个沿直线运动的点粒子，其坐标用 x 表示，动量算符写为 $-\mathrm{i}\frac{\mathrm{d}}{\mathrm{d}x}$（有时用 $\hat{k}$ 表示），在这里取 $\hbar=1$，这在量子力学讨论中是经常使用的，仅是为了书写的方便。

动量算符的本征态写为 $|k\rangle$，在 x 表象中波函数表示为

$$\langle x|k\rangle=\frac{1}{\sqrt{L}}\mathrm{e}^{\mathrm{i}kx}\quad \hbar=1 \tag{6.18}$$

式中，L 是周期性边界的长度，通常取极限 $L\to\infty$。

在坐标空间中动量算符的任意函数的矩阵元是

$$\left\langle x'\left|f\left(-\mathrm{i}\frac{\mathrm{d}}{\mathrm{d}x}\right)\right|x\right\rangle=\sum_{kk'}\langle x'|k'\rangle\left\langle k'\left|f\left(-\mathrm{i}\frac{\mathrm{d}}{\mathrm{d}x}\right)\right|k\right\rangle\langle k|x\rangle$$

在这里用本征态 $|k\rangle$ 的完备性 $\sum_k|k'\rangle\langle k|=1$。

所以

$$\left\langle x'\left|f\left(-\mathrm{i}\frac{\mathrm{d}}{\mathrm{d}x}\right)\right|x\right\rangle=\sum_k\frac{1}{L}f\left(-\mathrm{i}\frac{\mathrm{d}}{\mathrm{d}x}\right)\mathrm{e}^{\mathrm{i}k(x'-x)}$$

将求和 $\sum_k\frac{1}{L}$ 变成积分有 $\sum_k\frac{1}{L}\to\int\frac{\mathrm{d}k}{2\pi}$，这里积分限从 $-\infty$ 到 ∞。

$$\langle x'|f(k)|x\rangle=\int\frac{\mathrm{d}k}{2\pi}f(k)\mathrm{e}^{\mathrm{i}k(x'-x)} \tag{6.19}$$

现在考虑动能的矩阵元：

动能算符是

$$K_{\mathrm{e}}=-\frac{\hbar^2}{2\mu}\frac{\mathrm{d}^2}{\mathrm{d}x^2} \tag{6.20}$$

为简单起见，取质量 $\mu=1$，$\hbar=1$，则

$$K_{\mathrm{e}}=-\frac{1}{2}\frac{\mathrm{d}^2}{\mathrm{d}x^2}=\frac{1}{2}k^2\quad k=-\mathrm{i}\frac{\mathrm{d}}{\mathrm{d}x}$$

应用上面推导的公式

$$\langle x'|\mathrm{e}^{-\mathrm{i}\varepsilon K_{\mathrm{e}}}|x\rangle=\langle x'|\mathrm{e}^{-\mathrm{i}\varepsilon\frac{1}{2}k^2}|x\rangle=\int\frac{\mathrm{d}k}{2\pi}\mathrm{e}^{-\mathrm{i}\frac{1}{2}\varepsilon k^2+\mathrm{i}k(x'-x)}$$

做变量变换 $z=k-\frac{x'-x}{\varepsilon}$，则

$$\langle x'|\mathrm{e}^{-\mathrm{i}\varepsilon K_{\mathrm{e}}}|x\rangle=\int\frac{\mathrm{d}z}{2\pi}\mathrm{e}^{-\mathrm{i}\frac{1}{2}\varepsilon z^2+\frac{\mathrm{i}\frac{1}{2}(x'-x)^2}{\varepsilon}}$$

已知积分

$$\int_{-\infty}^{\infty}\mathrm{e}^{-\mathrm{i}\frac{1}{2}\varepsilon z^2}\mathrm{d}z=\sqrt{\frac{2\pi}{\mathrm{i}\varepsilon}} \tag{6.21}$$

所以

$$\langle x'|\mathrm{e}^{-\mathrm{i}\varepsilon K_{\mathrm{e}}}|x\rangle=\left(\frac{1}{2\pi\mathrm{i}\varepsilon}\right)^{\frac{1}{2}}\mathrm{e}^{\frac{\mathrm{i}\frac{1}{2}(x'-x)^2}{\varepsilon}} \tag{6.22}$$

项 $\mathrm{e}^{\frac{\mathrm{i}\frac{1}{2}(x'-x)^2}{\varepsilon}}$ 中，因为指数有 i，所以称赝高斯。当 $\varepsilon\to0$ 时，$\mathrm{e}^{\frac{\mathrm{i}\frac{1}{2}(x'-x)^2}{\varepsilon}}\to\delta(x'-x)$。

现在考虑在位势 $V(x)$ 运动的粒子,其哈密顿量 H 是

$$H = K + V(x) = -\frac{1}{2}\frac{\mathrm{d}^2}{\mathrm{d}x^2} + V(x) \tag{6.23}$$

为简单起见,这里同样取 $\hbar = 1$,质量 $\mu = 1$。

对这样的哈密顿量其含时的薛定谔方程是

$$H|t\rangle = \mathrm{i}\frac{\partial}{\partial t}|t\rangle \tag{6.24}$$

$|t\rangle$是含时波函数,它的形式解是

$$|t'\rangle = \mathrm{e}^{-\mathrm{i}H(t'-t)}|t\rangle \tag{6.25}$$

它反映了 t'时刻波函数与 t 时刻波函数的关系,在 x 表象中有

$$\langle x'|t'\rangle = \int \mathrm{d}x \langle x'|\mathrm{e}^{-\mathrm{i}(t'-t)H}|x\rangle\langle x|t\rangle \tag{6.26}$$

因为 H 不显含 t,所以它的本征矢量可以以$|a\rangle$表示,有

$$H|a\rangle = E_a|a\rangle, \langle a'|a\rangle = \delta_{a'a}$$

在 x 表象中从 t 时刻位置 x 到 t'时刻位置 x'的传播子或格林函数表示为

$$\begin{aligned}\langle x'|\mathrm{e}^{-\mathrm{i}(t'-t)H}|x\rangle &= \sum_{a'a}\langle x'|a'\rangle\langle a'|\mathrm{e}^{-\mathrm{i}(t'-t)H}|a\rangle\langle a|x\rangle \\ &= \sum_{a}\psi_{a'}(x')\psi_a^*(x)\mathrm{e}^{-\mathrm{i}(t'-t)E_a}\end{aligned} \tag{6.27}$$

式中,$\langle x'|a'\rangle = \psi_{a'}(x')$。

6. 从哈密顿算符到路径积分

现在讨论如何真正计算传播子$\langle x'|\mathrm{e}^{-\mathrm{i}(t'-t)H}|x\rangle$。根据费曼(Feynman)的理论,可将时间 $t'-t$ 分成 N 个小区间,每个小区间长度 ε(图 6.1),即 $t'-t = N\varepsilon$。当 $\varepsilon\to 0$ 时,$N = \frac{t'-t}{\varepsilon}\to\infty$,且

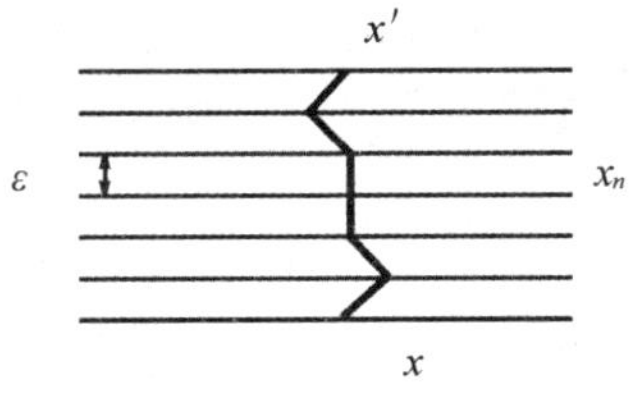

图 6.1　路径积分示意图

$$t_N = t'$$

$$t_n = t + n\varepsilon$$

$$x_n = x(t_n)$$

$$x = x_0, x_1, x_2, \cdots, x_N = x'$$

$$t_0 = t$$

因此

$$\begin{aligned}\langle x'|\mathrm{e}^{-\mathrm{i}(t'-t)H}|x\rangle &= \langle x'|\mathrm{e}^{-\mathrm{i}\varepsilon NH}|x\rangle \\ &= \iint\cdots\int \langle x'|\mathrm{e}^{-\mathrm{i}\varepsilon H}|x_{N-1}\rangle \mathrm{d}x_{N-1}\langle x_{N-1}|\mathrm{e}^{-\mathrm{i}\varepsilon H}|x_{N-2}\rangle\mathrm{d}x_{N-2}\cdot\cdots\cdot \\ &\quad \langle x_2|\mathrm{e}^{-\mathrm{i}\varepsilon H}|x_1\rangle\mathrm{d}x_1\langle x_1|\mathrm{e}^{-\mathrm{i}\varepsilon H}|x\rangle\end{aligned} \tag{6.28}$$

现在求每个小区间 ε 内的传播子$\langle x_{n+1}|\mathrm{e}^{-\mathrm{i}\varepsilon H}|x_n\rangle$。

当 $\varepsilon\to 0$ 时,$\mathrm{e}^{-\mathrm{i}\varepsilon H}$可做泰勒展开,有

$$\mathrm{e}^{-\mathrm{i}\varepsilon H} = 1 - \mathrm{i}\varepsilon H + o(\varepsilon^2)$$

因为 $H = K_e + V$,所以

$$\mathrm{e}^{-\mathrm{i}\varepsilon H} = 1 - \mathrm{i}\varepsilon K_e - \mathrm{i}\varepsilon V + o(\varepsilon^2) = \mathrm{e}^{-\mathrm{i}\varepsilon K_e}\cdot\mathrm{e}^{-\mathrm{i}\varepsilon V} + o(\varepsilon^2)$$

忽略掉二级项 $o(\varepsilon^2)$后,有

$$\langle x_{n+1}|\mathrm{e}^{-\mathrm{i}\varepsilon H}|x_n\rangle = \int \mathrm{d}y\langle x_{n+1}|\mathrm{e}^{-\mathrm{i}\varepsilon K_c}|y\rangle\langle y|\mathrm{e}^{-\mathrm{i}\varepsilon V}|x_n\rangle \tag{6.29}$$

从式(6.22)知道

$$\langle x_{n+1}|\mathrm{e}^{-\mathrm{i}\varepsilon K_e}|y\rangle = \left(\frac{1}{2\pi\mathrm{i}\varepsilon}\right)^{\frac{1}{2}}\mathrm{e}^{\frac{\mathrm{i}\frac{1}{2}(x_{n+1}-y)^2}{\varepsilon}} \tag{6.30}$$

$$\langle y|\mathrm{e}^{-\mathrm{i}\varepsilon V}|x_n\rangle = \mathrm{e}^{-\mathrm{i}\varepsilon V}\delta(y-x_n) \tag{6.31}$$

因此

$$\begin{aligned}\langle x_{n+1}|\mathrm{e}^{-\mathrm{i}\varepsilon H}|x_n\rangle &= \left(\frac{1}{2\pi i\varepsilon}\right)^{\frac{1}{2}}\int \mathrm{d}y\mathrm{e}^{\frac{\mathrm{i}\frac{1}{2}(x_{n+1}-y)^2}{\varepsilon}}\mathrm{e}^{-\mathrm{i}\varepsilon V}\delta(y-x_n)\\ &= \left(\frac{1}{2\pi\mathrm{i}\varepsilon}\right)^{\frac{1}{2}}\exp\left\{\mathrm{i}\left[\frac{1}{2\varepsilon}(x_{n+1}-x_n)^2-\varepsilon V(x_n)\right]\right\}\end{aligned} \tag{6.32}$$

我们知道速度 $\dot{x}_n$ 在一级近似下可写为

$$\dot{x}_n = \frac{x_{n+1}-x_n}{\varepsilon}, \text{同时令 } \bar{x}_n = \frac{1}{2}(x_{n+1}+x_n)$$

在路径 x_n 至 x_{n+1} 之间的经典作用量 L_n 写为

$$L_n = \frac{1}{2}\frac{(x_{n+1}-x_n)^2}{\varepsilon^2} - V(\bar{x}_n) \tag{6.33}$$

所以在一级近似下,传播子

$$\langle x_{n+1}|\mathrm{e}^{-\mathrm{i}\varepsilon H}|x_n\rangle = \left(\frac{1}{2\pi\mathrm{i}\varepsilon}\right)^{\frac{1}{2}}\mathrm{e}^{\mathrm{i}\varepsilon L_n} + o(\varepsilon^2) \tag{6.34}$$

我们的目的是求积分 $\langle x'|\mathrm{e}^{-\mathrm{i}(t'-t)H}|x\rangle$。

由前面的分析知道,$\langle x'|\mathrm{e}^{-\mathrm{i}(t'-t)H}|x\rangle = \langle x'|\mathrm{e}^{-\mathrm{i}\varepsilon HN}|x\rangle$ 就是 N 个路径概率振幅之和,即由 N 个 $\langle x_{n+1}|\mathrm{e}^{-\mathrm{i}\varepsilon H}|x_n\rangle$ 乘积组成,参见式(6.28)。

$$\begin{aligned}\langle x'|\mathrm{e}^{-\mathrm{i}(t'-t)H}|x\rangle &= \lim_{\varepsilon\to 0}\left(\frac{1}{2\pi\mathrm{i}\varepsilon}\right)^{\frac{1}{2}}\iint\cdots\int\prod_{n=0}^{N-1}\frac{\mathrm{d}x_n}{(2\pi\mathrm{i}\varepsilon)^{\frac{1}{2}}}\mathrm{e}^{\mathrm{i}\sum\limits_{n=0}^{N-1}\left[\frac{(x_{n+1}-x_n)^2}{2\varepsilon}-\varepsilon V(x_n)\right]}\\ &= \lim_{\varepsilon\to 0}\left(\frac{1}{2\pi\mathrm{i}\varepsilon}\right)^{\frac{1}{2}}\iint\cdots\int\prod_{n=0}^{N-1}\frac{\mathrm{d}x_n}{(2\pi\mathrm{i}\varepsilon)^{\frac{1}{2}}}\mathrm{e}^{\mathrm{i}\sum\limits_{n=0}^{N-1}\varepsilon L_n}\end{aligned} \tag{6.35}$$

现在讨论式(6.35)的指数部分 $\mathrm{e}^{\mathrm{i}\sum\limits_{n=0}^{N-1}\varepsilon L_n}$。

当 $\varepsilon\to 0$ 时,求和 $\sum\limits_{n=0}^{N-1}$ 可用沿路径 $x(\tau)$ 的作用量积分代替,因此

$$\sum_{n=0}^{N-1}\varepsilon L_n \to \int_t^{t'} L(x(\tau),\dot{x}(\tau))\mathrm{d}\tau = \int_t^{t'} L(\tau)\mathrm{d}\tau$$

按照路径积分语言式(6.35)可以写成更为紧缩的形式

$$\langle x'|\mathrm{e}^{-\mathrm{i}(t'-t)H}|x\rangle = \int[\mathrm{d}x]\mathrm{e}^{\mathrm{i}\int_t^{t'}L(\tau)\mathrm{d}\tau} = \int D[x(\tau)]\mathrm{e}^{\mathrm{i}S[x(\tau)]} \tag{6.36}$$

如果对 $\hbar$ 不取为 1 的情况,则传播子为

$$\langle x'|\mathrm{e}^{-\mathrm{i}(t'-t)H}|x\rangle = \int D[x(\tau)]\mathrm{e}^{\frac{\mathrm{i}S[x(\tau)]}{\hbar}} \tag{6.37}$$

在这里符号 $[\mathrm{d}x]$ 的定义是

$$[\mathrm{d}x] = \lim_{\varepsilon\to 0}\left(\frac{1}{2\pi\mathrm{i}\varepsilon}\right)^{\frac{N}{2}}\prod_{n=0}^{N-1}\mathrm{d}x_n \tag{6.38}$$

7. 谐振子哈密顿量的路径积分

现在讨论谐振子哈密顿量路径积分的计算，先写下谐振子的拉氏量

$$L=\frac{1}{2}m\dot{x}^2-\frac{1}{2}m\omega^2x^2 \tag{6.39}$$

定义从时间 t 到 t' 的传播子为

$$k(x',x,\tau)=\langle x'|\mathrm{e}^{-\mathrm{i}(t'-t)H}|x\rangle$$

定义 $\tau=t'-t,\varepsilon=\frac{\tau}{N}$。

$$k(x',x,\tau)=\int[\mathrm{d}x]\mathrm{e}^{\mathrm{i}S[x(\tau)]} \tag{6.40}$$

式中

$$S[x(\tau)]=\int_t^{t'}L(\dot{x}(\tau),x(\tau),\tau)\mathrm{d}\tau=\sum_{n=0}^{N-1}\varepsilon L_n=\sum_{n=0}^{N-1}S_n \tag{6.41}$$

令 $x_n=\bar{x}_n+y_n$，$\bar{x}_n$ 对应经典轨道，y_n 表示待研究轨道与经典轨道的差（图 6.2）。

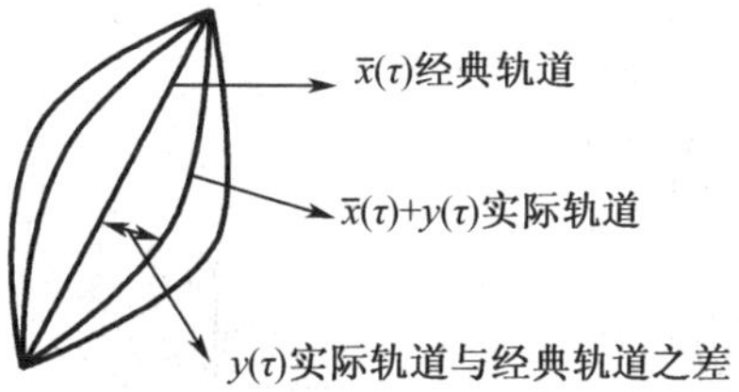

图 6.2

$$x'=\bar{x}(t')=x(t')$$

$$x=\bar{x}(t)=x(t)$$

路径积分两个端点是固定的，即在端点处有

$$x'=\bar{x}(t'),y(t')=0$$

$$x=\bar{x}(t),y(t)=0 \tag{6.42}$$

也就是说，$y(t)$ 只有在两端点之外的中间区域才有值。将 $S_n(x_n)=S_n(\bar{x}_n+y_n)$ 对 $\bar{x}_n$ 做展开，第一项为 $S_n(\bar{x}_n)$，第二项是 $S_n(x_n)$ 对 x_n 的一级微分，此微分在 $x_n=\bar{x}_n$ 处，即对经典轨道是零，第三项是 $S_n(x_n)$ 对 x_n 的二次微分项，这一项经推导，正好是 $S_n(y_n)$。因此

$$S_n(x_n)=S_n(\bar{x}_n)+S_n(y_n) \tag{6.43}$$

按方程式(6.40)有

$$k(x',x,\tau)=\int[\mathrm{d}x]\mathrm{e}^{\mathrm{i}S(x(\tau))}=\mathrm{e}^{\mathrm{i}S(\bar{x}(\tau))}\int[\mathrm{d}y]\mathrm{e}^{\mathrm{i}S(y(\tau))} \tag{6.44}$$

式中，$S(\bar{x}(\tau))$ 是谐振子从时刻 t 位置 x 到时刻 t' 位置 x' 的经典作用量，按式(6.8)有

$$S(\bar{x}(\tau))=S_{\mathrm{cl}}=\frac{m\omega}{2\sin\omega(t'-t)}(x'^2+x^2)\cos\omega(t'-t)-2x'x$$

积分 $\int[\mathrm{d}y]\mathrm{e}^{\mathrm{i}S(y(\tau))}$ 的来源是因为 $x(\tau)=\bar{x}(\tau)+y(\tau)$，$\bar{x}(\tau)$ 是经典轨道，$y(\tau)$ 是变量，所以 $[\mathrm{d}x]$ 代之于 $[\mathrm{d}y]$。

由式(6.38)可知

$$[\mathrm{d}y] = \lim_{\varepsilon\to 0}\left(\frac{1}{2\pi\mathrm{i}\varepsilon}\right)^{\frac{N}{2}}\prod_{n=0}^{N-1}\mathrm{d}y_n$$

所以积分

$$\int[\mathrm{d}y]\mathrm{e}^{\mathrm{i}S(y(\tau))} = \lim_{\varepsilon\to 0}\left(\frac{1}{2\pi\mathrm{i}\varepsilon}\right)^{\frac{N}{2}}\int\prod_{n=0}^{N-1}\mathrm{d}y_n\mathrm{e}^{\mathrm{i}\sum_{n=0}^{N-1}S_n(y_n)} \tag{6.45}$$

现在看

$$\mathrm{i}\sum_{n=0}^{N-1}S_n(y_n) = \mathrm{i}\sum_{n=0}^{N-1}\left[\frac{(y_{n+1}-y_n)^2}{2\varepsilon} - \frac{1}{2}\omega^2\varepsilon y_n^2\right] = \frac{\mathrm{i}}{2\varepsilon}\left[\sum_{n=0}^{N-1}(2-\omega^2\varepsilon^2)y_n^2 - 2\sum_{n=1}^{N-2}y_ny_{n+1}\right] \tag{6.46}$$

这里使用了 $y_0=0$ 和 $y_N=0$。

我们可以形式地引入两个矩阵,即

$$\boldsymbol{\eta} = \begin{pmatrix} y_1 \\ y_2 \\ \vdots \\ y_{N-1}\end{pmatrix} \tag{6.47}$$

和

$$\boldsymbol{\sigma} = \frac{1}{2\mathrm{i}\varepsilon}\begin{pmatrix} 2 & -1 & & 0 \\ -1 & 2 & -1 & \\ & & \ddots & \\ 0 & & -1 & 2\end{pmatrix} + \frac{\mathrm{i}\varepsilon}{2}\begin{pmatrix}\omega^2 & & & 0 \\ & \omega^2 & & \\ & & \ddots & \\ 0 & & & \omega^2\end{pmatrix} \tag{6.48}$$

则式(6.46)可写为

$$\mathrm{i}\sum_{n=0}^{N-1}S_n(y_n) = -\boldsymbol{\eta}^{\mathrm{T}}\boldsymbol{\sigma}\boldsymbol{\eta}$$

式(6.45)变为

$$\int[\mathrm{d}y]\mathrm{e}^{\mathrm{i}S(y(\tau))} = \lim_{\substack{\varepsilon\to 0\\ N\to\infty}}\left(\frac{1}{2\pi\mathrm{i}\varepsilon}\right)^{\frac{N}{2}}\iint\cdots\int\mathrm{d}^{N-1}\boldsymbol{\eta}\exp[-\boldsymbol{\eta}^{\mathrm{T}}\boldsymbol{\sigma}\boldsymbol{\eta}] \tag{6.49}$$

为了做出积分,可利用行列式的积分公式

$$\iint\cdots\int\mathrm{d}x_1\mathrm{d}x_2\cdots\mathrm{d}x_N\mathrm{e}^{-\sum_{i,j=1}^{N}A_{ij}x_ix_j} = (\pi)^{\frac{N}{2}}(\det A_{ij})^{-\frac{1}{2}}$$

式中,A_{ij}是一个 N 阶行列式;x_i 是变量($i=1,2,\cdots,N$)。这样式(6.49)变为

$$\int[\mathrm{d}y]\mathrm{e}^{\mathrm{i}S(y(\tau))} = \lim_{\substack{\varepsilon\to 0\\ N\to\infty}}\left[\left(\frac{1}{2\pi\mathrm{i}\varepsilon}\right)^N\frac{\pi^{N-1}}{\det\boldsymbol{\sigma}}\right]^{\frac{1}{2}} = \lim_{\substack{\varepsilon\to 0\\ N\to\infty}}\left[\frac{1}{2\pi\mathrm{i}}\cdot\frac{1}{\varepsilon}\cdot\frac{1}{(2\mathrm{i}\varepsilon)^{N-1}}\cdot\frac{1}{\det\boldsymbol{\sigma}}\right]^{\frac{1}{2}} \tag{6.50}$$

注意 $\det\boldsymbol{\sigma}$ 是 $N-1$ 阶行列式的值。为了求出行列式的值,假设函数

$$f = \lim_{\substack{\varepsilon\to 0\\ N\to\infty}}[\varepsilon(2\mathrm{i}\varepsilon)^{N-1}\det\boldsymbol{\sigma}] \tag{6.51}$$

其中因子

$$(2\mathrm{i}\varepsilon)^{N-1}\det\boldsymbol{\sigma} = \left\{\begin{pmatrix} 2 & -1 & & 0 \\ -1 & 2 & -1 & \\ & & \ddots & \\ 0 & & -1 & 2\end{pmatrix} - \varepsilon^2\begin{pmatrix}\omega^2 & & & 0 \\ & \omega^2 & & \\ & & \ddots & \\ 0 & & & \omega^2\end{pmatrix}\right\} = \det\boldsymbol{\sigma}' \equiv P_{N'} \tag{6.52}$$

式中，$N'=N-1$；$P_{N'}$是一个 $N-1$ 阶行列式。

利用行列式的简单运算，不难得到如下递推关系：

$$P_{j+1}=(2-\omega^2\varepsilon^2)P_j-P_{j-1}$$

此式也可进一步写为

$$\frac{[(P_{j+1}-P_j)-(P_j-P_{j-1})]}{\varepsilon^2}=-\omega^2 P_j$$

当 $\varepsilon\to 0$ 时，此式可写成如下微分方程：

$$\frac{\mathrm{d}^2P(t)}{\mathrm{d}t^2}+\omega^2P(t)=0$$

根据式(6.51)，有 $f=\varepsilon P_{N'}$，于是 f 也满足方程

$$\frac{\mathrm{d}^2 f}{\mathrm{d}t^2}+\omega^2 f=0 \tag{6.53}$$

解此方程有

$$f=A\sin\omega(t'-t)+B\cos\omega(t'-t)$$

根据初始条件：

$$f(0)=\varepsilon P_0\to 0, P_0=1, P_1=2-\varepsilon^2\omega^2, \frac{\mathrm{d}f(0)}{\mathrm{d}t}=\varepsilon\frac{P_1-P_0}{\varepsilon}=2-\varepsilon^2\omega^2-1\to 1$$

推出 $B=0, A=\dfrac{1}{\omega}$，因此

$$f=\frac{1}{\omega}\sin\omega(t'-t) \tag{6.54}$$

则有

$$\int[\mathrm{d}y]\mathrm{e}^{\mathrm{i}S(y(\tau))}=\lim_{\substack{\varepsilon\to 0\\ N\to\infty}}\left(\frac{1}{2\pi\mathrm{i}}\cdot\frac{1}{f}\right)^{\frac{1}{2}}=\left[\frac{1}{2\pi\mathrm{i}}\cdot\frac{1}{\sin\omega(t'-t)}\right]^{\frac{1}{2}} \tag{6.55}$$

结合已求出的谐振子的经典作用量

$$S_{\mathrm{cl}}=\frac{m\omega}{2\sin\omega(t'-t)}(x'^2+x^2)\cos\omega(t'-t)=2x'x$$

得到最终的对谐振子哈密顿量从时刻 t 位置 x 到时刻 t'位置 x'的路径积分，注意前面曾取 $m=1$ 和 $\hbar=1$，现在计入此二量。

$$k(x',x,\tau=t'-t)=\left[\frac{m\omega}{2\pi\mathrm{i}\hbar\sin\omega(t'-t)}\right]^{\frac{1}{2}}\exp\left\{\frac{\mathrm{i}m\omega}{2\hbar\sin\omega(t'-t)}[(x'^2+x^2)\cos\omega(t'-t)-2x'x]\right\} \tag{6.56}$$

以上对谐振子哈密顿进行的路径积分推演是路径积分理论最经典的例子，是路径积分理论的基础。这在量子物理、凝聚态物理和数学物理方面具有十分广泛的应用。

8. 受迫谐振子的路径积分推导

在谐振子哈密顿量路径积分推演的基础上，进行受迫谐振子路径积分的推导。

首先写下受迫谐振子的拉氏量

$$L=\frac{1}{2}m\dot{x}^2-\frac{1}{2}m\omega^2x^2+fx \tag{6.57}$$

由于拉氏量也是 x 的二次式，所以完全可以通过类似于谐振子问题中的做法得到其路径积分

$$\langle x' | e^{-i(t'-t)H} | x \rangle = k(x', x, t'-t)$$

类似于式(6.44),对于受迫谐振子也有

$$k(x', x, t'-t) = e^{iS_{cl}(\bar{x}(\tau))} \int [dy] e^{iS(y(\tau))} \tag{6.58}$$

对涨落部分 $\int [dy] e^{iS(y(\tau))}$,通过与谐振子问题中一样的推导,得到与式(6.55)同样的表达式

$$\int [dy] e^{iS(y(\tau))} = \left[\frac{\omega}{2\pi i} \cdot \frac{1}{\sin \omega(t'-t)} \right]^{\frac{1}{2}} \tag{6.59}$$

在不假定 $\hbar = 1$ 和 $m = 1$ 的一般情况下,式(6.59)成为

$$\int [dy] e^{iS(y(\tau))} = \left[\frac{m\omega}{2\pi \hbar i} \cdot \frac{1}{\sin \omega(t'-t)} \right]^{\frac{1}{2}} \tag{6.60}$$

在受迫谐振子情况下,由于拉氏量不同,经典作用量与谐振子不相同,下面讨论经典作用量 $S_{cl}(\bar{x}(\tau))$。

通过拉氏量 L,我们可以得到受迫谐振子的运动方程为

$$\ddot{x} + \omega^2 x = \frac{1}{m} f(t) \tag{6.61}$$

为了解这个非齐次方程,可令

$$\rho = \dot{x} + i\omega x$$

则式(6.61)变为

$$\frac{d\rho}{dt} - i\omega\rho = \frac{1}{m} f(t) \tag{6.62}$$

上式的齐次通解为

$$\rho(t) = \rho_0 e^{i\omega t}$$

非齐次方程特解取为

$$\rho^*(t) = A(t) e^{i\omega t}$$

式中,$A(t)$ 是 t 的函数。为求出 $A(t)$,将 $\rho^*(t)$ 代入式(6.62)有

$$\frac{dA(t)}{dt} = \frac{1}{m} f(t) e^{-i\omega t}$$

从而

$$A(t) = \int_{t_a}^{t} \frac{f(s)}{m} e^{-i\omega s} ds$$

这样得到式(6.62)的一般解为

$$\rho(t) = \int_{t_a}^{t} \frac{f(s)}{m} e^{i\omega(t-s)} ds + \rho_0 e^{i\omega t} \tag{6.63}$$

因为 $x = I_m \dfrac{\rho}{\omega}$,所以易求得

$$x = \frac{1}{m\omega} \left[\int_{t_a}^{t} f(s) \sin \omega(t-s) ds + A \sin \omega(t-t_a) + B \cos \omega(t-t_a) \right] \tag{6.64}$$

利用初始条件

$$x(t_a = t) = x$$
$$x(t_b = t') = x'$$

可得系数 A、B 的值分别是

$$A = \frac{m\omega}{\sin\omega(t'-t)}[x' - x\cos\omega(t'-t)] - \int_t^{t'} f(s)\frac{\sin\omega(t-s)}{\sin\omega(t'-t)}\mathrm{d}s$$

$$B = m\omega x$$

利用

$$S_{\mathrm{cl}} = \int_t^{t'} L_{\mathrm{cl}}\mathrm{d}s$$

我们得到

$$S_{\mathrm{cl}} = \frac{m\omega}{2\sin\omega(t'-t)}\Big[(x'^2 + x^2)\cos\omega(t'-t) - 2xx' + \frac{2x}{m\omega}\int_t^{t'} f(s)\sin\omega(t'-s)\mathrm{d}s + \frac{2x'}{m\omega}\int_t^{t'} f(s)\sin\omega(s-t)\mathrm{d}s - \frac{2}{m^2\omega^2}\int_t^{t'}\int_t^{s} f(s)f(s')\sin\omega(t'-s)\cdot\sin\omega(s'-t)\mathrm{d}s'\mathrm{d}s\Big] \tag{6.65}$$

应该注意在计算过程中涉及两重积分的积分顺序变换。综上所述，可得到受迫谐振子的路径积分表达式为

$$k(x',x,t'-t) = \left[\frac{m\omega}{2\pi\mathrm{i}\hbar\sin\omega(t'-t)}\right]^{\frac{1}{2}}\cdot\exp\Big\{\frac{\mathrm{i}}{\hbar}\cdot\frac{m\omega}{2\sin\omega(t'-t)}\Big[\cos\omega(t'-t)(x'^2 + x^2) - 2xx' + \frac{2x'}{m\omega}\int_t^{t'} f(s)\sin\omega(s-t)\mathrm{d}s + \frac{2x}{m\omega}\int_t^{t'} f(s)\sin\omega(t'-s)\mathrm{d}s - \frac{2}{m^2\omega^2}\int_t^{t'}\int_t^{s} f(s)f(s')\sin\omega(t'-s)\cdot\sin\omega(s'-t)\mathrm{d}s'\mathrm{d}s\Big]\Big\} \tag{6.66}$$

这个结果在许多问题研究中是非常重要的，特别是在量子电动力学问题中有非常重要的应用，因为电磁场可表达为一系列受迫谐振子。

9. 小结

路径积分是量子力学的重要部分，也是物理学的基础理论之一。路径积分途径的核心概念是传播子，它作为薛定谔方程的格林函数含有被研究体系的所有信息，它包含了所有可能轨道的贡献，但是主要贡献来自经典轨道。因此在此基础上，人们进一步研究基于经典轨道展开基础上的半经典近似方法，以解决非常困难的问题。路径积分方法在同一个理论基础上可以同时处理与时间无关和与时间有关的问题，在解决与时间有关的问题时，它优于标准的哈密顿方法。由于路径积分方法在本质上只需要经典作用量，所以在处理一些哈密顿量或拉氏量难以写出的物理问题时，以及多体问题的简化描述中，是有潜在的优势。此外在量子电动力学中传播子及费曼图也是不可或缺的。

鉴于路径积分方法的以上优点，它在物理科学上受到广泛重视。近年来，有文献中指出，路径积分具有处理随机性环境中粒子运动的能力。借助路径积分方法能巧妙处理聚合物物理、极性晶体中电子运动、随机格点电子态的密度以及在随机介质中波的传播等问题。近年来，路径积分技术已经应用在规范场理论、随机量子化理论、瞬子理论以及黑洞物理中。半经典近似也广泛用来处理原子散射问题、分子反应问题以及核物理的重粒子碰撞等问题。因此路径积分方法和它的应用非常广泛地出现在各种教科书和文献中。

参考文献

[1]　李政道.统计力学[M].北京:北京师范大学出版社,1984.

[2]　苏汝铿.统计物理学[M].北京:高等教育出版社,2004.

[3]　雷克.统计物理现代教程下册[M].黄畇,夏蒙棼,仇韵清,等,译.北京:北京大学出版社,1985.